U0318987

# 建模与仿真技术词典

中国仿真学会　编著

科学出版社

北京

# 内 容 简 介

本词典分三部分，第一部分是以中文词汇为序的中文-英文-释文词典，第二部分是以英文词汇为序的英文-中文词汇集，第三部分为英文缩写词。

本词典是一本简明、实用、面广、普适的工具书，可为广大建模与仿真理论研究人员、工程技术人员和高等院校的学生提供术语参考，也可供高等院校的教师在教学中使用。

**图书在版编目（CIP）数据**

建模与仿真技术词典/中国仿真学会编著.—北京：科学出版社，2018.8
ISBN 978-7-03-058481-6

Ⅰ.①建⋯ Ⅱ.①中⋯ Ⅲ.①计算机仿真-系统建模-词典-英、汉 Ⅳ.①TP391.92-61

中国版本图书馆 CIP 数据核字（2018）第 179074 号

责任编辑：余　丁／责任校对：郭瑞芝
责任印制：徐晓晨／封面设计：蓝　正

科 学 出 版 社 出版
北京东黄城根北街 16 号
邮政编码：100717
http://www.sciencep.com

**北京虎彩文化传播有限公司** 印刷

科学出版社发行　各地新华书店经销

\*

2018 年 8 月第 一 版　开本：720×1000　1/16
2019 年 1 月第二次印刷　印张：18 1/4
字数：355 000

**定价：118.00 元**
（如有印装质量问题，我社负责调换）

# 编 委 会

# 前　　言

在"创新、协调、绿色、开放、共享"为特征的新时代发展需求的牵引下，在新互联联网技术、新信息通信技术、新人工智能技术、新能源技术、新材料技术、新生物技术与人类社会各领域新专业技术融合的推动下，特别是由于新互联联网技术、新信息通信技术和新人工智能技术的飞速发展，国民经济、国计民生和国家安全等领域新模式、新手段和新生态系统发生了重大变革。

建模与仿真技术在各类应用需求的牵引及有关学科技术的推动下，已经发展形成了一个综合性的新专业技术体系，并迅速发展为一项通用性、战略性技术。它与高性能计算一起，正成为继理论研究和实验研究之后第三种认识、改造客观世界的重要手段。目前，建模与仿真技术正向"数字化、网络化、云化、智能化"为特征的现代化方向发展。

中国仿真学会从仿真科学技术研究和人才培养需求出发，基于学会在现代建模与仿真技术研究、应用和产业化方面的专业优势，并通过国际交流合作，组织了 13 个专业委员会、100 余位专家，历时 4 年，组织编撰了本词典。

为保证本词典在收词、书证、释义、体例、检索等方面的科学性和权威性，编委会组织专家对本学科的词汇进行了筛选，吸收了 IEEE、NATO、DOD 以及我国军用仿真专业组等的建模与仿真词典中的部分词汇，形成了本词典的词条，约 2600 条，覆盖了国内外学术界和工程领域的建模与仿真常用词汇。

期望本词典能对我国建模与仿真科技创新、人才培养和应用发展起到积极的作用。

编写词典是一项繁重复杂的工作，不足之处在所难免，期待广大读者提出宝贵意见。

# 使 用 说 明

一、中-英部分按中文词汇的汉语拼音排序，中文词汇后为对应的常用英文词汇（若有多个，分别列出）、英文缩写词（如果有的话），主体是对应于中文词汇的释文。

二、英-中部分按英文词汇的英文字母排序，英文词汇后为对应的中文词汇。

三、英文缩写词部分按缩写词的英文字母排序，缩写词后为对应的英文词汇，然后为中文词汇。

四、参考文献最后一并给出。

# 目　　录

# 中-英

## Aa

**埃尔朗分布，Erlang distribution** 亦称爱尔兰分布、埃朗分布、爱尔朗分布和厄朗分布等。一种连续型概率分布，可用来表示独立随机事件发生的时间间隔。相比于指数分布，埃尔朗分布能更好地对现实数据进行拟合（更适用于多个串行过程，或无记忆性假设不显著的情况）。它可以被分解为多个同参数指数分布随机变量之和，此性质使得该分布被广泛用于排队论中。

**安德森-达林检验，Anderson-Darling test** 在统计学上，用于检验某一样本数据是否来自某一指定的概率分布，由 Anderson 和 Darling 于 1952 年发明并以他们的名字命名。其基本的统计检验是利用如下事实，即当给定一个基本分布的假设并假定数据来自该分布时，则该数据可变换为一个均匀分布，然后变换后的样本数据可采用距离检验的方法用于均匀性检验。安德森-达林检验克服了柯尔莫戈洛夫-斯米尔诺夫检验的一个不足，即对每个样本值，实验分布函数与假设的理论分布函数的距离权重相同，未考虑到主要关注尾部不同的情况。安德森-达林检验特别检测尾部的差异，从而在面对多种可选分布时比柯尔莫戈洛夫-斯米尔诺夫检验有更强的能力。参见"柯尔莫戈洛夫-斯米尔诺夫检验"。

**安全层，security layer** 构成并实现安全服务的主要功能，提供数据一致性检查、加密、身份认证、分组鉴权等。实现的安全层可直接加入到系统分层结构中，并能不断加入新的协议与算法，使安全性不断提高。

**安全关键系统，security-critical system** 对组成系统的软件、硬件安全性级别要求极高的系统，其不正确的功能或失效会导致严重甚至是灾难性的后果。安全关键系统的设计十分复杂，开发安全关键系统的核心问题之一是如何保证设计的安全性和正确性，传统的手段是针对典型的情况进行系统的模拟、测试和仿真。

## Bb

**白箱测试，white box testing** 按照程序内部的结构测试程序，通过测试来检测产品内部动作是否按照设计规格说明书的规定正常进行，检验程序中的每条通路是否能按预定要求正确工作的方法。参见"黑箱测试"。

**白箱模型, white box model** 亦称为白盒模型，指从系统实现机理的角度建模，得到关于系统构成或内部过程的模型。参见"黑箱模型"。

**半解析算法, semi-analytic algorithm** 一种将离散计算与解析计算相结合的方法，以得到一组可行的、确定的有穷解。例如，半解析有限元法——有限条法，用一些与边界线平行的直线将板分割成若干窄长的条带，以此组成有限元分析中的单元，对解决规则形体问题，该方法工作量小、精度高。

**半马尔可夫过程, semi-Markov process** 假定某一族概率空间 $(\Omega, \sigma, P_x)$ 是已给的，其中测度 $P_x$ 对一切 $x \in H$ 有定义。设在 $(\Omega, \sigma, P_x)$ 上已给齐次马尔可夫链 $\{x_0(\omega), x_1(\omega), \cdots, x_n(\omega), \cdots\}$，其相空间为 $(H, B)$，转移概率为 $\pi(x, B)$，它满足 $P_x(x_0(\omega) = x) = 1$。又设 $\eta_1(\omega), \eta_2(\omega), \cdots$ 为独立同分布的随机变量序列，它不依赖于 $\{x_n(\omega); n = 0, 1, \cdots\}$ 的总合，并且对任意 $P_x$，其中的每个随机变量都在 $[0, 1]$ 上均匀分布。对每对 $x, y \in H$，预先给定非负随机变量的分布函数 $F_{x,y}(t)$，然后定义 $[0, 1]$ 上的函数 $\varphi_{x,y}(\zeta)$，使得量 $\varphi_{x,y}(\xi)$（其中 $\xi$ 在 $[0, 1]$ 上均匀分布）恰有分布函数 $F_{x,y}(t)$。最后令 $\tau_k = \varphi_{x_{k-1}, x_k}(\eta_k)$，$x(t) = x_{k-1}$，如

$$\sum_{j=1}^{k-1} \tau_j \leqslant t < \sum_{j=1}^{k} \tau_j \left(\sum_{j=1}^{0} 0\right)$$

。这样定义的过

程叫作半马尔可夫过程。参见"半马尔可夫模型"。

**半马尔可夫模型, semi-Markov model** 基于半马尔可夫过程的模型。参见"半马尔可夫过程"。

**半隐式算法, semi-implicit algorithm** 对方程部分采取隐式方法计算，而对其他部分采用显式方法计算，两者结合起来以求解方程的方法。例如，数值积分法中的半隐式龙格-库塔法。

**半自动化兵力, semi-automated force** 有人参与的用仿真方法生成的作战部队，作为虚拟战场上仿真实体。"半自动"意指对武器平台自动化指挥过程的仿真要由对该武器平台下达命令的人来控制和监督。

**保守同步, conservative synchronization** 在网络通信中节点或进程间的一种同步方式。这种方式在保证数据安全、正确时才对数据进行处理，为此必须事先进行检测与判断。与此相对的是乐观同步，在处理数据前并不做任何检测工作，而是乐观地认为没有错误发生，直接进行处理，如果后来发现了错误，再做更正。这些同步方式在分布式仿真或网络游戏中得到应用。

**贝塞尔分布, Bézier distribution** 随机变量符合贝塞尔函数的一种随机分布。如果 $X$ 是在有限范围 $[a, b]$ 上的一个连续随机变量，分布函数 $F(x)$ 具有任意形状，令 $\{P_0, P_1, \cdots, P_m\}$ 为一组控制点，其中 $P_i = (y_i, z_i)$，$i = 1, 2, \cdots,$

$m-1$，$P_0=(a, 0)$，$P_m=(b, 1)$，贝塞尔分布函数 $P(t)$ 参数化表达式为 $P(t)=\sum_{i=0}^{m} B_{m,i}(t)P_i$，$t \in [0,1]$，其中 $B_{m,i}(t)=\frac{m!}{i!(m-i)!}t^i(1-t)^{m-i}$。它可用于对不能较好用标准理论分布表示的数据集合进行建模。

**贝塔分布，Beta distribution** 一种随机分布，记为 Beta$(\alpha_1, \alpha_2)$，随机变量的密度函数为

$$f(x) = \begin{cases} \dfrac{x^{\alpha_1-1}(1-x)^{\alpha_2-1}}{B(\alpha_1, \alpha_2)}, & 0 < x < 1 \\ 0, & 其他 \end{cases}$$

其中 $B(\alpha_1, \alpha_2)$ 为贝塔函数。常用于缺少数据时的粗略模型。参见"贝塔函数"。

**贝塔函数，Beta function** 用 $B(z_1, z_2)$ 表示，定义为：对于任意的实数 $z_1>0$ 与 $z_2>0$，$B(z_1, z_2) = \int_0^1 t^{z_1-1}(1-t)^{z_2-1}\,\mathrm{d}t$。贝塔函数具有以下的一些性质：$B(z_1, z_2) = B(z_2, z_1)$，$B(z_1, z_2) = \dfrac{\Gamma(z_1)\Gamma(z_2)}{\Gamma(z_1+z_2)}$，其中 $\Gamma(\cdot)$ 表示伽玛分布。参见"伽马分布"。

**贝叶斯方法，Bayesian method** 一类以英国学者贝叶斯命名的统计、推断与决策方法的总称，如贝叶斯统计法、贝叶斯推断法、贝叶斯决策法等。这类方法不但利用了总体信息、样本信息，还利用了先验信息以及后验信息。

**备选方案分析，analysis of alternative（AOA）** 一种基于仿真的多方案比较技术。例如，设计一条生产线，初步确定购置一台高端加工设备，备选方案是采用两台加工设备（价格是前者的 1/2，加工速度也是前者的 1/2），需要进行比较，分析其生产率、费用、利润等，以便决定方案的优劣。

**备选仿真模型，alternative simulation model** 用于替代使用的仿真模型，用于当前所用模型太复杂或太简单，或者其他需要更换已用模型的情形。例如，在实时仿真中，为保证实时性，采用基于二阶龙格-库塔法的仿真模型作为四阶龙格-库塔法备选。

**被动外激励，passive stigmergy** 一种系统自组织的机制，以一个共同的环境为媒介而发生相互作用，结果导致了环境的更新，这个新的环境决定了未来环境的演化方向。

**本地时间，local time** （1）一般指以观察者所在子午线的时区为标准的时间。（2）在某些分布式仿真中，指相对于整个系统的全局时间（global time）而言的某个子系统的时间，亦称局部时间。

**本体，ontology** 亦称为本体论，源于哲学领域。在信息科学领域，本体是一种特殊类型的术语集，具有结构化的特点，且适合于在计算机系统中使用；本体可认为是对特定领域之中某套概念及其相互之间关系的形式化表

达，可以用来针对某一领域的属性进行推理，亦可用于对该领域进行建模。

**逼真度, fidelity**  仿真中所建立的模型与原型系统的相似程度。

**比例模型, scale model**  与给定系统外形相似，只是尺寸比例变化的物理模型。例如，一个只有实际飞机十分之一尺寸大小的飞机模型。

**比例墙钟时间, scaled wallclock time**  由墙钟时间得到的时间值，其定义为：$T_s=T_0+K(T_w-T_b)$，式中 $T_s$ 为比例墙钟时间，$T_0$ 为偏移时间，$T_w$ 为墙钟时间，$T_b$ 为最近开始或重新开始仿真的时间；$K$ 为比例系数，表示比例墙钟时间推进的速率比墙钟时间快 $K$ 倍。所有比例墙钟时间值均表示联邦时间轴上的点。

**闭环仿真, closed loop simulation**  硬件在回路仿真系统的参试实物设备的输出信号经计算机仿真部件又反馈到实物设备的输入端的一类仿真，如仿真制导系统或控制系统闭环回路工作状态的仿真。

**闭式解, closed-form solution**  亦称解析解（analytical solution）。问题的解也就是因变量可以用自变量的初等函数的组合表达出来，给出任意的自变量值，则可以求出问题的解。

**边际执行时间, marginal execution time**  一种度量随机变量产生算法效率的指标。产生一个随机变量的执行时间包括准备时间和边际执行时间两部分。准备时间指算法的初始化时间，边际执行时间是初始化完成后产生一个随机变量的时间。

**边界条件, boundary condition**  在微分方程中带有一组特定条件的附加约束。

**变步长积分算法, variable-step integration algorithm**  根据每一步积分误差，调整下一步的积分步长，使每一步积分步长在保证精度的前提下取最合适的步长的积分算法。

**变换密度拒绝法, transformed density rejection method**  生成一般分布随机变量的一种方法，由 Gilks 与 Wild 于 1992 提出，实际上就是一种舍选法，通过生成另外一种分布的随机变量，并根据一定规则加以取舍，从而达到生成所需分布随机变量的目的。参见"舍选法"。

**变结构模型, metamorphic model, variable-structure model**  在建模与仿真领域，指运行过程中结构可发生改变的模型。

**变数生成算法的鲁棒性, robustness of variate-generation algorithm**  产生随机变数的算法的性能对其种子选择、运行长度变化的敏感程度。

**变异系数, coefficient of variation**  刻画数据相对分散性的度量，为标准差与均值的比值。变异系数可以消除由于单位和（或）均值不同而对两个或多个数据集变异程度比较所带来的影响。

**便携式仿真, portable simulation** 能用于不同的仿真环境、不同的操作系统或硬件中的仿真。

**标准, standard** （1）由一个公认的机构制定和批准的文件，它对活动或活动的结果规定了规则、导则或特性值，供共同和反复使用，以实现在预定结果领域内最佳秩序的效益。（2）对重复性事物或概念所做的统一规定，它以科学、技术和实践经验的综合成果为基础，经有关方面协商一致，由主管部门批准，以特定形式发布，作为共同遵守的准则和依据。（3）有关性能、实施、设计、术语、尺寸等方面的一种公认的准则或确认的性能度量标准。（4）衡量事物的准则。

**标准博弈, rigid game** 亦称死板式博弈，指按固定模板进行的对抗活动。

**标准差, standard error** 样本总体各单位标志值与其平均数离差平方的算术平均数的平方根。它反映组内个体间的离散程度。假设有一组数值 $x_1, x_2, \cdots, x_N$（皆为实数），其平均值为 $\mu = \frac{1}{N}\sum_{i=1}^{N} x_i$，则标准差 $\sigma = \sqrt{\frac{1}{N}\sum_{i=1}^{N}(x_i - \mu)^2}$，也被称为标准偏差，或者实验标准差。

**标准化, standardization** 制定、发布及实施标准的过程。即在经济、技术、科学及管理等社会实践中，对重复性事物和概念通过制定、发布和实施标准达到统一，以获得最佳的秩序和社会效益。规范（specification）、规程（code）也是标准的一种形式。

**标准时间序列, standardized time series** 时间序列指被观测到的统计指标是依时间为序排列而成的数据序列。对这些统计数据进行归一化处理：$Z_i = \frac{X_i - X_{\min}}{X_{\max} - X_{\min}}$，$i = 1, 2, \cdots, n$。将有量纲的物理量数据统一转换为取值范围在[0，1]之间的无量纲数据，所得到的时间序列则称作标准时间序列。

**标准时间序列方法, standardized-time-series method** 统计学中的一种定量预测方法，亦称简单外延法。将观测得到的时间序列数据转换为标准时间序列数据，再通过曲线拟合和参数估计建立数学模型进而进行预测。参见"标准时间序列"。

**表格模型, table model** 以表格的形式表达研究对象各有关变量之间的关系。

**表面建模, surface modeling** 一种对物理对象表面或曲面进行描述的三维建模方法。它将物理对象抽象成顶点、边线和面，用它们的有限集合表示和建立计算机内部模型。参见"表面模型"。

**表面模型, surface model** 通过曲面来表示三维形体的模型。它定义三维对象的顶点、边和面，相对于线框模型，它增加了边、面的拓扑关系，因而可以对模型进行消隐、着色、渲染、求交计算以及剖面图的生成等操作。

**兵力效能度量，measure of force effectiveness** 指对作战实体在预定或规定的作战使用环境以及所考虑的组织、战略、战术、生存能力和威胁等条件，使用该武器装备完成规定任务能力的度量。

**兵棋，war game** 一种战争模型，通常包括一张地图、推演棋子和一套规则，通过回合制进行一场真实或虚拟战争的模拟。兵棋由普鲁士的文职战争顾问冯·莱斯维茨男爵于 1811 年发明。兵棋可用于军事推演、军事教学，也可用于商业和娱乐。在娱乐领域一般称为战争游戏。参见"战争游戏"。

**兵棋推演，war gaming** 对抗双方或多方运用兵棋，按照一定规则，在模拟的战场环境中对设想的军事行动进行交替决策和指挥对抗的演练。参见"兵棋"。

**并发仿真，concurrent simulation** 又称并发模拟，是为实现虚拟产品或系统及其有关子过程的一体化和并行设计而采取的一种系统性的仿真模式。它将传统的串行、交替实现的仿真活动转变成并发仿真活动，使仿真工程的效率提高、成本降低、工作质量改善。

**并行处理，parallel processing** 在同一时刻或同一时间间隔内完成两种或两种以上性质相同或不相同的工作。在计算机仿真中，有不同级别的并行处理，包括：指令级——两条或多条指令并行执行；任务级——将程序分解成可以并行处理的多个处理任务，而使两个或多个任务并行处理；作业级——并行处理两个或多个作业，如多道程序设计、分时系统等。

**并行处理器，parallel processor** 可以一次处理多个运算的处理器，相对于一次处理一个运算的串行处理器而言。一般指经特殊设计的多线程处理器。

**并行仿真，parallel simulation** 一个仿真任务分布在多台计算机或多个处理器上同时运行。这样，两个以上的独立处理机同时或并发地执行两个以上的程序，以达到高速完成同一仿真任务。这是通过增加空间复杂度的方式来压缩时间复杂度，即把仿真中一个周期内进行一个运算变成一个周期可以同时进行多个运算。

**并行仿真器，parallel simulator** 利用多个数字信号处理（DSP）微处理器，具有自律的、相互通信和协作功能的数字仿真器。

**并行仿真引擎，parallel simulation engine** 支持并行仿真模型连接、调度和时间推进等功能的通用支撑软件。

**并行工程，concurrent engineering** 集成、并行地制造产品和相关过程（包括制造过程和支持过程）的系统化方法。通过组织多学科产品队伍、改进产品开发流程、利用系统仿真及各种计算机辅助工具等手段，使产品开发的早期阶段能及早考虑下游的各种因素，达到缩短产品开发周期、提高产品质量及降低产品成本，从而增强企业竞争能力的目标。

**并行计算, parallel computing** 在时间或空间上同时使用多种计算资源解决计算问题的过程。例如，并行计算可分为时间上的并行和空间上的并行。时间上的并行就是指流水线技术，而空间上的并行则是指用多个处理器并发地执行计算。

**并行可视化, parallel visualization** 采用并行技术实现某一任务的可视化，即利用计算机的并行计算能力，对可视化任务进行合理分工，运用计算机图形学和图像处理技术，并行地将数据转换为图形或图像在屏幕上显示出来。

**并行离散事件仿真, parallel discrete-event simulation（PDES）** 通过将离散事件仿真划分为一系列逻辑进程，并分配到相同或不同处理器上进行并行执行的高效仿真。其中不同逻辑进程之间通过传递带时戳的消息来实现信息交互。

**并行离散事件系统规约模型, parallel discrete-event variable system specification（PDEVS）model** 基于 Python 的一个离散事件系统规范的包，是建立在一般系统理论基础上有效的模块化系统建模规范。通过它可以非常方便地创建离散事件系统的模型。

**病态曲线, stiffness curve** 亦称为稳定域，指在仿真领域，采用数值积分方法对病态系统进行仿真时，误差不发散的步长选择的区域边界线。例如二阶龙格-库塔法的稳定域近似一个圆，对于实际的物理系统，步长不大于系统最小时间常数的两倍。参见"不稳定解"。

**伯努利分布, Bernoulli distribution** 记为 Bernoulli（$p$），一种离散型概率分布。随机发生的结果只有两种可能，因而又称两点分布或者 0-1 分布。其概率质量函数为

$$p(x) = \begin{cases} 1-p, & x=0 \\ p, & x=1 \\ 0, & \text{其他} \end{cases}$$

分布函数为

$$F(x) = \begin{cases} 0, & x<0 \\ 1-p, & 0 \leqslant x<1 \\ 1, & 1 \leqslant x \end{cases}$$

**伯努利试验, Bernoulli trial** 在同样的条件下重复地、各次之间相互独立地进行的一种试验。这种试验中，每一次试验结果是随机的，用 $X$ 表示，只有两种，要么"成功"（$X=1$），要么"失败"（$X=0$），并且每次发生的概率都是相同的，如果成功的概率为 $p$，则可表示为 $X \in \text{Bernoulli}(p)$，即服从伯努利分布。参见"伯努利分布"。

**泊松分布, Poisson distribution** 一种离散型概率分布，概率质量函数为

$$p(x) = \begin{cases} \dfrac{e^{-\lambda}\lambda^x}{x!}, & x \in \{0,1,\cdots\} \\ 0, & \text{其他} \end{cases}$$

分布函数为

$$F(x) = \begin{cases} 0, & x < 0 \\ e^{-\lambda}\sum_{i=0}^{\lfloor x \rfloor}\dfrac{\lambda^i}{i!}, & x \geqslant 0 \end{cases}$$

记作 $P(\lambda)$，其中 $\lambda > 0$ 为随机变量 $x$ 均值和方差，$x$ 只取非负整数值，用于当事件以不变的速率发生时，某段时间内发生事件的次数的建模。

**泊松过程，Poisson process**　一种在连续时间轴上累计独立随机事件发生次数的随机过程。具体地说，如果：（1）顾客每次到达一个。（2）$N(t+s) - N(t)$（在时间区间 $(t, t+s]$ 上到达的个数）独立于 $\{N(u), 0 \leqslant u \leqslant t\}$；（3）对所有 $t, s \geqslant 0$，分布 $N(t+s) - N(t)$ 独立于 $t$，则称随机过程 $\{N(t), t \geqslant 0\}$ 为泊松过程。例如，随着时间增长累计某电话交换台收到的呼唤次数就构成一个泊松过程。参见"泊松分布"。

**博弈，game**　在一定的游戏规则约束下，基于直接相互作用的环境条件，各参与人依靠所掌握的信息，选择各自策略（行动），以实现利益最大化和风险成本最小化的过程。简单说就是为了谋取自身利益而进行的竞争。参见"游戏"。

**博弈论，game theory**　研究多个个体或团队之间在特定条件制约下的对局中利用对方的策略，而实施相对应的策略的学科，亦称对策论，或赛局理论，是研究具有斗争或竞争性质现象的理论和方法。它是应用数学的一个分支，既是现代数学的一个新分支，也是运筹学的一个重要学科，主要研究公式化了的激励结构间的相互作用。参见"游戏理论"。

**捕食-食饵模型，predator-prey model**　研究自然环境中捕食者及食饵之间相互影响的动态关系的模型，也用来描述自然环境中具备一定依赖敌对关系的两种事物之间的关系，一般表述为一组一阶非线性微分方程，又称为 Lotka-Volterra 方程，该组方程描述了两种事物随时间演化的关系。

**不带时标的形式化，untimed formalism**　不带时间标志的形式化数学语言，用于描述模型结构。

**不可仿真的模型，non-simulatable model**　不能用于仿真活动的模型。参见"仿真模型"。

**不确定性，uncertainty**　事先不能准确知道某个事件或某种决策的结果。

**不确定性建模，uncertainty modeling**　应用结构化的方法学建立不确定性的模型，以便验证系统、实体、现象或过程的物理、数学或其他逻辑表现形式的活动。

**不稳定解，unstable solution**　在数值计算中，如果系统方程为 $\mathrm{d}y/\mathrm{d}t = \mu y$，

$(\mu = \alpha + i\beta)$，且 $\mathrm{Re}\mu = \alpha < 0$，即原系统是稳定的。所选算法为 $y_{k+1} = p(h\mu) \cdot y_k$，其中 $p(h\mu)$ 是一个关于 $h\mu$ 的高阶多项式函数。如果 $|p(h\mu)| > 1$，则产生的解称为不稳定解。

**不相关随机变量, uncorrelated random variable** 相关系数等于0的随机变量。

**不准确模型, inaccurate model** 与事实、标准或真实情况相比存在误差，其准确度不能满足要求的模型。

**步长, step size** （1）在微分方程初边值问题的时间、空间变量离散化中，相邻两个离散点之间的长度分别被称为时间步长、空间步长。（2）程序语言中，让一个数值在每次运算中加上某个数（此即步长），重复执行此项运算。（3）在最优化技术中，优化变量每次变化的量。

**步长控制, step-size control** 在仿真中，指对计算步长进行控制。步长用于表示对某个连续自变量在每个计算步的变化长度，该自变量可以是时间变量，也可以是空间变量，等等。步长影响到计算精度、稳定性与效率，因此，在仿真过程中需要适时对其进行动态调整，称为步长控制。参见"步长"。

**步长控制算法, step-size control algorithm** 动态改变步长的方法，一般包含在变步长仿真算法中。仿真中，主要基于计算误差的大小来调整步长，典型如步长加倍（减半）法、试

探法等。

**部分赋值, partial evaluation** 在计算科学中，一种用于不同类型程序最优化的专门处理技术。最直接的应用是经过处理后的新程序保证以同样的方式运行，但比老程序速度快。

**部分析因设计, fractional factorial design** 一种只对部分因子的效应和因子之间的交互效应进行分析与考察的实验设计方法，基本思想是：在一组可能的重要因子中先做较少次实验以筛选出重要因子，然后再做更深入、更精细的分析。

# Cc

**采样速率, sample( sampling )rate** 亦称采样率或采样速度，定义为每秒从连续信号中取样并形成离散信号的个数。

**采样与保持, sample（sampling）and hold** 采样是采集模拟输入信号在某一时刻的瞬时值，保持是维持采样的信号值不变，采样与保持共同实现模拟信号到数字信号的转换。

**参考版本, reference version** （1）相对于正式（发行）版本（release version）而言，在研究与开发活动中所产生的相关软件、文档、文献等资料，这些资料会不定期进行更新或升级，每次更新后便有一个新的版本，但并未正式发布，被称作参考版本。（2）在研究中所引用的由国外翻译而来的研究

资料，被称作参考资料。

**参考框架，reference framework**　由某一领域专家基于本领域知识的理解对某一规范的具体实施给出的指导性框架，其中一般包括基于该规范对该领域的知识和典型问题的参照性描述。

**参数化模型，parametric model**　使用参数方程的模型，即参数可以决定输入如何转化为输出的模型。它可以基于数值模型的输出或拟合半经验数据以简要描述一特定过程、特性或效果。

**参数可接受性，parameter acceptability**　参数符合应用需求的程度。

**参数灵敏度，parameter sensitivity**　系统输出变化对系统参数变化的敏感程度。参数灵敏度高低反映系统在参数改变时偏离正常运行状态的程度，是控制系统一项基本指标，良好的控制系统应具有低的参数灵敏度。

**参数灵敏度分析，parameter sensitivity analysis**　研究与分析一个系统（或模型）的状态或输出变化对系统参数或周围条件变化的敏感程度。通过灵敏度分析还可以决定哪些参数对系统或模型有较大的影响。因此，在对各种方案进行评价时灵敏度分析是很重要的。

**参与式仿真，participative simulation**　操作人员可以参与到仿真过程之中，扮演系统中的角色和元素，从而可以使操作人员更好地观察系统的整体行为。

**参与式建模，participative modeling**　在建模过程中融入参与式技术，使操作人员可作为模型的一部分与所建模型对象进行交互的建模方法。

**操作环境，operational environment**　仿真系统所处的工作环境或作战环境。

**测试技术，testing technique**　验证、校验、确认模型或仿真系统的正确性的技术，如黑盒测试、白盒测试、决策表等。

**测试模型，test model**　将测试活动进行抽象，对程序、需求、功能和设计进行测试，评测软件的逻辑关系以及输入输出等的正确性、有效性和鲁棒性等。测试模型明确了测试与开发之间的关系，是测试管理的重要参考依据。

**测试与发射控制仿真系统，test and fire control simulation system**　模拟导弹测试及发射控制过程的仿真系统。

**测试与评估，test and evaluation（T&E）**　对系统或组件进行测试，并与标准（规范）、特定的要求或已有结果进行对比的过程。测试与评估的内容、方法、步骤依对象和目的而异。

**测试与评估的主计划，test and evaluation master plan（TEMP）**　用于产生测试与评估详细计划的基本参考文件，其作用是确定相关资源需求，并为测试与评估的进度安排提供参考依据，其内容主要包括关键性技术参数和关键业务问题的测试与评估计划。

**层次化仿真, hierarchical simulation**
利用不确定性因素的层次结构，自底向上进行多个层次的仿真。低层次仿真的目的是缩减高层次仿真的不确定空间，使高层仿真能在相对较小的不确定空间中进行，以降低时间和经济上的开销。

**层次结构, hierarchy** （1）根据信息的类型、级别、优先级等一组特定的规则排列的一群硬件或软件所呈现的结构。这种结构的最大特点就是将一个大型复杂的系统分解成若干单向依赖的层次，从而确保程序的可靠性和易读性，也便于人们对系统进行局部修改。（2）指一种树状结构，上层对下层是一对多或一对一的关系。

**层次模型, hierarchical model** 亦称递阶模型，指具有多层结构的模型。通常上层模型的结果是下层模型的输入，下层模型受上层模型求解结果的支配，但下层模型反过来对上层模型也会产生一定影响。在分析复杂系统时，通常可以将系统分解为一定的层次结构。

**插值, interpolation** 用未知函数在有限个点处的取值来拟合连续函数，进而估算出未知函数在其他点处的近似值。

**差分方程, difference equation** 又称递推关系式，指递推地定义一个序列的方程式，即序列的每一项定义为前面项的差分函数。函数 $y_t = f(t)$ 在时间 $t$ 的一阶差分定义为 $\Delta y_t = y_{t+1} - y_t = f(t+1) - f(t)$，则 $y_{t+1} = y_t + \Delta y_t$。相应地，有二阶差分 $\Delta^2 y_t = \Delta y_{t+1} - \Delta y_t$，进而得到二差分方程，以此类推。

**拆环离散事件系统模型, loop-breaking DEVS model** 去除了代数环（algebraic loop）的离散事件系统组合模型。代数环即无延迟循环（delay-less loop），表示从输出到输入的反馈回路中不包含非零延迟环节。拆环离散事件系统模型的行为由于去掉瞬态回路显得更加合理。

**常微分方程, ordinary differential equation** 含有未知函数为一元函数的一阶或高阶导数的方程。

**场, field** 物质存在的一种基本形式，具有能量、动量和质量，能传递实物间的相互作用，如电场、磁场、引力场等。

**场景仿真, scene simulation** 采用计算机图形图像技术，构造仿真对象的三维模型并再现真实的环境，以达到逼真的视觉效果和沉浸式的感官体验，实现用户与该环境的自然交互。

**场景仿真系统, scene simulation system** 一种支持场景仿真的系统，包括计算机系统、场景模型生成系统、物理模型、显示系统和交互控制系统等，用于测试、试验或训练。参见"场景仿真"。

**场景图, scene graph** 一种用于组织和管理三维虚拟场景的数据结构的图形表示，是一个有向无环图（directed acyclic graph，DAG）。一般采用一种自顶向下分层的树状数据结构来组织空间数据集，以提升渲染的效率。

**超实时仿真, super-real-time simulation** 仿真运行时间与自然时间的比例尺小于 1.0 的仿真。

**超实时系统, faster than real-time system** 系统运行时间与自然时间的比例尺小于 1.0 的系统。

**车辆驾驶模拟器, vehicle steering simulator** 一种由计算机实时控制、多系统协调工作、能复现车辆驾驶环境、能对实车性能和操纵品质进行较精确的动态模拟、用于训练驾驶人员驾驶车辆和进行特殊情况处置的并由人操作的模拟设备。

**沉浸, immersion** 人位于虚拟环境中所表现出的一种感知状态，即人不易或很难区分系统中现实与虚拟的部分，通常作为衡量虚拟现实仿真系统质量的因素之一。

**陈述式方法, declarative approach** 为达到一定仿真目的，驱动陈述式仿真语言建立的模型进行仿真的方法。陈述式方法通常对不同领域子系统的物理规律和现象采用统一方式进行描述，根据物理系统的拓扑结构基于语言内在的组件连接机制实现模型构成和多领域集成，通过求解微分代数方程系统实现仿真运行。

**陈述式仿真语言, declarative simulation language** 基于陈述式方法构建的专用仿真语言，能够提供对研究对象的直观描述，强调非因果建模。采用此类语言描述得到的模型没有明确的输入输出，且一般不能直接求解，需要转化为过程形式才能求解。

**程序合格, program acceptability** 在计算机仿真领域，对仿真系统和软件依据一定的标准进行评测，衡量其可用于实践而被使用者所接受的程度。

**重抽样方法, re-sampling method** 在统计学中，重采样技术指以下三种情况中的任何一种：（1）通过可用数据的子集或对数据点集进行随机抽取替代估计样本统计量的精度。（2）在进行显著性检验的过程中改变数据点集的标签。（3）应用随机子集验证模型。重抽样方法有自举法（bootstrapping），重叠法（jackknifing）和排列检验法（permutation test）。

**重叠批平均, overlapping batch mean** 仿真输出分析的一种方法，属于批平均值法的一种变形，由 Meketon 与 Schmeiser 于 1984 年提出。参见"批平均值法"。

**重复运行, replication** 每次仿真运行的初始条件与终止准则相同，而且使用相同的输入参数设置（也即在统计上是相同的）来进行仿真。这种仿真被称为重复仿真。

**重复运行/删除法，replication/deletion approach**　稳态仿真输出分析的一种方法。进行多次独立重复仿真运行，每次运行都将仿真分为初始瞬态阶段和数据采集阶段，并删除初始瞬态阶段数据，利用多次独立重复仿真运行得到的稳态观察值来建立输出性能指标的区间估计。

**重用，reuse**　亦称复用。在计算机科学和软件工程等领域，在开发新软件的过程中，重复使用已有的软件成分，从而降低软件成本，提供软件生产率和软件质量。重用一般分为代码重用、设计结果重用、分析结果重用三个级别。

**抽象，abstraction**　从众多的事物中抽取出共同的、本质的特征，而舍弃其非本质的特征。例如，在计算机科学领域，以程序与数据的语义来呈现其外观，但是隐藏其实现细节。通过抽象过程，设计者可以将所有无关的细节去掉，只保留对开发最有用的对象属性和行为，减少了复杂性，提高了效率。

**抽象层，abstract layer**　隐藏实现一系列独特功能执行细节的一种方法。例如，软件系统应用的抽象层有计算机网络的开放式系统互联（open system interconnection，OSI）七层模型、开放图形库（open graphics library，OpenGL）以及字节流输入输出模型等。

**抽象层次，level of abstraction**　对抽象排定的次序或划分的等级。抽象是概括对象共同点而获取的，它有不同层次。同一对象可以有低层次的讲法，也可以有高层次的讲法。用抽象层次高的语句，能概括更多的具体意义,但抽象层次越高，理解也越难。

**抽象仿真，abstract simulation**　对现实系统的某一层次抽象属性的模拟。人们利用这样的模型进行试验，从中得到所需的信息，然后帮助人们对现实世界的某一层次的问题做出决策。

**抽象仿真器，abstract simulator**　又称抽象模拟器，采用数学建模等抽象方法建模的仿真器。

**抽象技术，abstraction technique**　抽象过程中采用的各种科学技巧和方法。

**抽象精化，abstraction refinement**　将问题从高层向底层逐步进行抽象的过程。这适应于人们对复杂系统问题求解往往采用分层抽象的方式进行。

**抽象离散事件系统仿真器，abstract DEVS simulator**　亦称抽象离散事件系统模拟器，是对离散事件模拟器或仿真引擎的一种技术无关描述方式。

**抽象模型，abstract model**　采用非实物方式表示的模型。例如，用于计算机仿真的模型，采用适于计算机处理的数学描述形式。

**抽象顺序仿真器，abstract sequential simulator**　又称抽象顺序模拟器，采用数学建模等抽象方法，按照先后顺序操作或调用执行的仿真器。

**抽象系统模型, abstract system model**
对系统进行抽象并描述为适于计算机
处理的数学模型，包括系统的组成，
各组成部分之间的静态、动态、逻辑
关系，在某些输入条件下系统的输出
响应等。根据系统模型状态变量变化
的特征，又可把系统模型分为：连续
系统模型，状态变量是连续变化的；
离散（事件）系统模型，状态变量在
离散时间点（一般是不确定的）上发
生变化；混合型，上述两种的混合。

**抽象线程仿真器, abstract threaded
simulator**　以单线程、多线程为仿真
对象的仿真器。

**抽象准则, abstraction criterion**　在抽
象过程中需要遵循的标准和原则，根
据这些标准和原则可规范抽象过程，
保证抽象结果的准确性。

**抽样分布, sampling distribution**　基
于随机样本确定的统计量的概率分布。

**抽样误差, sampling error**　抽样方法
本身所引起的误差。在随机抽样时，
指样本值与被推断的总体指标值之差。

**初始瞬态, initial transient**　在进行稳
态仿真输出分析时，需要消除系统初
始状态的影响，通常在系统运行一段
时间趋于稳定后再开始收集数据，这
种从初始状态到稳态的过渡过程称为
初始瞬态。

**初始瞬态问题, problem of the initial
transient**　在稳态仿真输出分析中，由
于存在初始瞬态影响而造成的偏差问
题。参见"初始瞬态"。

**初始条件, initial condition**　系统运行
开始时的状态或参数。

**初始状态, initial state**　系统运行开始
时的状态。

**处理节点, processing node**　系统中具
有一定的数据传输和处理功能的单元
通常可表示为网络中的特定节点，称
为处理节点。这些节点通常具有特定
结构与功能，且相互独立，通过节点
的合理布局和运用能提高系统的处理
能力。例如，在一个供应链系统中，
节点代表了供应链中的任意企业，它
们的目标是满足下游企业的需求，但
其最终目标都是为了满足最终用户的
需求。

**触感, touch sensory**　在虚拟仿真中，
通过力反馈等物理效应设备，实现对
虚拟模型的触摸，产生与物理世界类
似的感觉。

**触觉, haptics**　在计算机及信息科学
领域，利用计算机输入输出设备与计
算机进行互动实现的遥操作或虚拟环
境中的触觉信息的传递。

**触觉反馈, tactile feedback**　一种虚拟
现实技术，它利用相关设备或装置表
现出的反作用触觉感受，将仿真场景
中的数据通过触觉反馈设备表现出
来，可以让用户身临其境地体验仿真

场景中的各种效果。

**触觉接口, tactile interface** 通过触觉方式与系统进行交互的接口。

**触觉输入/输出, tactile input/output** 一种方便而自然的人机交互方式或界面，操作人员可以将自身的触觉感受通过交互界面输入到计算机设备，计算机设备也可以将计算机程序所表示的实际动作表现出来，以供操作人员切身感受。

**触觉信号, tactile signal** 通过触觉方式产生的信号。

**传输速率, transmission rate** 单位时间内传输通道上所能传输的数据量，是描述数据传输系统的重要技术指标之一。数据传输速率在数值上等于每秒钟传输构成数据代码的比特数，单位为比特/秒。

**传输延迟, transmission delay** 在信号传递中，信息从信息源端传输到信息终端的过程所需要的时间。它的大小主要取决于信号的传输速率和互连导体的长度。这个参数因为测量时间、方向和条件不同而有所不同。通常有效传输延迟时间是一个统计平均时间。

**串联队列, tandem queue** 排队论中的一种服务系统，由若干个服务台串联组成，顾客到达后必须依次通过每个服务台接受服务后才算完成并离开整个系统。过程中通过顾客从一个队列到另一个队列的移动，把不同队列连接起来就形成了排队网络。

**串行仿真, serial simulation** 在一定的时间内，按照先后顺序完成一系列功能的仿真。

**错误检查, error checking , error detection** （1）为验证系统实际行为与预期行为之间的不一致而进行的工作。（2）识别并校正错误数据的软件例行程序。

# Dd

**大规模仿真，large-scale simulation** 仿真模型数据众多、模型间关联复杂，输入和输出信息量大、需占大量仿真资源的仿真活动。例如，美国国防部与加利福尼亚理工学院合作完成的名为 SF Express 大规模仿真技术研究和应用项目，集合 13 台并行计算机之力，使用了 1386 个处理器，模拟了100 298 个战斗实体，实现了大规模的军事仿真。

**大回路仿真，large loop simulation** 狭义的大回路仿真是指由飞行器质心对目标相对运动和导引系统组成的质心运动导引回路或制导回路的仿真。广义的大回路仿真是指利用模拟器、测量控制设备（以及操作人员）构成完整测控回路进行仿真试验的过程，此时一般特指飞行器天地大回路仿真。

**大容量存储器, mass storage** 在计算

机科学领域，可以存储大量非遗失性数据的存储器件、设备或系统。常见的大容量存储器包括硬盘、磁盘阵列储存（RAID）系统、光盘、全息存储器等。

**大系统模型, large scale model**　大系统指规模巨大、构成要素复杂、影响广泛、包含众多子系统的系统。大系统模型指以某种确定的形式（如文字、符号、图表、实物、数学公式等）对大系统的本质属性的描述。

**代表性的模型, representational model**　最能反映所研究系统的性质和特色的模型。

**代价函数, cost function**　亦称成本函数，通常指在技术水平和要素价格不变的条件下，成本与产出之间的相互关系。将其引申到其他领域后会有不同的含义，例如最优化技术中代价函数法，其中代价函数用作变量取值的惩罚因子，以加速优化过程的收敛。

**代理仿真, proxy simulation**　用代表性的数据或模型作为未知的数据和模型完成的仿真。例如在虚拟场景中，对视线范围外的物体采用代理方式，而对视线范围内的物体采用精确仿真模型的管理方式，从而减少了虚拟场景中的仿真计算。

**代码校核, code verification**　利用校核的方法检查代码是否正确地反映原始模型的过程。

**代码重用性, code reusability**　（1）在数据库中，指子类自动拥有父类的属性和方法。通过继承可以减少程序的冗余信息，因为继承使得父类中的属性和方法不必在派生类乃至间接派生类中重复定义。（2）在软件工程中，指程序代码的重用，即一个程序使用的代码可被其他程序使用的能力。

**带属性的实体, attributive entity**　含有有效特征的对象的集合。其中，属性即事物本身所固有的、必然的、基本的、不可分离的特性，是对象的性质及对象之间关系的统称。实体是客观世界中存在的且可互相区分的事物，实体可以是人也可以是物体实物，也可以是抽象概念。

**带状矩阵, band-structured matrix**　所有非零元素集中在对角线或次对角线（甚至次次对角线）上的矩阵。

**单播, unicast**　一种数据传送方式，指的是在客户端与服务器之间建立一个单独的数据通道，从一台服务器送出的每个数据包只能传送给一个客户机。它指网络中从源向目的地转发单播流量的过程。单播流量地址唯一。

**单步法, single-step algorithm**　在仿真中，为计算变量下一步的值，只需用到当前时刻变量值的一种算法。典型的，如欧拉法、龙格-库塔法，相对应的还有多步法。参见"多步法"。

**单步积分法, single-step integration method**　同"单步法"。参见"单步法"。

**单纯形算法, simplex algorithm** 一种用于求解线性规划问题数值解的迭代算法，其基本思想是：在一个可行解上开始；移动至一个更好的相邻可行解，该步骤根据需要将反复进行；在当前可行解比所有相邻可行解都更好时停止。

**单方面模型, single-aspect model** 在面向方面的设计模式中，包含方面模型和基础模型，每个方面模型描述基础模型横切面元素的一种特性。

**单方面系统, single-aspect system** 在面向方面的设计模式中，只含有一个方面的系统，与之对应的是多方面系统。

**单回路仿真, single loop simulation** 只进行多回路控制系统中的任一回路如俯仰回路、偏航回路或滚动回路的仿真。

**单机仿真, stand-alone simulation** 相对于某些联合仿真而言，它不需要其他仿真环境（可能是实际系统或其他仿真工具）支持。

**单链表, singly linked list** 用一组地址任意的存储单元存放线性表中的数据元素的结构，为找第 $i$ 个数据元素，必须先找到第 $i-1$ 个数据元素。单链表关系的实现可以通过指针来描述。

**单输出, simple output** 系统只有一个输出变量或者输出信号。

**单通道仿真, single channel simulation** 单输入单输出的仿真。

**单一多模型, single aspect multimodel** 属于一种固定子模型结构的多模型，在给定时间内，活动子模型数量仅有一个。

**单因子轮换实验法, one-factor-at-a-time approach（OFAT）** （1）一种通过检测各因子对实验结果的影响程度进行实验设计的方法。相对于多因子实验，单因子轮换实验每次检测一个因子，而不是同时检测所有因子。（2）在多因子实验中，单因子轮换实验是指对各因子轮换地进行单因子实验，逐个找出各因子的最优水平，联合起来得到最优水平组合，又称之为单因子轮换实验的最优解，与最优解对应的响应值称为最优响应值。

**单因子重叠设计, single-factor fold-over design** 一种分析与考察因子作用的实验设计方法，即初始设计多个因子水平的符号，检测时每次只改变一个因子水平的符号，该方法能够凸显反转因子及与该因子相关的二水平因子的作用。

**单元测试仿真器, unit test simulator** 能够对系统进行单元功能检查和性能测试的模拟设备。

**单值函数, single-valued function** 设 $X$ 是非空数集，$Y$ 是非空数集，$f$ 是对应法则，若对 $X$ 中的每个 $x$，按 $f$，使 $Y$ 中存在唯一一个元素 $y$ 与之对应，就称 $f$ 是 $X$ 上的一个函数，记作 $y=f(x)$。

**弹载计算机仿真, simulation for missile-**

borne computer　对弹上专用计算机的性能进行的测试、仿真与验证的过程。

**刀切法估计, jackknife estimator**　由 Quenoille 提出的一种近代非参数统计方法。从母样本的几个子样本中的每个子样本，得出感兴趣的参数的估计值，然后通过子样本估计值间的变异来估计母样本估计量的方差。该法最初作为减少系列相关系数估计量的偏倚的一种方法。

**导弹仿真器, missile simulator**　模拟导弹发射和飞行状态的仿真装置。

**导引头仿真, seeker simulation**　对导弹导引系统的性能进行测试、仿真与验证的过程。

**到达过程, arrival process**　对于一个随机过程，若该过程对时间是非递减的，取值为非负数，并且在零时刻值为零，则称该随机过程为一个到达过程。

**到达间隔时间, interarrival time**　两次到达的时间间隔。仿真建模中，一般指系统检测到的两次信号输入，例如系统失败的信号输入之间的时间间隔，排队系统中相邻到达的顾客的时间间隔。

**到达速率, arrival rate**　到达过程中单位时间内的平均到达数，它是到达间隔时间的倒数。参见"到达间隔时间"。

**低分辨率模型, low-resolution model**　对真实世界各要素描述的粒度较粗的模型。

**笛卡尔坐标，Cartesian coordinate**　一种坐标系统，其中空间点的位置通过参考三个相互垂直的平面来表示。三个平面称为坐标平面，三个平面相交的直线称为坐标轴。

**地理环境数据, geographic environment data**　表示地理环境要素空间分布的数据集合。地理环境包括自然、经济、社会、文化、交通、运输和战场建设等多个侧面。地理环境数据以数据库形式存储与管理。地理环境数据库是一种空间关系型数据库，它以地理要素的空间定位为线索来建立各要素之间的联系。如矢量地图数据库、像素地图库、军事交通数据库等。

**地面实况, ground truth**　用以帮助遥感影像分类和判读的地表或地下的各种地物特征信息；或用以帮助判断分类效果的真实结果。

**地球固定坐标系, earth fixed coordinate system**　参见"地心坐标系"。

**地心坐标系, earth coordinate system**　直角坐标系的原点在地球中心，基面为赤道，$x$ 轴为赤道面与本初子午面的交线，$z$ 轴指向北极，是与地球固连的坐标系。

**地心坐标系 WGS-84, World Geodetic System 1984**　坐标系的原点位于地球质心，$z$ 轴指向（国际时间局）BIH1984.0 定义的协议地球极（CTP）方向，$x$ 轴指向 BIH1984.0 的零度子午面和 CTP 赤道的交点，$y$ 轴通过右手规则确定。

**递归模型, recursive model**　反映一个递归问题的递归结构，由递归出口和递归体两部分组成，前者确定递归到何时为止，后者确定递归的方式。

**点对象, point object**　代表仿真实体，其位置为仿真实体的位置，其实例属性标识了仿真实体的几何体。

**点估计, point estimator**　通过样本对总体性能做出的单点估计。设总体 $\xi$ 的分布函数 $F(x;\theta)$ 中参数 $\theta$ 未知，$\theta \in \Omega$，$\Omega$ 为参数空间，今由样本 $\xi_1$，$\xi_2, \cdots, \xi_n$ 建立统计量 $T(\xi_1, \xi_2, \cdots \xi_n)$，对于样本观察值 $(x_1, x_2, \cdots, x_n)$，若将 $T(x_1, x_2, \cdots, x_n) = t$ 作为 $\theta$ 的估计值，则称 $T(\xi_1, \xi_2, \cdots, \xi_n)$ 为 $\theta$ 的估计量，通常记作 $\hat{\theta} = T(\xi_1, \xi_2, \cdots, \xi_n)$。建立一个这样的统计量 $T(\xi_1, \xi_2, \cdots, \xi_n)$ 作为 $\theta$ 的估计量，称之为参数 $\theta$ 的点估计。

**电磁环境数据, electromagnetic environment data**　表示空间中各种电磁辐射或传导辐射功率及其他特征的空域分布、时域分布和频域分布的数据集合。

**电视导引头仿真, television seeker simulation**　在五轴仿真转台上，利用三轴转台模拟导引头姿态运动，同时利用两轴模拟目标图像与导弹之间的相对运动，针对电视导引头利用电视图像测量导弹与目标相对运动有关参量的过程及性能进行的仿真过程。

**电视制导仿真, television guidance simulation**　利用电视成像设备产生满足特定要求的图像，以模拟电视导引头所能观测到的目标以及背景图像，对电视制导系统进行动态研究的过程。

**电站仿真器, electrical station simulator**　又称为电站仿真系统，是将仿真技术应用于电站所构建的仿真系统。通过电站仿真系统可以优化运行过程，培训操作人员。

**电子表格仿真, spreadsheet simulation**　又称电子表格模拟，是将建立好的数学模型在电子表格上进行模拟分析的方法，例如用 Microsoft Excel 表格进行仿真模拟。

**电子战威胁环境仿真器, electronic combat threat environment simulator**　具有模拟未来可能出现的各种复杂、密集的电磁威胁环境的能力，可用于电子战设备的测试和评估、训练操作人员等的模拟器材。电子战威胁信号环境仿真是电子对抗研究、开发的重要基础手段之一，这些信号由作战电子环境计算机产生，可模拟对通信、导航和识别等电子设备产生严重影响的电子战威胁。

**迭代建模, iterative modeling**　一种基于周期性分析、设计、测试和修正的建模方法。先实现部分模型功能，然后对已实现的部分进行评估修正，挖掘更深的需求。如此不断重复这个过程，每次重复都是一个完整的建模周期，并会根据最近一次的重复测试结果对模型进行修改和调整，产生一个新的版本，从而逐次逼近最终结果。

**定量变量，quantitative variable**　可用具体数值与特定计量单位表达的变量，相对于定性（qualitative）变量而言。对于后者，事物变化的状态和程度用相关的语言来表述。例如人的"身高"这个变量，其值用"176cm""180cm"等表达则为定量变量，若用"较高""高"等表达则为定性变量。

**定量测量，quantitative measurement**　对被研究对象所包含成分的数量关系或所具备性质间数量关系的测量。

**定量仿真，quantitative simulation**　利用模型复现实际系统中发生的本质过程，并通过对系统模型的模拟实验来研究对象所包含成分或所具备性质间的数量关系。

**定量建模，quantitative modeling**　利用可量化的数据及变量构建模型。

**定量模型，quantitative model**　也称为量化模型，指基于可量化的变量描述的模型。

**定量数据，quantitative data**　也称为量化数据，即可用数值表示的数据。

**定量有向图模型，quantitative diagraph model**　基于数理统计学构造并可获得相关数值结果的有向图模型。

**定性变量，qualitative variable**　变量的一种，用非数字量来表达其取值，通常用于信息不完全下的变量描述。如常用的数值抽象符号 $S=\{-, 0, +\}$，其中 $-$、$0$、$+$ 分别表示变量状态为好、中、差。

**定性的，qualitative**　对人、地点、事物、事件、活动或概念等的非数值描述。

**定性仿真，qualitative simulation**　集成人工智能技术和仿真技术，通过计算机仿真手段来研究不确定条件及不精确信息下系统行为的一类仿真，通常基于定性知识利用内外环境数据建立推理模型。

**定性仿真系统，qualitative simulation system**　集成人工智能技术和仿真技术，通过计算机仿真手段来研究不确定条件及不精确信息下系统行为的仿真系统。通常基于定性知识利用内外环境数据建立推理模型，常用的定性仿真方法有 QSIM 算法、定性过程理论方法，以及基于分层因果关系的方法等。

**定性建模，qualitative modeling**　建立定性模型的过程。定性建模的研究源自 20 世纪 80 年代人工智能领域兴起的定性推理研究。

**定性模型，qualitative model**　定性模型是一种不完备的知识模型，只描述对象的主要特征和状态模式。如由表示系统物理参数的定性变量和描述物理参数间约束关系的定性微分方程组成的模型。

**定性评估, qualitative assessment** 对一个事件的发展过程进行的非量值性评估（例如较快、较慢等），只做出一种趋势分析，或者算出一个大致的取值范围，不要求精确的数值描述。

**定性数据, qualitative data** 仅表示一个数据项的属性与特征而不限定其具体值的数据。

**定性因果模型，qualitative causal model** 定性地分析自变量之间相互影响以及对因变量影响的一种模型。

**定性值, qualitative value** 指定性变量在其定义空间上的离散化取值，每个定性值通常可对应实轴上的一个区间。通常由一个二元组表示：状态值和定性方向。其中，状态值表示变量所处的水平，定性方向表示变量当前的变化趋势。

**丢包率, packet loss ratio** 数据包在网络传输中丢失数据包数量占发送数据包数量的比率。

**动画, animation** 将一组静止图像按顺序排列成为一个图像序列，按照图像序号以一定的速度连续显示。

**动画标记语言, animation markup language（AML）** 一种基于 XML 的标记语言，主要用于驱动网页上与动画展示、动画交互等相关的组件，具有平台和语言无关的特性。

**动画模型, animation model** 制作和生成动画所使用的各类模型，例如静态构建模型、优化模型、运动捕捉平滑模型、关键帧模型等，也可以表示动画中使用的三维模型。

**动力系统, dynamic system** 系统状态随时间变化的系统或者按确定性规律随时间演化的系统，亦称动态系统、动力学系统等，其特点是：系统的状态变量是时间函数，即其状态变量随时间而变化；系统状况由其状态变量随时间变化的信息来描述；状态变量具备持续性。

**动态本体共享，dynamic ontology sharing** 可以共享的，且能够描述概念模型动态特性的明确的形式化规范说明。本体是共享概念模型的明确的形式化规范说明，共享本体中体现的是共同认可的知识，反映的是相关领域中公认的概念集，它所针对的是团体而不是个体。

**动态博弈, dynamic game** 参与人的行动有先后顺序，而且行动在后者可以观察到行动在先者的选择，并据此做出相应的选择。在动态博弈中，行动总有先后顺序。有些博弈具有先动优势，有些博弈具有后动优势。比如产量竞争具有先动优势，而价格竞争可能具有后动优势。军事对抗和体育比赛可以明显地视作是一种动态博弈。

**动态多维博弈, dynamic hypergame** 参与人的行动向量选择有先后顺序，且后行动者在自己选择行动向量之前能观测到先行动者选择的行动向量。

可分为完全信息动态多维博弈和不完全信息动态多维博弈。前者与后者的区别在于所有参与人是否有关于总支付全部信息的动态博弈。

**动态仿真服务，dynamic simulation service（DSS）**　一种基于面向服务的体系结构（SOA）的分布式仿真框架，其特点在于动态的仿真系统配置管理、自动的仿真代码生成/代码部署和动态的仿真分析等。在建模仿真领域，动态仿真服务一般用于大规模分布式仿真系统。

**动态仿真更新，dynamic simulation updating（DSU）**　基于多态模型在仿真运行过程中调整模型结构或行为，实现复杂系统中不确定、偶然现象仿真的方法。在建模仿真领域，动态仿真更新一般用于仿真复杂系统的随机、不确定现象。在作战仿真中，诸如意外伤亡、意外冲突等随机情况，都需要动态仿真更新技术。参见"动态模型更新"。

**动态仿真链接，dynamic simulation linking**　运用动态模型仿真，在计算机程序的各模块之间传递参数和控制命令。

**动态仿真模型，dynamic simulation model**　动态模型的仿真形式。参见"动态模型"。

**动态仿真组合，dynamic simulation composition**　根据研究问题的需要动态地从可重用仿真组件库中选择相应的组件组合成新的仿真应用的过程。

**动态更新，dynamic updating，dynamic update（DU）**　一般指动态模型更新，它基于元模型、多态模型等技术实现复杂系统中不确定、偶然现象的仿真。本词条与动态仿真更新非常近似。在建模仿真领域，动态更新一般用于仿真复杂系统的随机、不确定现象。在作战仿真中，诸如意外伤亡、意外冲突等随机情况，都需要动态更新技术。参见"动态仿真更新"。

**动态互操作性，dynamic interoperability**　不同的计算机系统、网络、操作系统和应用程序一起动态地工作并共享信息的能力。

**动态互操作性级别，dynamic interoperability level**　不同的计算机系统、网络、操作系统或应用程序可以在什么层面上实现互操作，比如SOAP消息级别。

**动态环境，dynamic environment**　随着时间的变化在形式、内涵、状态上具有差异性的环境。

**动态检查，dynamic check**　通过调试器运行被检测的软件的某项功能，检查运行结果与预期结果的差距，来确定被测软件此功能是否存在安全缺陷。它主要由构造测试用例、调试软件程序、分析软件程序三个部分构成。

**动态建模，dynamic modeling**　系统动

态模型的建立过程。参见"动态模型"。

**动态建模形式，dynamic modeling formalism** 一种支持仿真系统动态组合和重组的建模形式。复杂系统的不确定性和现代分布式仿真架构的开放性及动态性是导致仿真系统动态组合和重组的重要原因，此种方法用于指导复杂系统仿真的设计与开发。

**动态交互，dynamic interaction** 用户的行为能够实时作用于虚拟环境，实现用户与场景的交互。此能力可以让用户产生身临其境的感受，通过互动的方式使用户体验沉浸感，并按用户的意愿选择漫游路径、改变场景和视点等。

**动态结构（元胞）自动机，dynamic structure（cellular）automaton（DSA）** 一种结构在运行时可变的离散时间元胞自动机模型，其元胞是离散时间仿真模型，元胞间的事件交互由原子事件发生器产生。本词条可直译为"动态结构自动机"，但在建模仿真领域其所指应该是"动态结构元胞自动机"。目前已应用在森林火灾仿真等领域。在森林火灾仿真中，树木对应于元胞仿真模型，火灾的扩散对应元胞邻近单元的变化。参见"元胞自动机"。

**动态模式更新机制，dynamic mode update mechanism** 在运行过程中可即时更新的机制。

**动态模型，dynamic model** 系统状态随时间变化的模型，其典型的表示形式是微分方程（组）。与动态模型对应的是静态模型，指系统处于平衡状态或不随时间变化的模型。

**动态模型发现，dynamic model discovery** 对无先验知识的对象进行多方位研究以构建适合于该对象的动态数学模型。

**动态模型更新，dynamic model update** 在运行过程中更新动态模型。

**动态模型结构，dynamic model structure** 一种可描述动态模型组件相互连接关系的数据结构，包括时序图、状态图、活动图、协作图，这些组件共同刻画系统的过程和行为。

**动态模型可组合性，dynamic model composability** 多个动态模型组合构成更为复杂的大系统模型的能力。

**动态模型位置，dynamic model location** 运行中的动态模型所处计算机的标识，一般用于分布式仿真任务中。

**动态模型文档，dynamic model documentation** 建模过程中产生的时序图、状态图、活动图、协作图等有关模型信息的文档。

**动态适应，dynamic adaptation** 系统在工作中为达到最优状态而表现出的行为活动。它不同于一般的、被动的适应，即不是以环境条件为中心，或以迎合的方式取得与环境的协调，而是以主要需要为中心，主动地适应的行为策略，有意识地利用和改变环境条件，有效地影响环境中的其他系统，以实现积极适应的目的。

**动态文档，dynamic documentation**　在一个项目或任务执行过程中形成的文档，它是过程中活动的事实记录。

**动态误差，dynamic error**　随时间而变化的误差。

**动态误差分析，dynamic error analysis**　在仿真领域，指在某一输入信号作用下，对系统的动态行为特性进行仿真，所得到的仿真响应与给定的（标准的或实际的）响应进行比较，对其误差加以分析的过程。

**动态系统仿真，dynamic system simulation**　对系统状态随时间而变化的系统进行的仿真。

**动态系统行为，dynamic system behavior**　随时间推移而不断变化的系统对外界环境的作用。

**动态行为，dynamic behavior**　（1）一个系统或一个独立单元随时间而变化的方式。（2）亦称动态特性，指控制系统或个别部件随时间而变化的性能。

**动态约束，dynamic constraint**　在物理学中，对非自由体的某些位移起限制作用的周围物体称为约束。一般地说，约束描述了某些给定变量间的关系，通常用方程式表示。若约束方程式相依于时间，则为动态约束，亦称为非定常约束，反之称为稳定（静态）

约束或定常约束。

**动态自然环境，dynamic natural environment**　动态性是综合自然环境最本质和最显著的特性之一，在仿真系统中，自然环境中的气象、电磁、地形等综合自然环境随时间不断地随机变化。

**动态自然环境建模，dynamic nature environment modeling**　建立描述自然环境量化属性的空间表示随时间及实体行为变化的模型。

**动态组合，dynamic composition**　将动态模型的各组件，比如脚本、事件、事件发生的顺序及状态等，按目标要求有效组合，形成动态模型的过程。

**动态组合性，dynamic composability**　模型各组件具有的能够形成动态模型从而实现特定功能特性的能力。

**独立时间推进，independent time advancement**　在仿真领域，在请求推进仿真钟的过程中，系统内部或外部单元不相互依附隶属。

**独立随机变量，independent random variable**　若两个随机变量各自取值的概率互不相关，则称这两个变量为独立随机变量。

**独立同分布，independent and identically distributed**　假设 $X_1, X_2, \cdots, X_n$ 是互为独立的随机变量，若他们都服从相同的分布，则称这些随机变量为独立同分布。

**独立校核与验证, independent verification and validation** 由独立于模型或仿真系统开发的人员、机构对模型或仿真系统进行校核和验证的行为。

**独立样本, independent sample** 若取自一个总体的样本不依赖于取自另一个总体的样本，则称这两个样本为独立样本。

**独立重复仿真运行，independent replication** 每次重复仿真运行时使用相同的初始条件，但使用不同的随机数，同时统计计数器在每次重复仿真运行时要进行重置。

**短期可预测性, short-term predictability** 依据对象当前状态，对其短期内的行为进行预测的能力。

**断言, assertion** 逻辑学中亦称断定。一种逻辑表达式，它规定必须存在的一个程序状态，或规定在程序执行过程中某一特定点上程序变量必须满足的条件集合。如果程序操作正确，总是取值真；否则程序通常会终止并给出相应的错误信息。一个断言本质上是写下程序员的假设，如果假设被违反，那表明有个严重的程序错误。

**断言模型, assertional model** 在专家系统中，关于有待解决问题的一种假设模型。一般，断言模型成立的可能性是通过向使用者提问来确定的，当然也可利用规则，通过其他断言或数据去推断它的成立。

**队列, queue** 用于排队系统建模的术语，指实体处于等待状态所形成序列，对于排队系统而言，是顾客在接受服务前所形成的顾客等待序列。典型的队列有：（1）M/M/1 队列，一种单服务台单队列排队模型，其中顾客到达间隔时间服从指数分布（或到达过程服从泊松分布），服务时间服从指数分布，队列容量无限，顾客源中顾客数量无限，先到先服务。（2）M/M/s 队列，一种多服务台（s 个服务台）单队列排队模型，其中顾客到达间隔时间服从指数分布（或到达过程服从泊松分布），服务时间服从指数分布，队列容量无限，顾客源中顾客数量无限，先到先服务。（3）M/G/1 队列，一种单服务台单队列排队模型，其中顾客到达间隔时间服从指数分布（或到达过程服从泊松分布），服务时间服从一般概率分布，队列容量无限，顾客源中顾客数量无限，先到先服务。（4）M/E2/1 队列，一种单服务台单队列排队模型，其中顾客到达间隔时间服从指数分布（或到达过程服从泊松分布），服务时间服从二阶爱尔朗分布，队列容量无限，顾客源中顾客数量无限，先到先服务。

**对称仿真, symmetric simulation** 对具有对称特性的对象，对称部分可同步实现仿真的技术。

**对称分布, symmetrical distribution** 一种平均值的两边相同或近似相同的概率分布。

**对称函数，symmetrical function** 具有对称性的函数。典型的有点对称与轴对称。例如，函数 $y = f(x)$ 的图像关于点 $A(a,b)$ 对称的充要条件是 $f(x) + f(2a-x) = 2b$。特别地，函数 $y = f(x)$ 关于原点 $O$ 对称的充要条件是 $f(x) + f(-x) = 0$；关于直线 $x = a$ 对称的充要条件是 $f(a+x) = f(a-x)$，即 $f(x) = f(2a-x)$，特别地，关于 $y$ 轴对称的充要条件是 $f(x) = f(-x)$，等等。对称函数理论是代数组合学中的一个重要研究领域，它主要研究对称群和对称多项式的代数性质和组合性质。

**对数逻辑斯谛分布，log-logistic distribution** 一种概率分布，其密度函数为

$$f(x) = \begin{cases} \dfrac{\alpha(x/\beta)^{\alpha-1}}{\beta[1+(x/\beta)^{\alpha}]^2}, & x > 0 \\ 0, & \text{其他} \end{cases}$$

分布函数为

$$F(x) = \begin{cases} \dfrac{1}{1+(x/\beta)^{-\alpha}}, & x > 0 \\ 0, & \text{其他} \end{cases}$$

其中形状参数 $\alpha > 0$，比例参数 $\beta > 0$，$x \in [0,\infty)$。如果数据 $X_1, X_2, \cdots, X_n$ 被认为是对数逻辑斯谛分布，那么可将数据点的对数 $\ln X_1, \ln X_2, \cdots, \ln X_n$ 视为逻辑斯谛分布。参见"逻辑斯谛分布"。

**对数正态分布，lognormal distribution** 一种对数为正态分布的任意随机变量的概率分布，记为 $\mathrm{LN}(\mu, \sigma^2)$，密度函数为

$$f(x) = \begin{cases} \dfrac{1}{x\sqrt{2\pi\sigma^2}} \exp[-(\ln x - \mu)^2 / 2\sigma^2], & \\ & x > 0 \\ 0, & \text{其他} \end{cases}$$

分布函数无封闭形式，$x \in [0,\infty)$，均值为 $e^{\mu+\sigma^2/2}$，方差为 $e^{2\mu+\sigma^2}(e^{\sigma^2}-1)$，可用于一个变量可以看作许多很小独立因子的乘积，或缺少数据时的建模。如果有数据 $X_1, X_2, \cdots, X_n$ 被认为是对数正态分布，这些数据点的对数 $\ln X_1, \ln X_2, \cdots, \ln X_n$ 可以按正态分布数据对待，以用于分布假设、参数估计以及拟合优良度检验中。

**对象，object** 在计算机科学中，指一种将数据与对该数据进行操作的方法进行绑定的语言机制。在仿真科学中，指作为建模与仿真目标的真实世界中的事物或其在仿真系统中的表示。例如，在分布式交互仿真中，指构成联邦成员概念表示的基本元素，它在适合于联邦成员互操作性的抽象和分辨率层次上反映真实世界。

**对象建模，object modeling** 建立对象的模型的过程和方法。参见"对象"。

**对象类，object class** 一批对象的共性和特征。一个对象类定义了一组大体上相似的对象。参见"对象"。

**对象模型，object model** 对一给定系统固有对象的规格化描述，包括对象

特征（属性）的描述和对象之间存在的静态与动态关系的描述。

**对象模型框架, object model framework** 指一组可重用的对象模型的类或库，例如描述高层体系结构的对象模型的规则和术语。

**对象模型模板, object model template（OMT）** 特指高层体系结构中用来规定记录对象模型内容的标准格式和语法，包括对象、属性、交互和参数，但它并不规定对象模型中的特定数据。

**对象属性, object attribute** 对象特征的表示，一般采用变量或数据的形式。

**对象所有权, object ownership** 一个对象标识属性的所有权，最初由调用实例化对象接口服务建立。它包含用删除对象服务来删除对象的特权，并可通过属性所有权管理服务转移给另一个联邦成员。

**多步法, multi-step method** 在计算函数 $y(x)$ 第 $n+k$ 个节点处的值时，用到 $y(x)$ 的前面 $k$ 个节点处的值的数值计算方法。

**多步积分算法, multi-step integration algorithm** 数值积分计算中，在计算函数 $y(x)$ 第 $n+k$ 个节点处的近似值时，用到 $y(x)$ 的前面 $k$ 个节点处的近似值的数值积分算法，有时也简称多步法。

**多重比较问题, multiple-comparisons problem** 统计学中的术语，指当人们同时考虑一组统计推断或推断基于观测值选择参数的一个子集时产生的推断错误的概率问题，包括置信区间的推断错误与假设检验的推断错误。

**多层次系统, multi-layer system** 具有多层结构的系统。

**多重递归随机数发生器, multiple recursive random-number generator** 一种产生伪随机数的公式或程序，其表达式是 $g(Z_{i-1}, Z_{i-2}, \cdots) = a_1 Z_{i-1} + a_2 Z_{i-2} + \cdots + a_q Z_{i-q}$，其中 $a_1, a_2, \cdots, a_q$ 为常数。如果参数选择恰当，周期有可能大到 $m^q - 1$。

**多层面多模型, multi-aspect multimodel** 由两个或两个以上的多方面模型，通过模型内部的各自编程技术集成而构成的一个复杂模型。

**多层面建模, multi-aspect modeling** 在构建模型时，从核心功能性需求中分离出不同的关注方面，例如实时性、安全性、异常处理、日志、同步控制、调度、性能优化、通信管理、资源共享和分布式管理等，并且支持各个方面的组合和绑定来实现系统的集成。

**多层面建模形式化, multifaceted modeling formalism** 一种针对复杂系统的建模机制，在无法减少系统复杂度的情况下，从不同层面建立系统的部分形式化模型。参见"多层面建模"。

**多层面模型, multi-aspect model, multifaceted model** 逻辑上由相互连接的多个方面构成，而连接的实现是通过各方面中定义的规则将横切模块和业务模块编织在一起，实现多维度上的横切关注和业务关注分离的模型。参见"多层面建模"。

**多层面系统, multi-aspect system**　基于多层面模型的计算机应用系统，通过对系统横切关注点的确定，归纳为对应的方面，然后利用面向方面的编织技术，将多个方面彼此编织在一起而形成的计算机应用系统。

**多处理器仿真, multi-processor simulation**　利用两个或者两个以上的处理器进行仿真。

**多传感器输入/输出, multisensory I/O**　亦称多感觉的输入/输出，指多种传感器并行工作时的输入输出信号处理。

**多分辨率多角度建模, multiresolution multiperspective modeling**　在建立多分辨率模型的过程中，根据不同的仿真目的，从不同的角度抽象、映射系统的功能、性能、结构，构建层次不同、角度不同的模型。

**多分辨率仿真, multiresolution simulation**　利用多分辨率建模方法，在一个框架实现低分辨率和高分辨率多层级集成的仿真应用。

**多分辨率建模, multiresolution modeling**　针对同一系统、对象、现象或过程的不同层次建立不同分辨率的模型，且保持这些模型所描述的系统或过程特性的一致性。多分辨率建模的目的是根据情况动态改变分辨率，提高模型

或模拟的自适应性。

**多分辨率建模与仿真, multi-resolution M&S**　对同一研究对象建立具有不同分辨率的模型并进行仿真的过程。

**多分辨率联邦成员, multiresolution federate**　在高层体系结构仿真体系中采用多分辨率模型的联邦成员。

**多分辨率模型, multiresolution model**　描述同一系统、对象、现象或过程具有不同分辨率，在运行过程中，在时间和空间上保持其特征一致性的一个模型或一组模型。其中分辨率的含义是指在建模或仿真中，模型描述真实世界的精确度和详细程度，与模型的逼真度有关联关系。

**多回路仿真, multi-loop simulation**　对多回路控制系统中两个或两个以上回路同时进行的仿真。

**多级安全, multilevel security**　一种通过区分用户安全级别，使得不同级别的人可以接触到相对应的信息，从而防止信息泄露的技术。

**多级多模型, multistage multimodel**　依据特定策略的具有分层体系结构且不局限于数学模型的多种形式模型。

**多级仿真, multilevel simulation, multistage simulation**　根据实体行为（微观的、宏观的）的级别，动态地为每个实体确定最合适等级的仿真模型。它能保证仿真精度和计算资源使用之间最优的折中。

**多级建模, multilevel modeling** 构建多级模型的过程。参见"多级模型"。

**多级建模机制, multistage modeling mechanism** 按照一定的分层体系结构策略建立多级模型的机制。

**多级模型, multilevel model** 亦称分层模型，典型的如递阶模型、嵌套模型等。多层次模型被设计来分析阶层结构的数据，阶层指由较低层次的观察数据嵌套在较高层次之内的数据结构所组成。

**多粒度模型, mixed-granularity model** 也称混合粒度模型，通常可将复杂的系统划分出其构成的多粒度、多侧面数据，对不同的问题从不同的粒度空间构建出的反映复杂系统特征的模型。

**多媒体仿真, multimedia simulation** 采用计算机技术，生成具有视、听、触等多种感知的逼真虚拟环境，用户可以通过使用各种接口设备，与虚拟环境中的对象进行交互，产生身临其境的感觉，在训练模拟器中应用广泛。

**多媒体建模, multimedia modeling** 使用能够被计算机处理的多种信息载体（包括文本、声音、图形、动画、图像等）对研究对象建立模型的过程。

**多媒体建模语言, multimedia modeling language（MML）** 一种基于统一建模语言的平台独立的交互性可视化建模语言，整合了音视频、仿真建模、动画等多媒体功能，支持面向应用的多媒体应用建模方法，以及基于模型的用户界面开发。

**多模态, multimodal** 又称多模式，对于一个待描述的事物，通过多种不同的方法或角度进行的描述。其中，每一个方法或视角称之为一个模态。例如人脸的多模态包括人脸的二维图像和三维形状模型两个模态；视频的多模态包括字幕、音频和图像等模态。

**多模型框架, multimodel framework** 定义了多模型所包含的子模型及其耦合关系。

**多速率仿真, multirate simulation** 利用多帧数积分和多速采样方法的仿真应用。

**多态多模型, metamorphic multi-model** 同一对象具有不同结构描述的多种模型（在模拟事物的时候，根据特定条件的变化，采用不同模型模拟同一事物的方式叫作变化的多模型）。

**多态模型, mixed-state model** 也称混合态模型，指将多态的概念应用于建模领域，所构建的模型包含多种不同状态。

**多态性, polymorphism** 在面向对象的程序设计理论中，同一操作作用于不同的类的实例，将产生不同的执行结果，即不同类的对象收到相同的消息时，得到不同的结果。多态是面向对象程序设计的重要特征之一，是扩展性在"继承"之后的又一重大表现。

**多通道仿真, multi-channel simulation**
通过两个及以上的数据通路对对象、过程或系统所进行的仿真。

**多项式逼近, polynomial approximation**
采用多项式函数拟合目标数据集的分布特征，是一种寻求多项式函数相关特征系数的过程。

**多项式模型, polynomial model**　采用多项式函数的形式来表示系统特征的模型。

**多性能指标，multiple measure of performance**　从多个方面度量系统性能的指标。例如，衡量企业管理的指标既包括内部质量体系指标，又包括生产指标。

**多学科建模, multi-discipline modeling**
将多学科领域的模型集成一体，以实现协同设计、分析和仿真的建模。

**多学科建模语言，multi-discipline modeling language**　在多学科领域建模过程中使用的形式化语言，该语言可以对来自不同学科领域的系统构件采用统一的方式进行描述，以实现不同领域模型之间的无缝集成和数据交互。

**多元分布和随机向量，multivariate distribution and random vector**　若多个随机变量定义在同一概率空间上，其概率分布就是多元分布，该多个随机变量就称为随机向量。

**多帧法，multi-framing**　把仿真分解成不同帧速执行的多个部分的方法，以提高系统运行速率，允许模型低于需求速度运行。

**多智能体仿真, multi-agent simulation**
多智能体系统是由多个相互作用、相互联系的智能体为完成特定的复杂任务或目标而组成的网络系统，系统内部采用分工协作机制。它是为解决单个智能体不能完成的复杂性问题求解而提出的，通过多智能体的协调合作完成问题的解决。多智能体仿真是将多智能体技术与仿真技术相结合，即基于多智能体的建模与仿真。它是一种以智能体技术为基础自下而上的仿真建模方法。

**多智能体系统，multiagent system（MAS）**　亦称多智能体系统，指多个独立的、具有一定的自主性和推断能力的智能体，通过信息交换和操作交互，完成不同智能体各自或者共同任务的系统，是一种能够智能和灵活地对工作条件的变化和周围过程的需求进行响应的系统。

**多帧速积分，multirate integration**
亦称多速率积分，指在仿真中每一个子系统可采用各自的积分步长的积分方法。

**多种形式建模, multi-formalism modeling**
对象或系统以多种形式共同表示的模型。

**舵机仿真，vane actuator simulation**
对舵机的性能进行测试、仿真与验证的过程。

**惰性仿真, lazy simulation** 在满足仿真精度的前提下，尽可能减少运算量和存储量的一种仿真方法。

# Ee

**二次同余随机数发生器，quadratic congruential random-number generator** 线性同余随机数发生器的一种，其表达式为 $g(Z_{i-1}, Z_{i-2}, \cdots) = a'Z_{i-1}^2 + aZ_{i-1} + c$，其周期至多是 $m$。

**二项分布, binomial distribution** 描述随机现象的一种常用概率分布形式，因与二项式展开式相同而得名。重复 $n$ 次的伯努利试验中，用 $\xi$ 表示随机试验的结果，则 $\xi$ 服从二项分布。如果事件发生的概率为 $p$，则不发生的概率 $q = 1 - p$，$N$ 次独立重复试验中发生 $k$ 次的概率是 $P\{\xi = k\} = C_n^k p^k q^{n-k}$，其中 $C_n^k = \dfrac{n!}{k!(n-k)!}$。

**二重指数分布，double-exponential distribution** 一种连续型概率分布，若随机变量 $x$ 的概率密度函数为 $f(x) = \dfrac{\lambda}{2} e^{-\lambda|x|}, x \in R$，其中 $\lambda > 0$，则称 $x$ 有参数 $\lambda$ 的二重指数分布，简称双指数分布。

# Ff

**发布和订购，publish and subscribe** 一种消息通信范式。消息发布者在不知道订购者的情况下将消息发布出去，无需给特定的订购者发送信息，而订购者只订购和接收感兴趣的消息，而不必知道发布者是谁。

**发控台仿真器，launch-controller simulator** 具备使导弹处于发控状态并能够模拟发射控制过程的仿真模拟设备。

**发射控制仿真, launch control simulation** 利用模拟设备完成发射控制流程运行的过程。

**反变换, inverse transform** 亦称逆变换，是函数的逆运算（映射）。若一个变换记为 $F$，则其逆变换记为 $F^{-1}$。

**反馈移位寄存器随机数发生器，feedback shift register random-number generator** 一种利用反馈移位寄存器生成随机数的方法，其原理是：递推定义一个二进制数序列 $b_1, b_2, \cdots$，典型的表达式是 $b_i = b_{i-r} \oplus b_{i-q}$，其中整数 $r$ 和 $q$ 满足 $0 < r < q$。为了形成二进制整数序列 $W_1, W_2, \cdots$，我们将 $l$ 个连续的 $b_i$ 排列在一起并视其为一个以 2 为底的数，即 $W_i = b_{(i-1)l+1} b_{(i-1)l+2} \cdots b_{il}$，$i = 2, 3, \cdots$，$W_i = W_{i-r} \oplus W_{i-q}$，其中异或运算是按位执行的。如果 $l$ 是对 $2^q - 1$ 的素数，则 $W_i$ 的周期也等于 $2^q - 1$。例如，对于数据存储为 31 位的计算机来说，最长周期等于 $2^{31} - 1$。

**反射对象, reflected object** 在软件工程中，指能把自己引入缺省表示的结构中的对象，可以是封装程序集、模块和类型。

**反射属性, reflected attribute**　在软件工程中，指能把自己作为某种参数值引入缺省表示的结构中的属性。

**反向推理模型，backward-reasoning model**　用于反向推理的模型，其基本原理是：从表示目标的谓词或命题出发，使用一组规则证明事实谓词或命题成立，即提出一批假设（目标），然后逐一验证这些假设。

**反应式建模, reactive modeling**　一种面向数据流动及其变化传播的建模方式，类似于反应式编程。即在建模中应能表示静态与动态数据流，且随着数据的流动，模型的执行会自动传播其变化。

**方差, variance**　设 $X$ 是一个随机变量，若 $E\{[X - E(X)]^2\}$ 存在，则称其为 $X$ 的方差，记为 $D(X)$ 或 $\mathrm{Var}(X)$。

**方差参数, variance parameter**　统计推断中方差估计值表达式中的参数。

**方差分析, analysis of variance**　亦称为 $F$ 检验法，以发明者 Fisher 姓氏的第一字母表示。在统计学中，方差表示偏差程度的量，方差分析的基本方法是：在正态总体及方差相同的基本假定下，先求总体的平均值与实际值差数的平方和，再用自由度除平方和，所得之数即为方差（普通自由度为实测值的总数减 1）。组群间的方差除以误差的方差称方差比，将 $F$ 值查对 $F$ 分布表，判明实验所得之差数在统计学上是否显著。

**方差缩减, variance reduction**　在离散事件系统仿真中，用于使仿真输出变量的方差缩小，从而提高仿真效率的一种方法。典型的方差缩减方法有公共随机数法、对偶变量法等。

**方差缩减技术，variance-reduction technique**　离散事件系统仿真中使统计方差减少的方法。典型的有公共随机数法、对偶变量法、控制变量法等。参见"控制变量法"。

**方差缩减调节, conditioning for variance reduction**　离散事件系统仿真方差缩减技术中的控制变量法所采用的技术。它利用某些随机变量间的相关性来获得方差的减少，从而可使用更少次数的仿真达到所要求的精度。参见"方差缩减技术"和"控制变量法"。

**方位角, azimuth angle**　亦称地平经度，是在平面上量度物体之间的角度差的方法之一，是从某点的指北方向线起，依顺时针方向到目标方向线之间的水平夹角。

**仿真, simulation**　又称模拟，指基于模型的活动，包括建立、校验、运行实际系统或未来系统的模型以获得其行为特性，从而达到分析、研究该实际系统或未来系统之目的的过程、方法和技术。这里的模型包括物理和数学、静态和动态、连续和离散、定量和定性等各种模型。这里的系统是广义的，包括工程系统，如电气系统、热力系统、计算机系统等；也包括非工程系统，如交通管理系统、生态系统、经济系统等。

**仿真包, simulation package** 具有完整功能的满足仿真需要的仿真程序包。

**仿真保真度, simulation fidelity** 在科学建模与仿真领域，保真度指一个模型或仿真系统再现真实世界中的对象、特征或条件的状态和行为的程度。仿真保真度是衡量一个模型或仿真系统逼真性的度量指标。

**仿真本体, simulation ontology** 在仿真元概念模型中引入的哲学本体概念，能显式地描述元概念模型中各种概念和组元间相互关系，提高概念模型的重用性。

**仿真编程, simulation programming** 编制仿真程序相关活动的总称。在仿真语言出现之前，将系统模型转换成计算机能够运行的仿真模型的工作一般需要用编程语言来编制仿真程序。参见"仿真语言"。

**仿真编程语言, simulation programming language** 用于编制仿真程序的计算机编程语言。早期有 Fortran 语言、C 语言等。随着仿真语言的出现，可使用脚本语言进行仿真编程，象 C 语言一样直接导入外部动态链接库（DLL）的应用程序接口（API）函数（例如所有 winapi 函数），并且可以像普通函数一样直接使用。

**仿真标准, simulation standard** 建模与仿真相关技术的通用要求、规范或方法。例如仿真系统标准、仿真数据标准、仿真模型标准和仿真试验方法标准等。

**仿真步速, simulation pacing** 计算机仿真执行模型指令的快慢程度。一般用仿真时间的推进与墙钟时间推进的比值来度量。

**仿真参考标记语言, simulation reference markup language** 也称仿真置标语言，是一种将仿真文本以及文本相关的其他信息结合起来，展现出关于仿真文档结构和数据处理细节的计算机文字编码。与文本相关的其他信息（包括例如文本的结构和表示信息等）与原来的文本结合在一起，但是使用标记进行标识。

**仿真参与者, simulation stakeholder, simulation participant** 仿真项目的要求者、费用支付者、消费者或者被仿真项目及其结果影响的人，通常称为仿真利益相关者。任何仿真项目的利益相关者都有从实际工作得到合理期望的权利。

**仿真舱, simulated cabin** 航空、航天领域中的一种仿真设备，是模拟训练系统的一部分，可为受训者提供一个接近真实舱体的环境，以代替在实际设备上进行的训练。

**仿真操作者, simulation operator**　仿真验证过程的监控及操作人员。

**仿真测试, simulation test**　一个外延宽泛的术语，如控制系统中的仿真测试指模拟实际控制对象及其运行的工作环境，测试所设计控制系统的性能；软件仿真测试指模拟软件的真实使用环境，软件配置到真实的使用状态而进行的测试。

**仿真测试系统, simulation and testing system**　对飞行器综合控制计算机的飞行控制/制导软件、测试软件、接口软件及其他有关软件进行飞行器全任务剖面实时仿真动态测试的计算机系统，简称仿测仪。

**仿真策略, simulation strategy**　（1）采用仿真手段研究现实或虚拟系统的一系列思路、途径、方式和过程的总称。（2）在离散事件系统仿真中，采用某种方法进行仿真进程的推进，来选择下一将要发生的事件，以推进仿真时钟，建立各类实体之间的逻辑关系，是离散事件系统仿真方法学的重要内容。

**仿真层, simulation layer**　可视化仿真中的一个逻辑层次，是实现规则的程序部分。

**仿真程序, simulation program**　针对给定的数学模型，用程序设计语言或仿真语言编写的仿真源程序。

**仿真程序生成器, simulation program generator**　生成仿真程序的工具，一般包括对仿真模型翻译、检查、转换、编译，并最终生成计算机可执行的代码等功能。

**仿真除法, simulated division**　由 Payne、Rabung 与 Bogyo 提出的一种由素数取模乘同余（PMMLCG）产生随机数的方法。仿真除法就是：令 $z_i = az_{i-1}(\mathrm{mod}\, 2^b)$（移位除），记 $k$ 是小于或等于 $az_{i-1}/2^b$ 的整数，则如果 $z_i + kq < 2^b - q$，令 $z_i' = z_i + kq$，否则令 $z_i' = z_i + kq - (2^q - q)$。这就避免了直接除法。

**仿真处理器, simulation processor**　计算机或系统里执行仿真运算（指令）的一种功能单元。

**仿真代理, simulation proxy**　（1）以仿真的系统或装置代替实际系统或装置加入某一类系统的运行。（2）某种仿真业务服务提供商的代理。

**仿真代码, simulation code**　或称仿真程序，采用软件开发语言编写的实现仿真功能的代码或程序。

**仿真的回溯因果, simulated retrocausality**　仿真分析中从结果回溯寻找可能触发结果的原因，以确定因果发生的链路。

**仿真的任务空间, simulated mission space**　一个通用的仿真术语，指由模型、仿真技术或两者相结合构造出来的对现实世界或其投射世界的合成描绘。

**仿真的世界, simulated world** 采用仿真方法描述的虚拟世界，是客观物理世界的一个映射，以便于人们对客观物理世界的认识。

**仿真的稳健性, simulation robustness** 对设计的模拟系统在相同条件下多次仿真验证所得结果间的偏差程度，偏差越大，仿真的稳健性就越差。

**仿真的行为, simulated behavior** 通过计算机或其他技术手段模拟得到的对象行为或动作。

**仿真的作战, simulated warfare** 对实际作战的仿真表示。通常以训练或分析为目的，通过运行一定的作战模型来展现类似于作战的过程或特性的活动。

**仿真电缆, simulation cable** 在仿真试验中用来连接参试设备和仿真设备，实现设备供电或信息交互的线缆。

**仿真动画, simulation animation** 以动画的形式展示仿真系统运行的动态过程。

**仿真对象, simuland, simulation object** 仿真活动所针对的具体的事物。

**仿真对象模型, simulation object model** 按仿真任务要求，实现被仿真系统的模型，以进行仿真试验的一套软件。

**仿真法, simulation method** 在仿真实验过程中所采用的技术和方法的总称。

**仿真方法学, simulation methodology** 研究仿真原理和方法的学问。经过近一个世纪的发展，已经形成由基于相似原理的仿真建模，基于整体论的网络化、智能化、协同化、普适化的仿真系统构建和全系统、全寿命周期、全方位的仿真应用思想综合而成的方法学。

**仿真非标设备, non-standard simulation equipment** 为仿真试验需要而开发的专用设备的总称。

**仿真分辨率, simulation resolution** 一般用于表示仿真模型对被仿对象描述的精细程度，往往用尺度（scale）或粒度来表示。如作战仿真，仿真实体单元可以表示一个士兵、一辆坦克，也可以表示一个班、排、连等。分辨率越高，尺度就越小，粒度就越细。

**仿真分析, simulation analysis** 亦称模拟分析，指通过仿真或模拟的手段，对研究对象进行相关分析。

**仿真分支法, simulation branching** 在仿真运行到某个预先定义的决策点或者系统状态满足一定条件时，仿真分裂为若干个分支，每个分支分别代表不同的策略、规则或参数等，这些分支动态地构成了树状结构。与传统仿真方法相比，这种基于分支的仿真方法的优点是，各个分支共享决策点之前的计算量，避免或减少了仿真中的重复计算，增加了仿真的并行度，从而提高了仿真的执行效率和速度，增强了仿真程序的健壮性和优化能力。

**仿真服务, simulation service**　封装了一定的仿真应用或者模型逻辑、具有一定功能的仿真组件，是一种具有持久状态的 Web 服务，服务的各种信息和约束语义使用标准的 Web 服务规范来描述，服务之间通过标准的 Web 服务通信协议进行通信和交互，最终能够协同完成用户的需求。

**仿真服务器, simulation server**　为用户提供资源存储、管理、仿真服务的设备，可以仅为仿真软件，也可以是运行仿真软件的硬件设备。

**仿真复杂度, simulation complexity**　用来表示仿真系统中各部分、因素、方面相互联系、相互影响程度的指标，包括仿真模型复杂度、仿真系统复杂度、仿真工具复杂度等。

**仿真概念模型, simulation conceptual model**　为了满足仿真应用目标而对真实世界进行的首次抽象，它为领域专家、开发人员和校核、验证与确认人员提供了关于真实世界的一致规范的描述，它把具体的仿真需求转化成为详细的设计框架。

**仿真更新, simulation update**　仿真系统状态随着时间推进而发生的变化。在分布式交互仿真中，各仿真模型在获得输入更新后对内部状态及时更新并在相应输出上得到体现。

**仿真更新时间, simulation update time**　仿真系统状态发生变化的时间点。

**仿真工具, simulation utility, simulation tool**　仿真系统中使用的硬件和软件工具。仿真硬件包括计算机和一些专用的物理仿真器，如角运动仿真器、目标仿真器、负载仿真器、环境仿真器等。仿真软件包括为仿真服务的仿真程序、仿真程序包、仿真语言和以数据库为核心的仿真软件系统，如工程领域中用于系统性能评估的机构动力学分析、控制力学分析、结构分析、热分析、加工仿真等的仿真软件系统；大型科学计算、复杂系统动态特性建模研究、过程仿真培训、系统优化设计与调试、故障诊断与专家系统等的仿真平台软件等。

**仿真关系, simulation relation**　仿真原系统模型各部分之间的相互作用、相互影响的关系。

**仿真管理, simulation management**　与仿真相关的活动管理。可以将一个仿真项目视为一个生命系统，其管理是整个生命周期的管理，而不能仅仅考虑仿真运行期的管理。

**仿真管理能力, simulation management capability**　对仿真项目整个生命周期的管理能力，典型的有建模管理、运行管理、结果分析管理等方面的能力。

**仿真管理者, simulation manager**（1）一般指负责仿真管理任务的人员。（2）在某些情况下指仿真系统的管理模块。

**仿真规范, simulation specification** 一种包含建模方法学和模型规范框架的建模形式体系,仿真规范一般独立于编程语言和硬件平台。

**仿真规范环境, simulation specification environment** 实现仿真规范的软硬件支撑环境。

**仿真规范库, simulation specification repository** 由一系列仿真规范构成的集合。参见"仿真规范"。

**仿真规范语言, simulation specification language** 实现某种仿真规范的仿真语言。例如 Yaddes 仿真规范语言可以把用户的规范转化为 C 语言,支持离散事件系统仿真、分布式离散事件仿真等不同的仿真规范。参见"仿真规范"。

**仿真互操作, simulation interoperability** 一个模型或仿真系统向其他模型和仿真系统提供服务,并从其他模型和仿真系统接收服务,以及利用这样交换的服务使各模型或仿真系统有效地共同运转的能力。参见"互操作"。

**仿真互操作标准, simulation interoperability standard** 执行仿真互操作的一些条款,这些条款反映了仿真工业应用所需求的产品、实践和操作的一致性。参见"仿真互操作"。

**仿真互操作标准化组织, Simulation Interoperability Standards Organization (SISO)** 一个以满足各种建模与仿真团体(包括世界范围的开发者、中介和用户)的需求,致力于提升建模与仿真互操作及重用的组织。该组织源于 1989 年 4 月 26 号到 27 号举行的一次小型会议"训练交互式网络仿真",其前身包括美国国防部先进研究项目局在 1983 年到 1991 年间的 SIMMET 项目。IEEE 计算机学会标准活动理事会于 2003 年将该组织的标准活动委员会作为 IEEE 的发起委员会。该组织被北大西洋公约组织认可为一个标准发展组织并作为 IEEE 的标准发起者。

**仿真环境, simulation environment** (1)环绕与影响仿真实体的所有条件、环境和因素,包括地形、大气、海洋、文化信息等的仿真。(2)与仿真平台同义,指支持仿真开发与应用的整个仿真框架,包括硬件环境(计算机系统、网络系统等)、软件环境(运行支撑环境、开发支持环境等)等。

**仿真基础设施, simulation infrastructure** 支撑仿真活动的软件系统,一般指系统底层或者中间层的软件组成部分,提供诸如协调各组件功能、数据交换和同步等基础功能,为高层软件提供服务,例如高层体系结构的运行支撑环境。参见"高层体系结构""运行支撑环境"。

**仿真计划管理, simulation program management** 对仿真任务的计划进行组织、协调,以期完成仿真任务的过程。

**仿真计算机, simulation computer** 专门用于仿真的计算机系统。一般而言，这种系统在计算机结构、接口等方面都针对仿真领域做了定制，主要类型有模拟计算机、混合计算机以及全数字计算机。

**仿真技术, simulation technology** 以控制论、系统论、相似原理为基础，以计算机或专用设备为工具，利用系统模型对实际的或设想的系统进行动态模拟试验的技术。

**仿真监控, simulation study monitoring** 通过对仿真运行过程中相关变量进行查询、统计分析，实现对仿真时间、感兴趣实体的仿真状态变化情况、仿真系统软硬件状况等的实时分析与掌握，并通过人机交互方式对仿真系统的运行过程进行干预，如暂停、继续、重启动等。

**仿真监控, simulation monitoring** 根据仿真研究目的，对仿真对象和过程实施的监测活动。

**仿真建模, simulation modeling** 为了研究、分析某系统，采用计算机或其他专用设备建立一个与真实系统具有某种相似性的模型的过程。

**仿真交互, simulation interaction** 仿真对象组件、系统模型或仿真互相作用或影响的方式。特指分布式交互仿真中一个对象采取的明确的行动或过程，该行动或过程可以在联邦对象模型范围内有选择地针对包括地理环境在内的其他对象。

**仿真阶段, simulation phase** 在计算机或专用设备上对实际对象进行模拟试验的阶段。

**仿真结构, simulation structure** 依据对象或系统的结构、功能及特征，模块化设计形成的仿真系统的架构。

**仿真结果, simulation result** 仿真运行完成后系统的输出结果。

**仿真界面, simulation interface** 亦称仿真接口，是仿真系统与电脑程序或者用户之间（可能通过电脑网络）的虚拟资料联结。一般指用户对仿真系统进行操作的可见平台。

**仿真精度, simulation accuracy** 亦称模拟精度，即仿真系统的准确程度，表示仿真结果的质量，是建模仿真可信度评估与逼真度的重要依据。

**仿真开发, simulation development** 个人、科研机构、企业、学校、金融机构等，根据用户要求建造出仿真系统（软件、工具、环境、平台与硬件等）或者系统中的仿真部分的过程。仿真开发是一项包括需求捕捉、需求分析、设计、实现和测试的仿真系统工程。

**仿真开发程序, simulation development program** 仿真开发过程中形成的计算机程序，其存在形式可以是由通用或专用语言编制的源程序代码或者其可执行代码。

**仿真开发环境, simulation development environment** 支撑仿真开发而使用的硬件和软件的集合，包括软件工具、硬件工具、体系结构、基础设施及接口、环境集成机制等。

**仿真开发生命周期，simulation development life cycle** 从仿真开发开始到结束的整个过程。主要包括以下几个部分：建立数学模型、建立仿真模型、选用或编制仿真程序、进行仿真实验、仿真结果分析和评价、仿真工作总结。

**仿真开发者，simulation developer** 或称仿真开发人员，指专门从事仿真设计与系统实现工作的人员。仿真开发者通过仿真需求分析，规划仿真系统功能，编写、调试代码，最终形成仿真软件系统或装置。

**仿真可靠性, simulation reliability** 一个内容广泛的术语，一般指仿真的可信赖程度，包括模型的可信性、仿真结果的可信性，也包括支持仿真活动的基础设施的可靠性。

**仿真可视化联邦成员，simulation visualization federate** 仿真系统中负责信息可视化功能的联邦成员。

**仿真可信度，simulation credibility** 仿真结果与仿真目的相适应的程度，一般用介于[0,1]之间的小数表示。可信度为0，表示仿真完全失败，无任何价值；可信度为1，表示仿真完整地实现了预期的应用。可信度不同于逼真度，逼真度反映对仿真对象的复现程度，关注两者之间的差别；而可信度偏重于考查这种差别对仿真可用性的影响程度。

**仿真可重用性, simulation reusability** 表征仿真系统（包括模型）利用率的一种性质，具体体现为某一环境下设计的仿真系统在其他仿真环境中重用的特性。

**仿真可组合性, simulation composability**（1）利用一系列可重用的组件快速构成仿真系统以满足用户特定需求的一种能力。（2）以不同的组合形式选取和装配仿真组件，形成仿真系统，从而满足特定用户需求的一种能力。

**仿真控制, simulation control** 运用一定的控制机制和控制手段，主体应用仿真技术对客体施加影响的过程，包括对仿真系统各部分的执行时间、执行顺序、执行方式、执行规则、反馈结果以及其他特性的管理。

**仿真控制器，simulation controller** 用于处理、分析或解决仿真中涉及的数据、信号、方程等的一种控制装置。这种装置可以是一个逻辑系统、一个定序器，甚至一台计算机，如数据流仿真控制器等。

**仿真库, simulation repository** 以数据库方式实现的仿真资源集，包括模型库、方法库、实验框架库、仿真结果库等。

**仿真粒度, simulation granularity** 整个仿真过程的抽象程度或其中量化过程的精细程度。

**仿真联邦, simulation federation** 为了达到某一仿真目的而构建的一种基于统一模型、由若干仿真应用程序交互的分布式仿真系统。该概念最早是在高层体系结构中提出的。参见"高层体系结构"。

**仿真联动, simulation linkage** 仿真过程中，一个或多个元素变化而带动一系列其他相关联元素及系统的变动。

**仿真联盟, simulation confederation** 两个或两个以上的独立的仿真组织为了互相协同通过正式协定（条约或合同）建立的集团，是从事仿真工作的个人或多人与其他人或仿真组织集合在一起的组织的统称。

**仿真领域, simulation domain** 从事仿真专门活动（相关理论和技术的研究、开发和应用等）的学科范围。

**仿真领域需求, simulation domain requirement** 一种对仿真活动中的硬件和软件环境的说明。例如，实现仿真或建模所需的体系结构、软件语言、用户界面、系统接口等的描述。

**仿真流程, simulation process** 对象或系统进行仿真的步骤与过程。

**仿真模式, simulation mode** 根据仿真状态和形式的不同，采用相关标准对仿真的分类。

**仿真模式控制, simulation mode control** 在多模式仿真过程中，依据实际的条件选择合适仿真模式的行为。

**仿真模型, simulated model** 运用相关的物理、数学等理论知识，对现实对象或系统的某一层次或全体属性特征的抽象描述。

**仿真模型评估, simulation model assessment** 对设计的仿真模型运用科学的方法进行的评定与估算。

**仿真模型响应, simulation-model response** 仿真环境中给予模型一定的激励而得到的仿真结果。

**仿真模型重用, simulation reuse** 仿真模型建立后，在其他仿真环境下的重复使用。仿真模型重用性在模型驱动的体系架构中非常重要。参见"模型驱动的体系架构"。

**仿真能力, simulation capability** 对仿真对象及其本质活动的组织、执行过程与系统等进行建模的能力。

**仿真拟合度, simulation fitness** 已建立的仿真模型或系统的预测结果与仿真对象实际发生情况的吻合程度。

**仿真配置, simulation configuration** 对仿真对象与活动中的数据、模型、分析、显示的输入输出以及系统的运行环境和参数的设置。

**仿真平台, simulation platform** 模型

建立的开发环境，仿真所选择的软件载体，以及能够辅助进行系统方案验证、调试环境构建、子系统联调联试、设计验证及测试的虚拟设备或半实物仿真的应用平台。

**仿真器，simulator** 根据需要而人工构造的一个系统，它可以模拟被研究对象的功能、性能、人机接口和外部环境，由研究者和受训者操作，通过控制仿真器中与真实系统一致的界面，达到试验和训练的目的。

**仿真器中间件，simulator middleware** 一种独立的仿真软件或服务程序，可应用于多个仿真器系统，能够实现资源共享。

**仿真强制多态，simulation coercion** 通过调整现有仿真模型参数或者修改部分软件代码以满足新的或者更复杂的仿真需求。该调整或修改增强了仿真系统的可重用性和灵活性。

**仿真驱动的教育，simulation-driven education** 仿真技术在教育的组织、实施、评价的整个实践过程中系统地得到应用。

**仿真驱动的训练，simulation-driven training** 将仿真技术系统地用于训练的组织、实施和评价的整个实践过程，使操作训练能基于模拟系统全面开展，并取得与基于实际系统操作几乎一样的训练效果。

**仿真驱动的优化，simulation-driven optimization** 非枚举地从可能值中找到最佳输入变量值，使得输出结果为最优解或满意解的过程。其目标是在仿真实验中获得最多信息的同时，所耗费的资源最少，使得用户可以更加容易地进行决策。这是仿真方法和优化方法的结合，是借助仿真手段实现系统优化的一种优化方法。这里既强调仿真与优化互相融合，又强调优化是目的、仿真是手段的思想。

**仿真认识论，simulation epistemology** （1）收集真实对象的本质、结构等属性信息和掌握事件发生、发展过程及其规律以保证建模与仿真可靠性的理论。（2）在仿真模拟中，获得对象的本质、结构等属性信息和事件发生、发展过程及其规律，以完成对真实对象、事件的认知。（3）认识仿真本质、来源、发展过程及其规律的科学理论。

**仿真软件，simulation software** 介于操作系统与仿真程序之间的一种系统软件，分为仿真程序包、仿真语言和仿真软件平台三个层次。特指仿真系统的可执行计算机代码和相应文档。

**仿真软件开发，simulation software development** 形成仿真软件产品的全部过程。

**仿真软件平台，simulation software platform** 具备模型开发、仿真运行管理、仿真结果处理功能及相应数据库、模型库、图形库、方法库等的一体化软件系统。

**仿真软件评估，simulation software**

assessment 对仿真软件产品的质量特性进行的评估。

**仿真设备，simulation equipment** 完成仿真所必需的软件和硬件设施的总和。包括操作指令、接口、应用程序等软件环境和计算机及其相关的设备。

**仿真设计，simulation design** 对对象进行仿真建模和计算（分析与预测），实现虚拟样机的结构性能参数向原型机转化的过程，也是把仿真对象通过视觉、听觉、触觉等形式传达出来的活动过程。

**仿真设计方法学，simulation design methodology** 建立仿真模型和进行仿真实验的系统化方法。前者研究以多种模式映射事物的特征信息，使之更自然、逼真地描述事物的属性，实现一体化、智能化信息综合映射的描述；后者结合人类行为模式的研究，创建更自然、逼真地反映虚拟现实的模型实验环境。

**仿真生命周期，life-cycle of simulation, simulation life cycle** 仿真系统从概念到实现、交付、使用和维护的整个过程，包括仿真的需求分析、概念设计、详细设计、编码实现、系统集成、系统测试、系统交付、系统运行与维护等过程。

**仿真时间，simulation time, simulated time** 仿真模型运行时由仿真系统产生的仿真世界的时间。

**仿真实体，simulation entity** 构成系统的可单独辨识和描述的功能单元（临时和永久）。例如，排队系统中的"顾客""服务员"等。一个仿真环境中，可能存在多个仿真实体，同样一个仿真程序可以控制一个以上的仿真实体。

**仿真实现，simulation implementation** 把仿真概念模型开发成仿真系统的过程，包括硬件搭建和软件开发等。

**仿真实验，simulation experiment** 借助于图形、图像、模拟和虚拟现实等技术，利用计算机等相关软硬件建立的用以辅助、部分替代甚至全部替代传统实验各操作环节的模拟过程。

**仿真市场，simulation market** 与仿真资源及活动有关的市场，如仿真软硬件市场、仿真应用市场等。

**仿真试验控制台，simulation test console** 在仿真试验系统中用于在线模拟操作的控制平台。

**仿真视图，simulated view** 在计算机上模拟现实生活真实世界或假想空间的场景。

**仿真输出数据分析联邦成员，simulation output data analysis federate** 一类在仿真过程中，对仿真输出数据进行动态采集、集中处理的联邦成员，支持对仿真过程进行评估、对仿真结果进行综合，通常具备可定制性、可重用性等特点，如效能分析联邦成员。

**仿真输入, simulated input** 仿真模型或仿真系统所需要的输入变量。

**仿真术语, simulation term, simulation terminology** 与仿真相关的概念、短语、缩略语等的集合。

**仿真数据, simulation data** 仿真实验中产生的数据。以作战仿真系统中的数据为例，仿真数据按照数据类型可划分参考数据、在线数据、实例数据、验证数据和交换数据，按照数据用途可分为基础数据、想定和方案数据、模型数据、运行管理数据。

**仿真数据分析方法, simulation data analysis method** 对仿真产生的数据进行分析的方法。

**仿真数据库, simulation database** 用来存储和管理仿真系统运行过程中所需要的各种格式数据（包括模型数据、知识数据以及多媒体数据等）的数据库。

**仿真顺序, simulation sequence** 针对系统的仿真过程而设计的仿真运行的顺序。

**仿真算法, simulation algorithm** 仿真解决方案的准确而完整的描述，是一系列解决仿真问题的清晰指令。仿真算法代表着用系统的方法描述解决仿真问题的策略机制。也就是说，能够对一定规范的仿真输入，在有限时间内获得所要求的仿真输出。如果一个仿真算法有缺陷，或不适合于某个仿真问题，执行这个算法将不会解决这个仿真问题。不同的仿真算法可能用不同的时间、空间或效率来完成同样的仿真任务。

**仿真体系结构, simulation architecture** 用于描述仿真系统的组件与组件之间、组件与环境之间的相互关系。计算机仿真的体系结构是具有一定形式的结构化仿真元素，即仿真构件的集合，包括处理仿真构件、数据仿真构件和连接仿真构件。处理仿真构件负责对仿真数据进行加工，数据仿真构件是被加工的仿真信息，连接仿真构件把体系结构的不同部分组组合连接起来。

**仿真投资, simulation investment** 亦称仿真交易，是为了帮助金融市场的投资者熟悉各投资品种（如股票、期货和外汇等）的特点和交易方式，并掌握交易软件的操作方法而进行的一种活动。投资者在进行实盘操作之前先进行仿真投资，有助于减小实际的投资风险。

**仿真网格, simulation grid** 网格技术与现代建模仿真技术相结合形成的新型分布建模与仿真系统，可以实现仿真中各类资源的安全共享与重用、协同互操作以及优化调度运行。

**仿真网格体系结构, simulation grid architecture** 基于网格技术构建的仿真环境及仿真网格平台的整体架构。

**仿真维护计划, simulation maintenance**

**program** 针对仿真系统的维护、保养、修理所制定的计划，以保证仿真活动的正常进行。

**仿真文档, simulation documentation** 为了提高仿真开发的效率和保证仿真软件的质量而编写的开发计划、技术要求和用户文件等资料。

**仿真稳定性, simulation stability** 仿真系统在运行环境条件下的稳定性或者持续仿真操作时间内出错的概率，一般需要边缘测试来检验。

**仿真问题, simulation problem** 可用仿真技术求解的问题。

**仿真误差, simulation error** 仿真结果偏离理论值或实际值的大小，通常用绝对误差或相对误差表示。

**仿真误差评估, simulation error assessment** 对仿真系统运行结果与真实结果之间的误差进行分析，并决定是否接受的活动。

**仿真系统, simulation system** 根据系统分析的目的，在分析系统各要素性质及其相互关系的基础上，建立的能够描述系统结构，具有一定逻辑或数量模型关系的系统。

**仿真系统测试, simulation system testing** 检验仿真系统工作是否满足特定性能要求的过程。

**仿真系统工程, simulation system engineering** 在仿真中应用系统工程技术的科学，用以提高大型仿真系统的开发效率、减少开支。

**仿真系统集成, simulation system integration** 将仿真设备、参试设备及仿真软件集成为一个具有特定功能系统的过程。

**仿真响应, simulation response** 仿真模型在所施加的激励作用下产生的响应结果。

**仿真响应函数, simulation response function** 仿真响应中激励变量与响应变量之间的函数关系。

**仿真响应面, simulation response surface** 仿真响应变量与一组仿真输入变量之间的函数关系。

**仿真项目, simulation project** 以仿真为主要活动的项目，它遵循一般工程项目实施的要求，要按工程的观点开展仿真过程的各项活动。

**仿真项目管理, simulation project management** 按工程项目管理要求实现仿真过程各项活动的管理。

**仿真协会, simulation association** 由从事仿真研究与工作的个人、组织为达到某种目标，通过签署协议，自愿组成的团体或组织。仿真协会常指仿真职业、仿真雇主、仿真行业、仿真学术和仿真科学等方面为达成某种目标而成立的组织。

**仿真协调, simulation coordination** 对仿真目标、工作任务、人员活动等进行调节（协调），使之同步，互为依托。例如，在仿真系统中，多使用仿真协调器调整系统结构、运行时间等。

**仿真协议, simulation protocol**　泛指支持仿真运行的协议。例如聚合级仿真协议就是一种仿真互操作协议，后来发展成为高层体系结构，成为分布式仿真协议（IEEE 1516）。

**仿真学会, simulation society, simulation association**　由从事仿真学科的专家、学者、科技工作者及单位自愿组成的学术性、群众性、非营利性的社会团体，如中国仿真学会。

**仿真延迟, simulation latency**　仿真程序或算法的响应时间与理论或实际响应时间之间存在的延迟。

**仿真研究, simulation study**　通过模仿真实的或假设的研究对象的动态过程来发现其特性和规律的研究方法，主要包括仿真模型的建立和仿真实验的研究。

**仿真研究的可接受性, acceptability of simulation study**　仿真研究的准确性、可操作性和可扩展性的总称。

**仿真演练, simulation exercise**　基于模拟场景和开放式演习方式，通过对各类预案的数值模拟和人员行为数值模拟的仿真，在虚拟空间中最大限度地模拟真实情况的发生、发展过程，以及人们在预案环境中可能做出的各种反应。

**仿真业务, simulation business**　和建模与仿真相关的企业经营活动，包括相关技术的研究、开发和应用推广等业务活动。

**仿真引擎, simulation engine**　在仿真系统中负责时间推进、调度运行、仿真控制、数据存储，并为仿真运行过程中的态势显示提供交互的仿真运行控制系统。

**仿真应用, simulation application**　仿真技术、仿真系统或者仿真产品的应用。应用对象既包括航空、航天、电力、化工以及其他工业过程控制等传统的工程技术领域，又包括社会、经济、生物等领域。

**仿真应用联邦成员, simulation application federate**　源自高层体系结构。高层体系结构的每个联邦成员都是符合高层体系结构接口规范，并能够实现成员间交互作用的独立模块。它可以是真实实体仿真系统、构造或虚拟仿真系统，以及一些辅助性的仿真应用，如联邦运行管理控制器、数据收集器等。参见"高层体系结构"。

**仿真用户, simulation user**　使用仿真技术、仿真系统、仿真工具等进行建模、研究、实验和应用的用户。

**仿真优化, simulation optimization**　通过仿真和优化结合研究实现系统性能的改进，使系统的运行结果更加准确、运行效率更加高效。

**仿真优化方法学, simulation optimization methodology**　对现实问题建立模型，运用计算机对其进行模拟和优化，是研究各种系统的优化途径及方案的科学。

**仿真优化问题, simulation optimization problem**　难以用解析函数或简单计算机程序表达，而采用仿真和优化结合技术解决的系统优化问题。

**仿真游戏, simulation game**　亦称仿真对策，仿真博弈。它以模拟现实世界的特定场景、特殊现象、行为职业、体育运动等为主要内容，在培训、学习、娱乐等领域均有广泛应用。此类游戏试图再现真实生活中各种各样的活动，以博弈（即对策）的形式满足不同目标（如训练、分析或预测）的需要。此类游戏强调仿真的真实性、对现实世界相关内容的高逼近程度，以及和玩家的交互与反馈。参见"博弈""游戏"。

**仿真游戏工具, simulation game tool**　仿真游戏在开发和实施过程中需要使用的硬件或软件工具。参见"游戏"。

**仿真游戏过程, simulation game process**　仿真游戏的进行过程，包括仿真软硬件设备初始化、仿真数据初始化、接受用户交互数据、实际仿真演算、结果呈现分析与反馈、迭代运行等阶段。参见"游戏"。

**仿真游戏软件, simulation game software**　仿真游戏的软件组成部分，包含硬件驱动、交互界面、模拟内核、数据分析处理、图形数字展示等。通常形成完整的可执行文件，以供仿真游戏用户在特定硬件平台上使用。仿真游戏软件均需要根据实际需求自主开发。参见"游戏"。

**仿真游戏项目, simulation game project**　围绕特定仿真游戏的开发、实施、推广和应用而建立的具体项目。通常包括项目论证、市场调研、软硬件开发、环境搭建、游戏测试、营销投入等。例如，美国微软公司的"微软飞行模拟器"（Microsoft Flight Simulator）推出了数十款飞行仿真游戏产品，积累了大量的仿真数据、游戏经验和市场基础，是典型的仿真游戏项目。参见"游戏"。

**仿真游戏应用, simulation game application**　仿真游戏在各领域不同需求下的实际应用，目前应用多集中于训练、学习、设计、娱乐等领域。常见的应用包括飞行模拟、交易模拟、城市建筑模拟、产品模拟等。参见"游戏"。

**仿真语言, simulation language**　一种面向问题的、便于用户进行仿真的软件系统。它由模型与实验描述语言、翻译程序、实用程序、算法库及运行控制程序等组成。其中，模型描述语言的符号、语句、语法、语法规则与系统原始模型的描述形式十分近似。实验描述语言常由类似宏指令的实验操作语句和一些控制语句组成。翻译程序能自动将模型与实验描述语言表达的源程序翻译成通用高级程序设计语言（如 Fortran、C、C++等）表达的程序。实用程序及算法库包括各种仿真专用函数、算法及绘图等实用程序。运行控制程序是供批处理及交互式控制仿真运行、改变参数、收集处理数据及显示的程序。

**仿真语言处理器, simulation language processor**　用于对仿真语言及其产品进行分析、编译及运行的处理器。参见"仿真语言"。

**仿真元建模, simulation metamodeling**　构建仿真元模型的过程。

**仿真元模型, simulation metamodel**　一种可生成仿真模型的模型，它定义一种语言及过程。参见"元模型"。

**仿真运行, simulation run**　利用仿真系统模拟实际系统的过程。

**仿真运行长度, simulation run length**　仿真系统运行设定的仿真时间长度。该时间既可以直接是仿真时间，也可以是被仿真的对象变量的某个取值。例如，在排队系统仿真时，运行长度可以设定为仿真时间从早上 8 点到下午 5 点，也可以设定为完成 1000 个顾客服务。

**仿真运行监控, simulation run monitoring**　对仿真过程进行数据采集、记录、波形观察及数据处理。

**仿真运行控制, simulation run control**　依据目标要求，对仿真系统运行过程进行的控制，以保证仿真系统正确而有效地运行。

**仿真运行库, simulation runtime library**　一种仿真软件或仿真服务，用来实现功能的内置函数，以提供给用户使用仿真软件或仿真服务运行或执行时的支撑程序库。

**仿真支持的游戏, simulation supported game**　在设计和开发的过程中利用了仿真技术的游戏，通常在三维游戏中使用较多。

**仿真正确性, simulation correctness**　一种对仿真系统或程序的仿真行为或结果的可信程度描述，一般用概率表示。

**仿真政策组, simulation policy group**　制定仿真策略的组织机构。仿真策略主要指在仿真过程中，为保证仿真结果的有效性及时空一致性，各类仿真模型实体所采取的仿真运行逻辑、时间推进、数据交互方式等相关策略。

**仿真支持的兵棋, simulation supported war game**　以仿真技术为基础，在模拟的军事场景中，使用仿真军事系统和装备，模拟军事实战，实施军事任务的一种兵棋。随着信息技术的进步，使用计算快速、数据统计精准的计算机系统实现兵棋成为兵棋的主要发展方向。它将作战部队的体制编制、武器系统、战术规则等进行量化，输入计算机数据库中；推演由作战指挥中心、作战演训中心及各作战执行单位指挥所执行，连续数小时乃至数月模拟实战环境和作战进程。参见"兵棋"。

**仿真支持工具，simulation support tool**　用于支持仿真开发、运行、管理等活动的工具集。

**仿真支持实体，simulation support entity**　用于支持、控制、监控仿真环境的处理模块，如隐身工具、平面图显示器、事后讲评系统及仿真控制系统等。它在实际系统中并不存在。

**仿真执行，simulation execution**　建立仿真模型之后的仿真实验过程。

**仿真执行环境，simulation execution environment**　（1）仿真实体周围的、能够影响仿真实体的地形、天气、文化等信息的操作环境。（2）仿真程序运行到某一时刻，它所占用的全部资源（包括各功能部件、寄存器、工作方式等）的状态。

**仿真质量保证，simulation quality assurance**　保证仿真过程的各项活动满足计划要求的措施与技术，典型的是校核、验证与确认技术。参见"校核、验证与确认"。

**仿真中的抽象化，abstracting in simulation**　在计算机仿真领域中，对仿真对象进行适于计算机处理的建模活动。

**仿真中间件，simulation middleware**　在仿真建模中，设计实现的介于基础软件与应用系统之间的可重用构件。

**仿真钟，simulation clock**　用于表示仿真时间的变化，一般是仿真的主要自变量。仿真钟是模型时间推进的度量，而不是模型运行计算机所需要的时间。

**仿真重配置，simulation reconfiguration**　重新配置仿真相关的资源。这往往发生在仿真计划变化时，原有的资源不能满足新的要求，例如仿真系统的结构调整、模型的调整等。

**仿真状态，simulation status**　（1）仿真执行内容的信息，包括执行的时间、波形等，通常以独立窗口形式进行显示。（2）仿真对象的物理状态，如仿真对象的运动速度、方向、受力等。

**仿真资产，simulation asset**　仿真过程中形成的，由任何仿真主体（如仿真组织、仿真企业或仿真个人）拥有或控制的，与仿真相关的各种具有商业或交换价值的，预期会给仿真主体带来利益的资源。

**仿真资产管理，simulation asset management**　根据资产管理合同约定的方式、条件、要求及限制，对仿真资产进行经营运作，为客户提供仿真资产管理服务的行为。

**仿真资源，simulation resource**　在建模与仿真活动中所涉及的各种软硬件资源，包括数据、模型、组件、文档、设备、软件工具、人员等。狭义的仿真资源是仿真过程中使用和产生的模型和数据。

**仿真资源库, simulation resource library** 采用数据库技术实现仿真资源的管理，从而提供一个具有高可扩展性的统一检索平台，使用户能够快速查找到所需的仿真资源。

**仿真组合, simulation composition** 一种仿真软件开发新方法，其核心思想是以流水线方式，通过组装仿真组件生产仿真软件，从而容易实现仿真软件开发的工业化。

**仿真组件, simulation component** 在仿真系统中，形成相对独立功能的元件或部件的组合。在仿真程序中是指对数据和方法的简单封装。一个组件就是一个任务类中派生出来的特定对象，组件可以有自己的属性和方法。属性是组件数据的简单访问者，方法则是组件的一些简单而可见的功能。

**仿真组件接口, simulation component interface** 不同仿真组件之间进行通信、交互的协议、规则。接口还可以包含方法、属性、索引器和事件作为成员。参见"仿真组件"。

**仿真组织, simulation organization** 负责对仿真领域的知识传播、学术交流、应用推广、标准制定等活动进行领导或者促进的相关机构，如中国系统仿真学会。

**飞行场景仿真, pilot scene simulation, flight scene simulation** 具有飞行器飞行时所处环境的仿真，包括对空中、地面目标，能见度、雾、雨、雪、闪电等气象条件及昼、夜、黄昏等不同时刻景象的仿真，也包括对飞行仪器、仪表，以及一些与飞行相关的数据及参数的模拟。

**飞行仿真器, flight simulator** 亦称飞行模拟器，指模仿飞机空中飞行状态、飞行环境和条件的设备，广泛应用于飞行员训练、飞机设计和机载设备试验等方面。

**飞行控制仿真, flight control simulation** 利用模拟设备完成飞行控制流程运行的过程。

**飞行控制软件仿真, flight control software simulation** 通过模拟飞行控制软件运行环境，对飞行控制系统及控制算法进行动态研究的过程。

**非本征模型, extrinsic model** 亦称外部模型，不是根据内在特征而是外表特征所建立的模型，例如描述系统输入输出特征的模型。

**非标准单元, non-standard cell** 对不符合规定标准的单元的统称。

**非标准的数据元素, non-standard data element（NDE）** 不符合国家或军用标准文档描述的数据元素（格式）。

**非参数化方法, non-parametric method** 一种不明确对象或系统总体分布具体形式，而从其数据（或样本）本身获得所需要信息的数理统计学方法。

**非对称仿真, asymmetric simulation** 仿真的逻辑结构采用非对称形式，如一对多结构等。

**非对称函数, asymmetrical function** 相对于对称函数而言。对称函数是指函数值图形以自变量某一点或某一条线呈现对称，否则称为非对称函数。

**非对称作战, asymmetrical war-game** 用非对称手段与非对等力量进行的作战，如两种不同类型部队之间的作战等。

**非刚性有限元模型, non-rigid finite element model**　网格划分不引起计算病态或奇异的有限元模型。

**非平稳, non-stationary**　统计特性随时间的推移而变化。

**非平稳泊松过程, non-stationary Poisson process**　参见"非齐次泊松过程"。

**非齐次泊松过程, non-homogeneous Poisson process**　亦称非平稳泊松过程。一个计数过程 $\{N(t), t \geqslant 0\}$，称它为具有强度函数 $\{\lambda(t) > 0, t \geqslant 0\}$ 的非齐次泊松过程，若满足：（1）$N(0) = 0$；（2）$\{N(t), t \geqslant 0\}$ 是一独立增量过程；（3）对充分小的 $h > 0$，有 $P[N(t+h) - N(t) = 1] = \lambda(t)h + Oh$，$P[N(t+h) - N(t) \geqslant 2] = O(h)$。

**非确定性模型, non-deterministic model**　包含随机成分或定性的模型。

**非实时仿真, non-real-time simulation** 运行时间对自然时间的比例尺不等于 1.0 的仿真。

**非视线仿真, non-line-of-sight simulation** 亦称非视距仿真（non light of sight, NLOS）。在仿真中考虑复杂环境中因物体阻挡产生的反射、衍射、散射、折射等影响。

**非数值仿真, non-numerical simulation** 对文字、符号、图像、声音等非数值数据的仿真。

**非突变多模型, non-mutational multimodel** 子模型结构不发生改变的多模型，属于动态结构多模型的一种。

**非稳状态, unstable state**　系统状态不稳定，受到小扰动后容易发散。

**非线性模型, non-linear model**　不满足叠加原理或其中包含非线性环节的系统的数学模型。

**非线性稳定性, non-linear stability** 不能同时满足齐次性与叠加性的模型仍然存在一定的稳定性。

**非线性系统, non-linear system**　具有非线性函数关系的系统，其数学模型不满足叠加原理或其中包含非线性环节。

**非线性映射, non-linear mapping**　数学上，指两个元素集之间元素相互对应的关系是非线性关系，也指形成非线性对应关系的方法。

**非形式化模型, informal model** 采用自然语言表达建立的模型。

**非预期模型, non-anticipatory model** 亦称因果模型，指系统在某时刻的输出仅与该时刻以及过去状态的模型有关。

**非预期系统, non-anticipatory system** 亦称因果系统，指系统的输出和内部状态仅取决于当前或者过往的输入值，而与未来的预测值无关。

**非约束仿真, unconstrained simulation** 不加约束条件的仿真。参见"仿真"。

**非战争博弈的操作, operations other than war game** 亦称非战争军事行动( military operations other than war, MOOTW )，重点是遏制战争，解决冲突，促进和平，支持当局应对国内危机。

**非终态仿真, non-terminating simulation** 以连续运行的系统，或至少在很长时间内运行的系统为对象的仿真模式。在这一模式下，仿真输出性能指标与系统初始状态无关。

**斐波那契发生器, Fibonacci generator** 一种以意大利数学家斐波那契命名的随机数，其表达式是 $Z_i = Z_{i-1} + Z_{i-2}$ ( 对 $m$ 取模)，是多重递归发生器的一种。

**分辨率, resolution** 在模型或仿真中，表达现实世界对象状态和行为的精确和详细的程度。

**分辨率等级, level of resolution** 在建模或仿真中，模型描述真实世界的精确度和详细程度，用来衡量表达真实世界对象状态和行为的精确和详细的程度。

**分辨误差, resolution error** 量测或显示系统分辨对象细节时引起的误差。

**分布参数模型, distributed-parameter model** 模型中至少有一个变量与空间位置有关，稳态模型为以空间为自变量的常微分方程，动态模型为以空间与时间为自变量的偏微分方程。与之相对应的是集中参数模型，该类模型的各变量与空间位置无关，稳态模型为代数方程，动态模型为常微分方程。

**分布参数系统仿真, distributed-parameter system simulation** 面向状态变量不仅随时间变化而且随空间变化的分布参数系统建模并仿真的活动。分布参数系统一般采用偏微分方程来描述，经典的仿真方法是差分法，现代的仿真方法是有限元法。参见"分布参数模型""有限元法"。

**分布的参数化, parameterization of distribution** 通过设置相应的形状、位置等参数来确定分布函数的特征。

**分布函数, distribution function** 设 $X$ 是一个随机变量，$x$ 是任意实数，函数 $F(x) = P[X \leq x]$ 称为 $X$ 的分布函数。

**分布区间, range of a distribution** 如果针对某一分布函数，则分布区间的含义为随机变量的可能取值范围，对于取值有界的分布（例如均匀分布），该区间的左右边界分别为随机变量可能取值的最小值与最大值；对于取值无界的分布（例如正态分布），该区间的边界可以趋于无穷。如果针对某一样本集合，则分布区间的含义为样本采样点分布的最大区域，该区间的左右边界分别为样本数据的最小值与最大值。

**分布式仿真，distributed simulation**
一种计算机仿真技术，使得仿真程序能在包含多个处理器的计算机系统或多台计算机（比如通过网络相互连接的计算机）上运行，这些计算机物理上可能位于同一地点（通过局域网连接），也可能位于不同地点（通过广域网连接）。

**分布式仿真环境, distributed simulation environment**　亦称分布式仿真平台，指在多台仿真器上同时运行多个仿真程序，并在各个仿真器之间实现通信以达到仿真目的的仿真平台。

**分布式仿真技术, distributed simulation technology**　把一个复杂的大型系统分成若干子系统，通过网络设备和其他资源对分布在不同地点的子系统进行联网，构成时空一致的仿真系统的技术。

**分布式仿真框架, distributed simulation framework**　多个子系统之间以通信网络互连，采用标准的分布式交互仿真协议，并通过协议数据单元交换数据，组成整个分布式仿真系统结构。目前常用

的分布式仿真框架有高层体系结构和模型驱动的体系架构两种。

**分布式仿真器, distributed simulator**
亦称分布式模拟器，指用于模仿分散在不同地理位置的设备和系统的行为的软件或硬件，或是两者组成的系统。多数情况下是指能够运行于某种硬件系统下的一种软件，这个软件可以模仿另一种硬件系统对数据的处理过程，并最终得到相同或者相似的结果。可以不受各自的时空限制，在一个共享虚拟环境中实时交互协同工作。

**分布式仿真体系结构，distributed simulation architecture**　一个用于分布式建模与仿真的通用集成的架构。参见"分布式仿真框架"。

**分布式仿真协议, distributed simulation protocol**　在地理分布的仿真器之间，按照一定的规则和接口规范连接起来，并定义了数据单元使用的格式和连接方式、信息发送和接收的时序，从而确保各子系统之间能够顺利传送数据。

**分布式计算, distributed computing**
由在物理上分布在不同地理空间的独立计算设备所组成的计算方式。随着多核心计算设备和高级程序设计语言的发展，分布式计算的概念也进行了多次扩充。也称在一台物理计算机上运行的多个通过消息传输进行通信的进程或线程为分布式计算。

**分布式交互仿真, distributed interactive**

simulation（DIS） 一种将分散在不同地域的人在回路仿真器及其他资源、设备联网，构造成一个人可以交互的虚拟环境的系统仿真技术。它的核心在于连接各个独立的计算节点，通过自然的人机交互界面，建立一种与人的感觉和行为相容的、时空一致的、与客观世界高度类似的、逼真的综合虚拟环境。

**分布式交互仿真网络管理器, distributed interactive simulation network manager** 为分布式交互仿真网络提供一个带有可编程接口的应用程序，包括两部分功能：（1）分布式交互仿真管理器,建立和管理一个连接到分布式交互仿真的网络。（2）分布式交互仿真软件库,与分布式交互仿真管理器联合作用,促进建立、传输、接收和解释分布式交互仿真协议数据单元。

**分布式交互仿真相容, distributed interactive simulation compliant** 仿真系统或仿真器如果能够发送或接受符合 IEEE 1278.1 和 IEEE 1278.2 标准的协议数据单元，则称为分布式交互仿真相容，每个协议数据单元的符合情况必须给出明确的声明。

**分布式交互仿真协议数据单元, distributed interactive simulation protocol data unit** 在分层网络结构中的各层之间传送的，包含来自上层的信息及当前层实体附加的信息的数据单元。在分布式交互仿真中，协议

数据单元使仿真参与者能够互相通信，定义了发送和接收数据的具体格式和内容。

**分布式离散事件系统仿真, distributed DEVS simulation** 把一个大问题分解成许多小部分，每个小部分是一个离散事件仿真系统，最后将各部分仿真计算结果综合起来进行的仿真。离散事件系统仿真将系统随时间的变化抽象成一系列的离散时间点上的事件，离散事件系统本质是由事件驱动的，通过按照事件时间顺序处理事件来演进。

**分布式系统, distributed system** 建立在网络之上的计算机及其软件系统。多个系统集合在一起，其中每个子系统之间平行地相互作用。分布式系统具有很高的内聚性和透明性。网络和分布式系统之间的区别更多的在于高层软件，特别是操作系统，而不是硬件系统。

**分布式系统仿真语言, distributed-system simulation language** 专门用于分布式系统仿真研究的计算机高级语言，是一种面向问题的非顺序性的计算机语言。分布式仿真语言是一类重要的分布式仿真软件。在系统仿真时应用分布式仿真语言，不要求用户深入掌握通用高级语言编程的细节和技巧，因此用户可用原来习惯的表达方式来描述分布式仿真模型，而把主要精力集中在分布式仿真研究上。

**分布式系统设计, distributed system**

**design** 分布式系统是指一类处理部件在物理上是分散的，且分散的处理部件之间存在紧密的合作关系的系统。我们把基于某种分布式系统架构标准，针对用户需求组建分布式系统的过程称为分布式设计。

**分布式系统体系结构规范, distributed-system architecture specification** 亦称分布式系统架构规范，是工业界对分布式仿真体系结构的一个统一标准或者规范。目前支持分布式系统架构的技术主要有三种：Microsoft 的 COM/DCOM/COM+、OMG 组织的 CORBA、Sun Microsystems 的 Enterprise Java Beans/RMI。

**分布式虚拟环境, distributed virtual environment** 在传统虚拟环境基础上进行改进，使它支持人-人交互，它具有五个方面的特征：共享的虚拟空间；伪实体的行为真实感；支持实时交互，共享时钟；多个用户以多种方式互相通信；资源信息共享以及允许用户自然环境中的对象。

**分布式训练, distributed training** 一种基于计算机及高速通信网络的训练模式，将分散于不同地点、不同类型的仿真设备或系统集成为一个训练整体，每个被训练者在此环境下支持高度的交互式操作训练。

**分布式执行, distributed execution** 一种仿真运行机制，把子指令指派给不同的仿真器，从目标仿真器开始执行，一台仿真器"通知"另一台仿真器开始执行，"主叫"仿真器提供变量的值，仿真器间所有信息的传输会有有限任意的延时。

**分层抽样, stratified sampling** 亦称类型抽样法，是从一个可以分成不同子总体（或称为层）的总体中，按规定的比例从不同层中随机抽取样品（个体）的方法。

**分类, classification** 以对象的本质属性或显著特征为根据所做的类型划分。

**分位数, quantile** 随机变量分布函数中等分间隔的点，根据等分个数分为：二分位数（中分位数）、三分位数等。设随机变量 $Y$ 的分布函数为 $F(y)=p(Y \leqslant y)$，则 $Y$ 的第 $\tau$ 分位为 $Q(\tau)=\inf\{y: F(y)\}>\tau$，其中中位数可以表示为 $Q(1/2)$。

**分位数-分位数图, Q-Q plot** 即 Q-Q 图，通过变量数据分布的分位数与所指定分布的分位数之间的关系曲线进行数据分布的检验，其用途与 P-P 图一致。

**分位数求和, quantile summary** 一个包含 $N$ 个元素序列的分位数摘要是一个数据结构，该分位数摘要是 $\varepsilon$-近似的，对于任何的分位数查询问题，该系统均能给出 $\varepsilon N$ 精度的结果。

**分析型作战仿真, analytic warfare simulation, warfare simulation for analysis** 支持军队结构分析、条令修

订、战争计划、战法研究、辅助指挥和战略研究等应用的作战模拟总称。不同于训练型仿真，需采用多个样本进行仿真，其特点：（1）使用战场演习、解析仿真、计算机对抗推演、构造仿真及虚拟仿真等各种手段；（2）模型因素考虑应较全面，定量准确度只需保证因果关系正确；（3）仿真速度尽可能快，以便能考查多种试验条件的结果，特别是用于支持作战指挥的更要求使用解析仿真或较简单的基于数据的仿真。

**分析-综合法, analysis-synthesis** 一种将分析法和综合法结合起来解决问题的方法。分析法是把整体分解为部分，把复杂事物分解为简单要素，分别加以研究的一种思维方法。综合法则是把对象的各个部分、各个方面和各种因素联结起来考虑的一种思维方法。将两者结合起来，以分析法为基础进行综合从而形成分析-综合法。

**风险仿真, risk simulation** 对技术、进度、费用等进行建模，通过仿真对降低风险措施的有效性进行分析。

**风险模型, risk model** 用于定义如何识别和降低风险的模型。

**封装, encapsulation** （1）在通信科技中，为实现各式各样的数据传送，将被传送的数据结构映射进另一种数据结构的处理方式。（2）在程序设计中，隐藏对象的属性和实现细节，仅公开对外接口，控制程序中属性的读和修改的访问级别；将抽象得到的数据和行为（或功能）相结合，形成一个有机的整体，也就是将数据与操作数据的源代码进行有机的结合，形成"类"，其中数据和函数都是类的成员。（3）在电子技术中，把硅片上的电路管脚，用导线接引到外部接头处，以便与其他器件连接。封装形式是指安装半导体集成电路芯片用的外壳。

**峰值力, peak force** 具有峰值形态的力。

**服务机制, service mechanism** 提供服务所采用的策略方法，是服务系统的内在联系、功能及运行原理。

**服务时间, service time** （1）某机构或系统为客户提供服务的时刻或时间段。（2）系统为某作业执行所提供的时间段，一般由系统规定，不依作业的复杂度或紧迫度而改变。

**服务速率, service rate** 提供服务所采用的策略方法，是服务系统的内在联系、功能及运行原理。

**符号仿真, symbolic simulation** 一种用于建模为状态转移系统且系统同时有多个执行的仿真形式。采用一个符号变量表示仿真的状态以便索引多个执行。符号变量的每一个可能值均有一个具体的系统状态间接地被仿真。由于符号仿真能在一次仿真中包括多个执行，这可以大大降低校核问题的规模。参见"符号执行"。

**符号模型, symbolic model** 泛指用符号描述对象及其相互关系的模型。

**符 号 模 型 处 理 ， symbolic model processing** 分析符号模型中的符号及其关系进行，并将其转换为可被计算机操作的形式。

**符号算法, symbolic algorithm** 对数学公式的符号进行解析的方法。参见"符号执行"。

**符号执行, symbolic execution** 在计算机科学中亦称为符号赋值，指通过符号跟踪而非实际数值来解析程序，属抽象编译。相应地，将同一概念用于硬件（建模状态转移系统）则称为符号仿真（symbolic simulation），而用于数学公式的解析则称为符号计算（symbolic computation）。

**负 二 项 分 布 ， negative binomial distribution** 一种离散型随机变量，记为 $NB(s,p)$。满足以下条件的随机试验所得结果称为具有负二项分布：（1）包含一系列独立的实验。（2）每个实验都有成功、失败两种结果。（3）成功的概率是恒定的。（4）实验持续到 $r$ 次成功，$r$ 为正整数。

**负相关随机变量, negatively correlated random variable** 随机变量的分量之间的相关系数是负值，则称随机变量为负相关随机变量。

**负载均衡, load balancing** 仿真中常用的一种技术，用以在多台计算机、网络通信、实物仿真器等多种仿真资源中分配负载，以达到优化仿真资源使用，提升仿真性能的目的，通常分为静态均衡与动态均衡。

**复合泊松过程，compound Poisson process** 产生复合泊松分布的随机过程。复合泊松分布是指一些独立同分布的随机变量的和的概率分布，而这些随机变量的个数服从泊松分布。在最简单的情形下，复合泊松分布可以是连续分布或离散分布。

**复合仿真, composite simulation** 集成化的基于多种仿真工具、仿真软件或者仿真平台的综合应用过程，通常用于支持协同设计、分析和优化。

**复合模型, composite model** 由若干原子模型组合而成的模型，组合后具有外部模型接口，内部各原子模型间通过接口实现组装和数据交互。

**复杂数据, complex data** 相对于简单数据而言，通常指数据海量且相互之间关系复杂的数据类型。

**复 杂 系 统 仿 真 ， complex system simulation** 对复杂系统的仿真。复杂系统是一类具有系统组成关系复杂、系统机理复杂、系统的子系统间以及系统与其环境之间交互关系复杂，能量交换复杂、总体行为具有涌现、非线性，以及自组织、混沌等特点的系统。

**复制模型有效性，replicative model validity** 对于实验框架下所有可能的实验，如果模型的行为和真实系统行为在可接受的误差范围之内相符，则称其为复制模型有效。

**覆盖，coverage**　设 $\phi$ 是拓扑空间 $X$ 的子集族，如果对任意 $x \in X$，$x$ 至少包含在 $\phi$ 的一个成员之中，则称 $\phi$ 是 $X$ 的一个覆盖。

# Gg

**伽马分布，Gamma distribution**　统计学的一种连续概率函数。伽马分布中的参数 $\alpha$ 称为形状参数，$\beta$ 称为尺度参数，设 $X$ 服从 $\Gamma\left(\alpha, \dfrac{1}{\lambda}\right)$ 分布，其中 $\lambda = \dfrac{1}{\beta}$，则其概率函数为 $f(X) = \dfrac{X^{(\alpha-1)}\lambda^{\alpha}\mathrm{e}^{-\lambda X}}{\Gamma(\alpha)}, X > 0$。

**伽马过程，Gamma process**　具有伽马分布的边际分布以及给定内部点之间的自相关系数的随机变量序列。离散事件系统仿真中，输入随机变量序列为来自相同的（边际）分布，而在序列内部随机变量之间可能呈现出某种自相关性。作为建模活动的一部分，需要确定最大的滞后 $p$（正整数）的自相关系数。

**伽马函数，Gamma function**　当函数的变量是正整数时，函数值是一个整数的阶乘，表达式为 $\Gamma(n+1) = n!$。作为阶乘的延拓，伽马函数也可定义为复数范围内的亚纯函数，通常写成 $\Gamma(z)$，定义为 $\Gamma(z) = \displaystyle\int_0^{\infty} \dfrac{t^{z-1}}{\mathrm{e}^t}\mathrm{d}t$。

**改进的模型，improved model**　原有的存在缺陷的模型经过改进后而得到的更完善的模型，使其能够更好地呈现所代表的系统。

**概率分布函数，probability distribution function**　用于表示随机变量取值概率规律的函数。

**概率-概率图，P-P plot**　（1）根据变量的累计概率与所指定的理论分布累积概率所绘制的散点图，它可以直观地检验样本数据是否与某个概率分布的统计图形一致，如果被检验的数据符合所指定的分布，代表样本数据的点应当成对角线分布。（2）根据变量的累积比例与指定分布的累积比例之间的关系所绘制的图形。通过 P-P 图可以检验数据是否符合指定的分布。当数据符合指定分布时，P-P 图中各点近似呈一条直线。如果 P-P 图中各点不呈直线但有一定规律，可以对变量数据进行转换，使转换后的数据更接近指定分布。

**概率密度函数，probability density function**　如果存在一个非负函数 $f(x)$，对任意的实数集 $B$（例如，$B$ 可以是 1 到 2 之间的所有实数），满足 $P(X \in B) = \displaystyle\int_B f(x)\mathrm{d}x$ 和 $\displaystyle\int_{-\infty}^{\infty} f(x)\mathrm{d}x = 1$，所有关于 $X$ 的概率声明可以从 $f(x)$ 计算得到，$f(x)$ 称为连续随机变量 $X$ 的概率密度函数。

**概率模型, probabilistic model** 通过一个或多个随机变量来表示一个过程的不确定性，或根据给定的输入产生符合某个统计分布输出的模型。如空袭模型中使用的泊松分布到达模型。

**概率图, probability plot** 基于概率相关关系的图形。

**概率质量函数, probability mass function (PMF)** 设离散随机变量 $X$ 取值 $x_i$ 的概率表达式为 $p(x_i) = P(X = x_i)$，$i = 1, 2, \cdots$，并且有 $\sum_{i=1}^{\infty} p(x_i) = 1$，则关于 $X$ 的所有概率声明可以从 $p(x)$ 计算得到，$p(x)$ 称为离散随机变量 $X$ 的概率质量函数。

**概念分析, conceptual analysis** 亦称术语分析，指研究确定术语所表示的概念的内涵和外延的方法。概念是思维的基本单位，包括显式概念和隐式概念两类，其内涵是反映在概念中的对象的特有的属性；其外延是概念所反映的一切事物。概念分析法主要是基于概念之间的全同关系、屑种关系、种属关系、交叉关系、全异关系等各种关系及概念的内涵和外延，来表示概念。概念分析的第一步是概念抽取，显式概念容易抽取；隐式概念因隐含在上下文的语义中，缺少专门解释的标志性词语，需借助已有专业词典或者转化软件，所以抽取带有主观性。

**概念建模语言, conceptual modeling language** 在概念建模过程中，用于对论域现象或认知结果进行描述的形式。参见"概念模型"。

**概念模式, conceptual schema** 系统整体逻辑结构的描述。

**概念模型, conceptual model** 以文字表述来抽象概括出事物本质特征的模型。如对真核细胞结构共同特征的文字描述、达尔文的自然选择学说的解释模型等。

**概念模型验证, conceptual model validation** 在建模与仿真验证过程中，由领域专家检查概念模型并确定它的能力，包括检查假设和限制、实体和过程、算法和数据、概念模型元素间联系和仿真结构，解决概念模型是否满足仿真系统的可信度要求的问题，确定模型可接受的标准等。

**概念数据, notional data** 假设的或理论上的而非真实的数据。

**感知的支付函数, perceived payoff function** 在感觉、理解和认知周围环境时，将不同的感知通道（如听觉、视觉、触觉、力觉等）对被感知者所产生的影响进行加权计算，获得的一个加权函数，用于度量每个通道分别作用于被感知者的程度。

**感知接口, sensory interface** 感知计算机与外界通信的交互界面，也是传感单元间进行信息交互的接口。

**感知模型, perceived model** 虚拟实体对在计算机中创建的虚拟环境进行感知的仿真模型，它是虚拟实体与虚拟环境进行交互的基础。

**感知目标, perceived goal** 在交互仿真系统中，用户通过交互设备，可以感受到的对象。例如，利用数据手套触摸到的虚拟座舱仿真平台的虚拟操纵杆就是感知的目标。

**感知内部情况, perceived internal fact** 在交互仿真系统中，用户通过交互设备在交互过程中对虚拟环境、虚拟场景的感受状况。例如，戴着头盔显示器感受三维虚拟环境。

**感知输入, sensory input** 将感官知觉这些抽象化的认知信息进行具体化，输入到计算机模型的过程。

**感知水平, level of perception** 描述虚拟现实系统提供感知交互手段的能力。虚拟现实系统采用先进的计算机用户接口，为用户提供视觉、听觉、触觉等各种直观而又自然的实时感知交互手段，从而最大限度地方便用户操作，提高系统工作效率。

**感知现实, perceived reality** 通过听觉、力觉、触觉、运动感知，甚至包括味觉、嗅觉感知达到对现实的理解和感受。

**感知状态, perceived situation** 被人或传感器感知的环境在时域和空域上的变化。

**冈贝尔分布，Gumbel distribution** 威布尔随机变量取自然对数所具有的分布，亦称极值分布。参见"威布尔分布"。

**刚性动态系统, stiff dynamic system** 参见"刚性系统"。

**刚性非连续模型, stiff discontinuous model** 在用微分方程描述变化过程中，往往包含着多个相互作用但变化速度相差悬殊的子过程，而且存在间断点，这样一类过程就称为刚性非连续过程。描述这类系统的模型称为刚性非连续模型，或病态非连续模型。参见"刚性系统"。

**刚性模型, stiff model** 用于描述刚性系统的模型。参见刚性系统"。

**刚性微分方程, stiff differential equation** 在用微分方程描述的一个变化过程中，若往往又包含着多个相互作用但变化速度相差悬殊的子过程，这样一类过程就认为具有"刚性"。描述这类过程的微分方程称为刚性微分方程。

**刚性稳定的步长控制, stiffly-stable step-size control** 在对刚性微分方程描述的系统用数值积分方法进行仿真时，通过变化仿真步长以保证每步计算的误差在规定的范围内，从而使得刚性系统的仿真计算过程是稳定的。

**刚性稳定的隐式算法, stiffly-stable implicit algorithm** 具有刚性稳定性的隐式算法，例如吉尔法。参见"刚性系统积分算法"。

**刚性稳定算法, stiffly-stable algorithm**

具有刚性稳定性的算法有两类：隐式算法与显式算法。刚性稳定性是由 Gear 于 1969 年提出的关于刚性微分方程数值方法的一个线性稳定性概念。

**刚性系统, stiff system**　若系统的动态特性可用一阶微分方程组 $\dot{y}=F(y,t)$ 来描述，系统的雅可比矩阵的特征值 $\mu_i$ 全部具有负实部，且有 $\min|\mu_i|\ll\max|\mu_i|$，$i=1,2,\cdots,n$，则该系统称为刚性系统，在某些文献中也叫作病态系统。从物理角度说，病态系统存在量级悬殊的时间常数。

**刚性系统积分算法，stiff system integration algorithm**　求解刚性系统微分方程的数值积分算法。一般数值积分算法只具有有限的稳定域，典型的如龙格-库塔法，仿真步长限定在系统最小时间常数的数量级，才能保证计算的稳定性。然而刚性系统的过渡过程时间却决定于最大时间常数，因而计算步数极大，加上存在误差传播，仿真的精度甚至稳定性也会受到影响。因此，人们研究了专门适用于刚性系统仿真的算法，典型的有吉尔法。参见"刚性系统""数值积分法"。

**高层抽象, high-level abstraction**　根据抽象过程中需要遵循的标准和原则，从系统中提取反映系统本质特征的概念、规律等本质特性，降低系统复杂度。借助分层次抽象的方式进行问题求解，将问题从底层向高层逐步进行抽象以建立系统的高层模型，但抽象层次越高，理解也越难。

**高层模型, high-level model**　对系统所涉及的原理及概念进行抽象定义，以使对系统的认识有一个公共的概念基础。参见"高层抽象"。

**高层体系结构, high level architecture（HLA）**　一种能实现网络化仿真的互操作并能实现仿真及其组件重用的通用仿真体系结构。高层体系结构由三部分组成：高层体系结构规则、高层体系结构接口规范和对象模型模板。运行在不同硬件平台上的高层体系结构兼容的仿真，可通过网络彼此互操作。网络化仿真的互操作是通过运行支撑环境来实现的。高层体系结构是 IEEE、美国国防部以及北大西洋公约组织的标准。参见"运行支撑环境"。

**高层体系结构时间轴，high level architecture time axis**　高层体系结构中一个表示时间数值的坐标，其上每个值用于表示被建模物理系统的高层体系结构中的即时值。对时间轴上任意两点 $T_1$ 和 $T_2$，如果 $T_1<T_2$，那么 $T_1$ 代表的时间发生在 $T_2$ 代表的时间之前。

**高层体系结构相容性，high level architecture compliance**　衡量仿真系统能否适应高层体系结构规则的能力，其中联邦规则和联邦成员规则两部分必须遵守。

**高分辨率仿真, high-resolution simulation**　能够严格遵循实际系统的行为过程并具有较细粒度的仿真。

**高分辨率建模, high-resolution modeling** 建立高分辨率模型的过程。参见"高分辨率模型"。

**高分辨率模型, high-resolution model** 能够严格遵循实际系统的行为过程并具有较细粒度的模型。

**高峰负荷分析, peak-load analysis** 旨在解决经济上不耐储存且需求量周期性变化的产品的有效投资及定价问题。其实质是存储非高峰时期的产能用于缓解高峰时期对产品的需求，提高对产能的综合利用率。

**高级别模型，higher order model（HOM）** 特指以聚合方式表示作战序列中较高级别单位作战要素、职能和/或行动所处地形的计算机模型。例如，可以把营表示为一个特定实体，它是真实营组成部分的聚合体或具有真实营组成部分的平均特性。"高级别"一般指营及营以上各级，空间分辨率大于 100 米（如 3 公里）并具有超实时性能（比如把几天的时间压缩为几分钟，把几小时压缩为几秒钟）。

**高级语言, high-level language** 相对于汇编语言等低级语言而言，高级语言是一种高度封装了的较接近自然语言和数学公式的编程语言，基本脱离了机器的硬件系统，用人们更易理解的方式编写程序。高级语言与计算机的硬件结构及指令系统无关，它有更强的表达能力，可方便地表示数据的运算和程序的控制结构，能更好地描述各种算法，而且容易学习掌握。如 Fortran、C++、C#、Pascal、Python、Lisp、Prolog、FoxPro 等都是高级语言。

**高阶龙格-库塔算法, high-order Runge-Kutta algorithm** 一种数值积分算法，由德国数学家 Runge 和 Kutta 提出，其基本公式是 $y_{n+1}=y_n+h\sum_{i=1}^{r}w_i k_i$，式中 $k_1=f(y_n,t_n)$，$k_i=f(y_n+h\sum_{j=1}^{i-1}\beta_{ij}k_j,t_n+a_i h)$，$i=2,3,\cdots,r$，$\alpha_i=\sum_{j=1}^{i-1}\beta_{ij}$；$\alpha_i$，$\beta_{ij}$，$w_i$ 为待定系数。$r$ 为使用 $k$ 值的个数（即阶数）。在给定 $r$ 值后，通过把上式展开成 $h$ 的幂级数，然后和台劳展开式的系数进行对比，以确定 $\beta_{ij}$ 和 $w_i$ 的值。$r$ 大于 4 的算法为高阶龙格-库塔算法，该算法具有很高的精度和工程应用价值。

**高性能仿真技术, high-performance simulation technology** 融合高性能计算技术和现代仿真技术，以优化系统建模、仿真运行及结果分析等整体性能为目标的一类仿真技术。

**格林尼治标准时间, Greenwich Mean Time（GMT）** 旧译格林尼治平均时间或格林威治标准时间，指位于英国伦敦郊区的皇家格林尼治天文台的标准时间，因为本初子午线被定义为通过那里的经线。

**跟踪器, tracker** 用来确定感兴趣的目标的装置，如位置跟踪器、方向跟踪器等。在仿真中，也指用于对感兴趣的仿真变量、仿真对象，甚至仿真程序的跟踪而使用的工具（包括程序）。

**跟踪性能, tracking performance**　在仿真领域，指在进行模型校验时对程序代码、进程、模型等的跟踪能力。

**更新, update**　在仿真领域，一般指对现有的对象、模型、文件、任务、数据等的整体或部分的变更。

**更新速率, update rate**　数据或信息更新升级的频度。

**公共联邦功能, common federation functionality**　特指在高层体系结构联邦开发期间，所有联邦参与者最终达成的有关公共仿真功能（资源和服务）的约定。在联邦设计阶段确定的联邦成员，在联邦开发期间提出在其赋予职责的领域可以提供的公共服务，供所有联邦参与者进行讨论和商议。联邦成员赋予的职责也在联邦设计阶段确立。例如，对地形（数据、数据源、分辨率、动态与静态等）和环境（需要的类型、数据源、分辨率、服务器等）的公共表示的约定，以及相关联邦专用算法如外推算法的约定。

**公共随机数, common random number（CRN）**　亦称相关抽样，是用于离散事件系统仿真比较两个方案优劣时减少方差的一种技术。公共随机数要求在整个仿真时使用同一个 $U(0,1)$ 随机数驱动两个方案，从而试图引入正相关性以减少方差。

**公平战斗, fair fight**　一种资源竞争中冲突消解的过程，通过尽量满足冲突双方的诉求来寻求平衡。

**公文处理法仿真, in-basket simulation**　一种文件处理测评方式的情境仿真。它将被评价者置于特定职位或管理岗位的仿真环境中，由评价者提供一批该岗位经常需要处理的文件，包括各种报告、文件、信函、备忘录等，要求被评价者在一定的时间和规定的条件下处理完毕，并且还要以书面或口头的方式解释说明这样处理的原则和理由。评价者待测评对象处理完后，应对其所处理的公文逐一进行检查，并根据事先拟定的标准进行评价。

**公有领域仿真, public domain simulation**　属于公共领域的仿真，即仿真完全不具有知识产权。

**功能测试, functional test**　基于功能测试用例，逐项测试，检查产品或系统是否达到用户要求的功能，对产品或系统的各功能进行验证。

**功能仿真, functional simulation**　针对一项设计，在该设计实现前用仿真的方法对其功能正确性进行分析、检验、确认的过程。

**功能划分过程, functional process**　基于业务建模需求及系统功能组成，把系统划分为子系统的过程。

**功能划分过程改进, functional process**

**improvement** 改变系统旧有的功能划分过程,使得该过程渐趋优化与完善。

**功能建模, functional modeling** 在业务建模的基础上,为获得业务领域问题所需要的系统功能,基于"系统-子系统-功能-程序"建模框架,形成各业务与系统功能间关系模型的过程。

**功能模型, functional model** 按照一定规范对系统业务给出的功能表达。

**功能校验, functional verification** 按照一定标准、步骤,校核并验证一个系统的功能是否满足需求的过程。

**功能性, functionality** 事物或方法所发挥的有利作用,与"效能"含义相近。

**共轭仿真, yoked simulation** 亦称受限仿真,是仿真时间推进与天文时间保持特定关系的仿真,包括实时与非实时仿真。这里的非实时仿真指超实时、欠实时或其他按受限规律推进仿真时间的仿真。

**共生仿真, symbiotic simulation** 一种在线仿真方法,仿真与实际系统之间构成一个相互协作共生的动态反馈控制系统。

**共生行为, symbiotic behavior** 两种不同生物紧密相联地生活在一起并相互受益的稳定状况。

**构造仿真, constructive simulation** 亦称推演仿真,常用于作战仿真,仿真人员在仿真的战场环境中操作仿真的系统。真实的人员激励这类仿真(给予输入)但不参与结果的确定。

**构造实体模型, constructive model** 计算机图形学中广泛使用的术语,是基于构造实体几何(constructive solid geometry, CSG)方法建立的实体模型。构造实体几何方法将一个物体表示为一系列简单的基本物体(如立方体、圆柱体、圆锥体等)的布尔操作的结果,数据结构为树状结构。树叶为基本体素或变换矩阵,结点为运算,最上面的结点对应着被建模的物体。

**估计参数, estimating parameter** 在统计学中,指基于观测数据的统计分析,以确定参数估计值的过程。例如,要确定一观测数据序列的概率分布及其参数,先假设它服从某一理论分布,将观测数据与理论分布的对应取值进行比较统计,且对其进行优良度检验,通过后就算完成参数估计。

**估计器, estimator** (1)在离散事件系统仿真中,指基于观测数据的统计分析以确定未知参数的功能组件或程序。(2)在控制理论中,指由已知或可观测的状态确定未知的或不可观测的状态的算法。

**估计误差, estimation error** 数据处理过程中对误差的估计,有多种统计表示方式。根据误差的性质和产生的原因,误差可分为系统误差、随机误差、过失误差这三类。

**骨架模型, skeletal model**　由 PTC 公司的 CAD 软件 Pro/E 提出的一种模型。骨架是使用曲线、曲面和基准特征创建的，也可包括实体几何。有两种类型的骨架模型：标准骨架模型和运动骨架模型。在打开的组件中，以零件的形式创建标准骨架模型。运动骨架模型是包含设计骨架（标准骨架或内部骨架）和主体骨架的子组件。

**固定步长时间推进, fixed-increment time advance**　在仿真过程中，仿真时钟变量每次按固定的步长递增。面向时间间隔的仿真采用这种时间推进机制。

**固定时间步长, fixed time step**　在一定时间范围内，时间步长为一定值。参见"步长"。

**固定样本量法, fixed-sample-size procedure**　仿真输出分析的一种方法。通过多次独立重复仿真运行，并对每次独立运行得到的观测值取平均，从而得到独立样本集，在此基础上应用经典统计方法获得输出性能指标的置信区间估计。

**故障仿真, fault simulation**　在故障模型的基础上，应用仿真的方法研究故障的发生、传播、影响、消除等规律的技术。

**故障诊断模型, error detection model**　运用仿真技术，模拟故障源，根据用户定义的系统故障模式规范、故障检测标准和系统输入输出逻辑，建立用于检测系统故障的模型。在微型计算机、小型计算机或其他高性能计算机的仿真测试环境中，该模型能够诊断故障的原因、表现形式及进行危害程度的分析。

**故障组件, faulty component**　系统中发生故障的部件。

**关键事件仿真, critical event simulation**　一种离散事件系统仿真的策略，有时与关键路径仿真或关键事件链仿真同义。通过仿真，分析确定关键事件以及它对整个项目或任务的影响。

**关联的模型, interrelated model**　彼此间有关系、不相互独立的模型。

**关联模型, associative model**　关联规则算法的模型。关联模型结构非常简单，每个模型均具有表示该模型及其元数据的单一父节点，且每个父节点均具有项集和规则的平面列表。项集和规则不是按树组织的，它们的顺序是项集在先、规则在后。

**关联实体, associative entity**　将一个实体联结到其他实体上，以形成一个更大的实体称为实体关联，具有这类属性的实体称为关联实体。

**关系建模, modeling relationship, modeling relation**　对研究对象建模

中的对象实体间的相互作用关系或模型元素间的关系建模。所建立的关系模型只是整个模型描述的一部分。

**关系模型, relational model**　用二维表的形式表示实体和实体间联系的数据模型，是 1970 年由 Codd 提出的。

**关注区域显示, area of interest display**　通过显示系统显示用户所关注的区域，比如防空作战中作战责任区、巡逻空域显示。

**观测变量, observed variable**　在系统或程序运行中能够收集到数据的变量，与隐性变量相对。参见"隐性变量"。

**观测空间, observation space**　在控制理论领域，定义为可观测的状态变量所构成的向量。

**观测值, observed value**　在系统或程序运行中能够收集到数据的变量的值，与隐性变量相对。参见"隐性变量"。

**观测坐标系, observation frame, observational frame**　在对物体或场景进行观察时所处的框架或系统。

**管理对策, management game**　亦称管理博弈，是研究管理中一种具有多方参与的竞争行为的理论。在这类行为中，参加竞争的各方各自具有不同的目标或利益。为了达到各自的目标和利益，各方必须考虑对手的各种可能的行动方案，并力图选取对自己最为有利或最为合理的方案。

**管理对象模型, management object model**　高层体系结构为联邦管理所定义的数据模型，其作用是收集汇总各联邦成员、整个联邦和运行支撑环境的运行状态信息，并为控制运行支撑环境联邦和单独的联邦成员提供手段。

**惯性平台仿真, simulation for inertial platform**　对惯性平台的性能进行测试、仿真与验证的过程。

**广播, broadcast**　同时将消息传递给所有潜在的、非特定的接收者的一种通信方法，如无线电、电视节目、计算机网络发包等。在大规模并行仿真或复杂系统仿真领域，广播作为一种即时通信方式，用于仿真过程的同步或控制。广播的内容通常包含了仿真状态信息，以协议数据单元的形式编码，接收方通过解析仿真状态信息确定调整自身的行为或状态。在移动特定网络仿真领域，由于网络自身所具有的动态特性，如节点的暴露与隐藏、节点的移动性与网络的划分等，对广播提出了更高的要求，算法的选择会对网络的稳定性及安全性产生至关重要的影响。

**广义反馈移位寄存器的随机数发生器, generalized feedback shift register random-number generator**　一种随机数发生器，它基于反馈移位寄存器的随机数发生器来产生随机数，其原理是：为了得到 $l$ 位的二进制整数序列 $Y_1, Y_2, \cdots$，由式 $b_i = b_{i-r} + b_{i-q}$（对 2 取模）产生的二进制数序列 $b_1, b_2, \cdots$，用于填充要生成的整数的第一个（最左边）二进制位。然后，同一个二进制数序列，但滞后 $d$ 位，用于填充该整数的第二个二进制位，也就是说 $b_{1+d}, b_{2+d}, \cdots$ 各位用于第二个二进制位。最后，$b_{1+(l-1)d}, b_{2+(l-1)d}, \cdots$ 各位用于填充该整数的第 $l$ 个二进制位。如果 $Y_1, Y_2, \cdots, Y_q$ 为线性独立，则 $Y_i$ 的周期为 $2^q - 1$，即对 $a_j = 0, 1$ 有 $a_1 Y_1 + a_2 Y_2 + \cdots + a_q Y_q = 0$，意味着所有 $a_j = 0$。还要注意 $Y_i$ 满足递推式 $Y_i = Y_{i-r} \oplus Y_{i-q}$，其中异或运算按位执行。

**归纳式建模，inductive modeling**　对于未知系统进行的与演绎法对应的一种建模方式。归纳法是一种由个别到一般的论证方法，它是从个别的或特殊的经验事实出发而概括得出一般性原理、原则的思维方法。从观测到的行为出发，试图推导出与观测结果相一致的更高一级的知识，即经过一个从特殊到一般的过程，推断出较高水平的信息。

**规范模型，normative model**　（1）根据假设或标准对事物（对象）某方面特征的描述，主要提供按照一定目的影响和改变系统行为特性的思路和方式。（2）与非规范模型（non-normative model）相对，表示建模仿真语言或工具提供的描述规范、接口标准的模型。

参见"模型"。

**规范语言，specification language**　通常是机器可处理的自然语言和形式语言的组合，用来标识系统或部件的需求、设计、行为或其他特征。

**规则标记语言，rule markup language （RuleML）**　为表示可扩展标记语言推理、重写以及进一步推理变换任务中的向前（自底向上）与向后（自顶向下）规则而开发的标志语言。

**规则模糊化，rule fuzzification**　对规则用模糊集加以处理的方法。

**规则模型，rule model**　以模型的形式描述规则，模型可以是表达式，也可以是图形等各种形式。

**规则去模糊化，rule defuzzification**　基于精确化的理念，将模糊性规则变换成确定性规则。

**轨迹，trajectory**　（1）一个点在空间移动，它所通过的全部路径叫做这个点的轨迹。（2）指轨道，即天体在宇宙间运行的路线。（3）比喻人生经历的或事物发展的道路。

**轨迹仿真，trajectory simulation**　使用 3 自由度或 6 自由度模型，对实体运动轨迹进行仿真。

**轨迹驱动仿真，trace-driven simulation**　使用踪迹作为输入去驱动仿真过程。踪迹是一个实际系统按时间记录的事件序列。

**轨迹驱动模型，trace-driven model** 以踪迹作为输入的模型。参见"轨迹驱动仿真"。

**过程方法，process approach** 为使组织有效运作，必须识别和管理众多相互关联的活动。通过使用资源和管理，将输入转化为输出的活动，可以视为过程。通常，一个过程的输出可直接成为下一个过程的输入。组织内诸过程的系统的应用，连同这些过程的识别和相互作用及其管理，可称之为过程方法。

**过程仿真，process simulation** （1）对连续工业过程，如化工过程，指通过仿真对其工艺的设计、开发、分析和优化。（2）对离散事件系统，过程也称为进程，一个进程由若干个有序事件及活动组成，用进程对系统进行建模，进而进行仿真。

**过程改进建模，process improvement modeling** 以完善和优化系统过程为目的，组织和记录系统过程改进的技术，包括记录系统的现有过程、改进过程和实现系统过程改进的逻辑、策略和程序。

# Hh

**海洋环境数据，ocean environment data** 海洋自然环境参数的空间分布与时间分布的数据集合，例如海洋水文参数（海流、海浪、潮汐、风暴潮、内波、水色透明度、浅海地形及水深等）及海水介质有关物理参数（如海洋垂直温度、盐度结构及跃层分布等）。

**航位推算法，dead reckoning** 根据变量之前和当前取值，对变量未来的取值进行预估的算法。常用于分布式仿真中状态变量未来值的预测，是一种追求仿真精度和减少网络通信负载的折中方案。

**合成兵力，synthetic force** 亦称计算机生成兵力，指在仿真环境中由计算机生成的仿真实体兵力。参见"计算机生成兵力"。

**合成的战场，synthetic battlefield** 通过计算机创建的一个虚拟的、分布式的、人工合成的战场环境。它可用于军事训练、任务规划和演练、战术和学术研究，以及武器系统的概念评估。通过分布式交互仿真技术，将独立的模拟器连接在一个网络中来实现大规模的战场仿真模拟。这种人工合成的战场比进行大规模的实况军事演习更经济、更安全。

**合成环境，synthetic environment** 亦称综合环境，在该环境中，人能够通过处在多个网络站点的，使用兼容的体系结构、模型、协议、标准和数据库的仿真软件和仿真器进行交互。

**合成战场环境，synthetic battlefield environment** 亦称综合战场环境，指关于某一特定战场区域的真实而全面的虚拟自然环境（包括地形、地物、地貌、海洋、气象等自然条件），并提供敌我双方兵力与态势的真实表现和描述。它将大范围的地形、地物、地貌、海洋、气象等自然条件按照用户的观察需求在计算机屏幕上显示出来，以满足军事训练和军事研究的需要。

**合理模型, reasonable model**　可以达到某个或某些预期目标的模型。

**合适的模型, adequate model**　满足要求的模型。模型是对研究对象的抽象，要求不同，同一对象模型的描述形式、详尽程度及精度也就不同。

**合作博弈, cooperative game**　一组不在同一地方的人员可以一起进行的实时游戏。在博弈论中，合作博弈是一种玩家群体（"联盟"）执行合作行为的博弈，因此博弈是玩家群体之间的竞争，而不是单个玩家之间的竞争。合作博弈讨论有个人偏好的参与人群联合行动的集合族，合作行动由合作方共同采取，不考虑参与人群内部的相互作用和合作细节。

**黑箱测试, black box testing**　亦称功能测试，指将给定的输入应用到模型中，用输出结果检验模型的正确性。黑箱测试是一种软件测试方法，主要是对应用软件的功能进行测试，而不是对软件的内部结构或运行方式进行测试。这种测试方法可以应用于软件测试的所有级别，包括单元测试、集成测试、系统测试和验收测试。参见"白箱测试"。

**黑箱模型, black box model**　输入、输出和功能特性已知，但其内部实现未知或不相关的模型。参见"白箱模型"。

**恒星时, sidereal time**　地球旋转相对于春分点的时间，与仿真时钟无关，是时间度量的真实值。

**红外成像制导仿真系统, infrared imaging guidance simulation system**　利用红外成像设备产生满足特定要求的图像，以模拟红外导引头所能观测到的目标以及背景图像，形成控制信号控制导弹飞向目标的制导仿真系统。

**红外导引头仿真, infrared seeker simulation**　利用三轴转台模拟导引头姿态运动，同时采用目标红外辐射源装置，利用红外探测器测量导弹与目标相对运动的有关参量，而对红外导引头性能进行仿真试验。

**红外制导仿真, infrared guidance simulation**　利用红外成像设备产生满足特定要求的图像，以模拟红外导引头所能观测到的目标以及背景图像，对红外制导系统进行动态研究的过程。

**宏观模型, macroscopic model, macro model**　与微观模型相对，泛指大的方面或总体方面的模型，不涉及内部具体结构或机制。参见"微观模型"。

**后到先服务, last-come first-served（LCFS）** 在计算机领域中，用以描述数据结构中的队列性质，类似于后进先出，如堆栈。参见"后进先出"。

**后仿真分析, post simulation analysis** 基于仿真过程和结果数据，对仿真结果、模型、系统可信性进行的校验、评估等分析。

**后继模型, successor model** 亦称继承模型，指在原有模型基础上升级获得的新模型。

**后进先出, last-in first-out（LIFO）** 等待制排队系统的一种排队规则，即顾客按照到达先后次序的相反顺序，按后到先服务的顺序接受服务。

**后链, rear link** 亦称前向指针，用于计算机的表存储分配。表的一个特定记录的后链给出在该记录的数组中的物理行号，该记录逻辑上后接给定记录。如果没有后接给定的记录，则后链设为零。

**后向龙格-库塔算法, backward Runge-Kutta algorithm** 用于求解常微分方程的一类隐式或显式迭代法，在迭代方向上向后迭代。

**后验决策, posteriori decision** 利用后验概率作为期望值进行决策。后验概率是指在得到"结果"的信息后重新修正的概率，后验概率的计算要以先验概率为基础。例如，当根据经验及有关材料推测出主观概率后，对其是否准确没有充分把握时，可采用概率论中的贝叶斯公式进行修正，修正前的概率称为先验概率，修正后的概率称为后验概率。

**后验人体, post-mortem human subject（PMHS）** 一种用于汽车或飞机发生撞击时确定人体损伤的模型。

**后验知识, posteriori knowledge** 亦称后天知识，指从经验得来的知识，与不受一切特殊支配的先验知识相对。在模式识别和图像处理中广泛使用，例如处理图像识别、图像分割等问题。

**候选模型, candidate model** 用以分析问题需要进一步实验挑选或理论甄别的模型。

**互操作层, interoperability layer** 当两个体系结构相同的仿真系统之间存在互操作性时，其同等层之间也存在着互操作关系，这样满足互操作要求的同等层称为互操作层，如模型互操作层、业务互操作层等。

**互操作仿真, interoperable simulation** 通过模型或仿真系统间的互操作实现的仿真活动。

**互操作仿真环境, interoperable simulation environment**（1）满足仿真实体互操作要求的仿真环境，包括互操作地形仿真、互操作大气仿真等。（2）支持互操作仿真开发与应用的整个仿真框架，包括硬件环境（计算机系统、网络系统等）、软件环境（运行支撑环境、开发支持环境等）、体系结构、基础设施与接口等。

**互操作联邦, interoperable federation** 可以向其他联邦提供服务并从其他联邦接收服务，以及利用这样交换的服务使各联邦有效地共同运转的联邦。

**互操作模型, interoperable model** 可以向其他模型提供服务并从其他模型接收服务，以及利用这样交换的服务使各模型有效地共同运转的模型。

**互操作水平, interoperability level** 对于模型或仿真系统与其他模型和仿真系统之间提供/接收服务，并进行共同运转的能力的评价。

**互操作性, interoperability** 一个模型或仿真系统向其他模型和仿真系统提供服务并从其他模型和仿真系统接收服务，以及利用这样交换的服务使各模型或仿真系统有效地共同运转的能力。

**滑动平均, moving average** 一类有限脉冲响应滤波器，用于通过生成全部数据集的不同子集的均值序列来分析一组数据点，典型的是用一组最近的实际数据值来预测未来一期或几期的数据，适用于即期预测。

**环境仿真, environmental simulation** 描述系统的全部或部分自然或人为环境的仿真，例如地形、地物、大气、海洋、空间及电磁环境等的仿真。

**环境仿真器, environment simulator** 对仿真实体所在的环境中各种目标、地形、地物、气象情况、复杂电磁背景、人文环境等进行仿真的仿真器。

**环境模型, environmental model** 描述环境状态特性或特性演变过程的模型。

**环境实体, environmental entity** 与环境动态要素相对应的实体。

**环境数据模型, environment data model** 定义仿真应用所需的各种环境对象特征、特征属性及允许值以及它们之间关联的数据模型。该模型包括环境自身动态模型及环境与实体的相互影响模型。

**环境特征, environmental feature** 自然或人为环境的单个要素，例如雨、雾、云或建筑物等。

**环境物理模型, environment physical model** 基于物理规律和观测数据建立的描述环境基本属性和应用属性的空间分布及随时间演化的数学模型，其表现形式通常分数值模型、参数模型和数据库模型三类。

**环境相关的表征, environmental representation** 对环境状态特性或特性演变过程的描述。

**环境效应模型, environmental effect model** 模仿自然环境对仿真演练中实体（如传感器或平台）影响的数值模型、参数模型或数据库。

**换队, jockeying** 排队优化问题中，基于某一策略从一队变换到另一队，例如队伍更短或移动更快等，以获得更短的服务延迟。

**回归抽样, regression sampling** 一种应用于蒙特卡罗法中的方差减小技术。其原理是：若统计量 $m$ 期望值的无偏估计是未知参数 $\mu$，又假定另一个统计量 $t$ 的期望值为已知的 $\tau$，则可令 $m^*=m+c(t-\tau)$，$c$ 是任选的系数，$m^*$ 的方差为 $\mathrm{Var}(m^*)=\mathrm{Var}(m)+c^2\mathrm{Var}(t)+2c\,\mathrm{Cov}(m,t)$。可以证明，最优系数为 $c^*=\mathrm{Cov}(m,t)/\mathrm{Var}(t)$，使得 $m^*$ 的方差最小，即 $\mathrm{Var}(m^*)=(1-\rho^2_{m,t})\mathrm{Var}(m)$，其中 $\mathrm{Cov}(m,t)$ 是 $m$ 与 $t$ 的协方差，$\rho^2_{m,t}$ 是 $m$ 与 $t$ 的相关系数。在估计过程中，如果 $\mathrm{Cov}(m,t)$、$\mathrm{Var}(t)$ 和 $\rho_{m,t}$ 均未知，可以通过不断地重复蒙特卡实验估计它们的取值，该过程等价于解决最小二乘问题。因为用已知量 $t$ 的估计信息来调节未知量 $m$ 的估计误差，称已知量估计信息为未知量的控制变量，故亦称控制变量法。

**回归检验, regression testing** 一种用回归模型测试的计量、评估的检验技术，常用的检验方法有拟合优良度检验、显著性检验等。

**回归模型, regression model** 对统计关系进行定量描述的一种数学模型。若因变量为 $Y$ 和 $p$ 维自变量 $x_i=(x_{i1},\cdots,x_{ip})$，则通用回归模型为 $Y_i=h(x_i)+\varepsilon_i$，$i=1,2,\cdots,n$，其中 $h(\cdot)$ 表示函数，称为回归曲线，$\varepsilon_i$ 表示均值为 0 的随机变量，称为随机误差。

**回归元模型, regression metamodel** 用于回归任务模型描述的元模型，通常描述构建回归模型的语言和过程。

**回缩, retraction** 系统回退到以前某个时刻的状态或过程。

**混合对策仿真, hybrid game simulation** 对混合对策进行的仿真。在混合决策中，决策者不是单一地选择一个固定的对策，而是按照一定的概率随机地选用不同的对策，对手也是随机地选用不同的对策。在许多真实的决策中很难找到一个保守的万全之策，因此必须采用多个对策的方法去应付，对此过程进行仿真即为混合对策仿真。

**混合仿真, hybrid simulation, mixed simulation** （1）一种以混合模拟计算机为工具的系统仿真类型，与模拟机仿真及数字机仿真共同组成系统仿真的三大类。（2）仿真对象既有连续模型，也有离散事件模型，两类模型之间存在交互作用，对这样一类对象的仿真称为混合仿真。

**混合仿真软件, hybrid simulation software** （1）支持在混合模拟计算机上进行仿真的计算机软件。（2）支持连续模型与离散事件模型两类模型协同仿真的软件。

**混合仿真研究, hybrid simulation study** （1）在混合模拟计算机上设计计算程序以及进行混合仿真等研究活动。（2）连续模型与离散事件模型两类模型协同仿真技术的研究。

**混合仿真语言，hybrid simulation language**　支持混合仿真的计算机语言，常用的有 HYTRAN、SIMSCRIPT 等。

**混合分辨率模型，mixed-resolution model**　具有多种分辨率的模型。

**混合计算机，hybrid computer**　通过数模转换器和模数转换器将数字计算组件和模拟计算组件连接在一起，同时吸取模拟部分计算的实时性和数字部分计算的灵活性等优势，构成综合性能优异的混合计算机系统。混合计算机一般由数字组件、模拟组件和混合接口三部分组成，其中数字组件作为控制器提供逻辑操作功能，模拟组件作为求解器用于计算差分方程。

**混合连续系统仿真语言，hybrid continuous-system simulation language**　应用于混合模拟计算机的连续系统仿真语言，连续系统仿真语言是一类重要的仿真软件，主要功能有：源语言的规范化和处理；控制并执行仿真过程；记录仿真实验的结果并对它进行分析。

**混合模型，hybrid model**　一个模型中既含有连续模型部分也含有离散事件模型部分，还含有两类模型的交互作用。

**混合时间模型，mixed-time model**　同时包含连续时间与离散时间的模型。

**混合式集成，mixed-mode integration**　将多种不同的相对独立的系统、电路等集成在一起，使其具有多样性的功能。

**混合系统模型，hybrid system model**　既含有连续部分也含有离散事件部分以及两部分的交互作用的系统的描述。

**混合现实，mixed reality**　综合运用增强现实和增强虚拟的技术方法，使得虚拟环境元素与现实世界元素高度融合，包括几何一致性、光照一致性、作用一致性等方面，且共存于一个由各种软硬件所创建的具有高度沉浸感和交互性的环境中，使得用户难以区分虚拟与现实元素，达到虚拟与现实元素互相弥补、互相增强的效果和目标。

**混合信号仿真，mixed-signal simulation**　一种模拟和数字混合模式仿真的系统和方法。

**混合形式化仿真语言，mixed formalism simulation language**　具有混合形式化模型建模能力并实现其仿真的仿真语言。参见"混合形式化模型""仿真语言"。

**混合形式化模型，mixed formalism model**　既具有连续系统形式化规约又具有离散事件系统形式化规约来说明系统行为的数学模型。

**混合源仿真语言，hybrid source simulation language**　对由模拟和数字两种信号组成的混合信号源的系统进行仿真模拟的计算机语言。

**混合自动机, hybrid automaton** 一种描述混合系统的计算模型，它是有限状态自动机的推广，可用来描述和计算具有连续和离散变量的混合系统的行为。一般地，该自动机中包含有限个连续变量集，连续变量集的约束是常微分方程。

**活动, activity** （1）在通常意义下，指发生动作的行为。（2）在离散事件系统仿真建模中，指活动扫描法的基本部件，一个"活动"由两个有关联的事件组成，事件引起系统状态发生变化，该变化的持续时间称为活动时间。

**活动多模型, active multi-model** 在计算机交互仿真中，通常用来控制和优化动态的多模式交互行为。采用不同的多模式策略，使得多种交互方式包括语音、视频、动作等更真实地交互。

**活动仿真语言, activity simulation language** 一种基于活动扫描法进行事件推进的仿真语言。

**活动模型, activity model** （1）以活动的观点对某一过程进行抽象而产生的模型。（2）在离散事件系统活动扫描法仿真中的模型基本部件。

**火控仿真器, fire control simulator** 模拟火控流程的装置。

# Jj

**机器仿真, machine-centered simulation，**

**machine simulation** 主要工作都由机器来完成的仿真。

**机器故障模型, machine-breakdown model** 为分析、诊断和预测机器故障而建立的模型。

**机器可理解模型, machine intelligible model** 可被有计算能力的机器识别和理解的模型。

**机器停机时间, machine downtime** 机器故障或维修占用的时间。

**积分变量, integral variable** 被积函数的自变量。

**积分步长, integral step size** 在进行数值积分运算时，两个相邻离散点的间距。

**积分方法, integral method** 积分运算的数值近似求解方法。

**积分精度, integral accuracy** 在仿真过程中使用的数值积分方法（如龙格-库塔法等）的精度，若该数值积分方法对任意次数不高于 $n$ 次的多项式均成立，而至少对一个 $n+1$ 次多项式不成立，则称该数值积分方法的积分精度为 $n$。

**积分算法, integral algorithm** 用线性泛函来逼近被积函数的一种计算方法。

**积分误差, integral error** 用数值积分方法进行积分运算得到的结果与真实结果的偏差。

**基于端口的建模范例，port-based modeling paradigm**　以数据端口为基础建立相应模型的典范例子。

**基于对象仿真，object-based simulation**　仿真模型按相互作用对象的集合而构造的仿真。对象由一组字段集合和一组方法（一般作为过程实现）集合组成，它模拟组件的特性。

**基于仿真的采办，simulation-based acquisition（SBA）**　美国国防部提出的一种新型武器系统采办方法，其目的在于促进美国国防部范围内的建模与仿真工具和资源跨功能领域、跨采办阶段、跨采办项目的重用，并且利用建模与仿真技术对包括设计、开发、测试、制造、装备、后勤保障、报废等过程在内的国防采办全过程提供全方位支持。

**基于仿真的分布式训练，simulation-based distributed training**　采用分布式仿真技术将不同地理位置的仿真实体连成一体，形成一个时间及空间上相互耦合的训练环境，参与者可自由地交互作用，完成具有较高逼真度的训练、任务的评估和方案的验证等任务。基于仿真的分布式训练是当今军事训练领域的前沿和热点之一，目前主要采用基于高层体系结构方式实现。

**基于仿真的概念验证，simulation-based proof-of-concept**　运用仿真技术，实现对真实系统概念模型验证。概念模型验证是确保仿真可信度的基础。

**基于仿真的工具，simulation-based tool**　亦称仿真工具，指实现仿真的软硬件的集合，包括模型、算法、软件包、仿真系统、仿真器等实体。

**基于仿真的管理，simulation-based management**　一种将建模与仿真技术全面、协同地应用于系统全寿命周期的管理方法。

**基于仿真的教育，simulation-based education**　亦称模拟教学。将仿真技术用于教学实践活动中，极大提高教学的效率、质量，节省大量人力、物力和财力。模拟教学和培训在高风险的行业如飞行、核技术、军事等领域已广泛应用。

**基于仿真的控制，simulation-based control**　仿真在回路中的控制。仿真模型作为监督者或者评价者与控制系统执行器交互作用，执行器与物理设备有接口。为了让仿真模型能有效地辅助控制，需要根据具体控制系统进行详细设计，而且在控制模型、资源模型和仿真模型之间必须具有很高的可信度和很好的粒度。

**基于仿真的控制图，simulation-based control graph**　运用仿真技术对生产过程的关键质量特性值进行测定、记录、评估并监测过程是否处于控制状态的一种图形方法，用于监测生产过程是否处于控制状态，是统计质量管理的一种重要手段和工具。

**基于仿真的理解，simulation-based understanding** 运用仿真技术对事物本质的认识。根据理解的对象不同，可将理解分为不同的形式，如基于仿真的对人们的言语的理解、对人们的行动的理解、对自然现象和社会现象的理解，以及对科学理论的理解。

**基于仿真的企业，simulation-based enterprise** 运用仿真技术从事生产、流通、服务等经济活动，以生产或服务满足社会需要，实行自主经营、独立核算、依法设立的一种营利性的实体或虚拟经济组织，包括模拟企业与数字化企业，通过仿真分析，指导企业决策，避免失误，减少经济损失。

**基于仿真的设计，simulation-based design（SBD）** 将仿真技术应用于产品设计阶段，在未真正制造出产品的情况下，用虚拟原型展示、分析、预测产品的动静态性能，从而缩短产品研制的周期，减少研制的费用，提高产品质量的过程。

**基于仿真的设计方法，simulation-based design approach** 包括基于实物原型与虚拟原型的产品设计方法。参见"基于仿真的设计"。

**基于仿真的数据挖掘，simulation-based data mining** 运用仿真技术从数据库的大量数据中揭示出隐含的、先前未知的并有潜在价值的信息的非平凡过程。它是一种基于仿真的决策支持过程，主要基于人工智能、机器学习、模式识别、统计学、数据库、

可视化技术、仿真技术等，高度自动化地分析企业的数据，做出归纳性的推理，从中挖掘出潜在的模式，帮助决策者做出正确的决策。

**基于仿真的问题求解，simulation-based problem solving** 利用仿真技术解决管理活动中由意外引起的非预期效应或与预期效应之间的偏差。

**基于仿真的问题求解环境,simulation-based problem solving environment** 亦称基于仿真的问题求解平台，指支持问题求解的整个仿真框架，包括硬件环境（计算机系统、网络系统等）、软件环境（仿真支撑环境、开发支持环境等）、体系结构、基础设施与接口等。

**基于仿真的系统，simulation-based system** 以一个或多个仿真模型为基本单元，实现特定功能集合的系统。基于仿真模型的系统具体可由表达与运行模型的软硬件系统组成，包括操作系统进程、仿真设备、参与仿真系统的操作人员或部分被仿真系统组件等。

**基于仿真的学习，simulation-based learning** 亦称模拟式学习，即通过仿真技术，模拟真实的情境与环境，让学习者能够安全地、较低成本地，但是又处于类似真实情境与环境内进行学习。

**基于仿真的学习系统，simulation-based learning system** 亦称模拟学习

系统，即通过该系统，模拟真实的情境与环境，让学习者能够安全地、较低成本地，但是又处于类似真实情境与环境内进行学习。

**基于仿真的训练，simulation-based training** 亦称模拟训练。将仿真技术运用于训练中，通过对真实装备的模拟和使用环境的仿真，使操作者通过仿真训练得到操作真实设备的训练效果，不仅能减少消耗成本，而且不受场地和时间的限制。

**基于仿真的训练系统，simulation-based training system** 亦称模拟训练系统，是实现对真实装备及其使用环境仿真的软硬件系统的总称。

**基于仿真的严肃游戏，simulation-based serious game** 利用仿真技术，采用互动游戏的方式，向受众传递特定的知识和信息，不以娱乐为主要目的，而是主要用于教学、培训及军事等用途。

**基于仿真的研究，simulation-based research** 采用仿真的手段主动寻求根本性原因与更高可靠性依据，从而提高事业或功利的可靠性和稳健性而做的工作；也是应用仿真科学的方法探求问题答案的一种过程。

**基于仿真的优化，simulation-based optimization** 仿真方法和优化方法的结合，借助仿真手段实现系统优化的一种优化方法。主要针对那些目标函数和约束条件不能以明确的函数关系表达，或因函数带有随机参数、变量的复杂系统的优化问题。仿真与优化互相融合，优化是目的，仿真是手段。

**基于仿真的预测，simulation-based prediction** 通过仿真推演实现对真实系统或者客观对象的性能、行为与属性预先进行分析研究的过程。

**基于仿真的原型，simulation-based prototype** 亦称基于仿真的样机，指利用系统仿真原理，所建立的分析或预测真实系统性能与行为的实物原型（样机）或虚拟原型（样机）。

**基于仿真的原型开发，simulation-based prototyping** 亦称基于仿真的样机开发，指利用系统仿真原理，建立真实系统的实物原型（样机）与虚拟原型（样机）的过程。

**基于仿真的运行支持，simulation-based operational support** 通过仿真分析获取业务流程全面的数据，保证流程模型有效性和提高流程设计质量，优化业务流程。

**基于仿真的增强现实，simulation-based augmented reality** 应用仿真技术将计算机生成的虚拟仿真物体、场景或系统提示信息叠加到现实世界实体中，使一定时间、空间范围内很难感知到的实体信息被人类感官所感知，从而超越现实感官体验，增加用户对现实世界的感知。

**基于仿真的诊断，simulation-based diagnosis** 将仿真技术用于故障诊断领域，提高故障诊断的准确性与智能化程度。例如，现代电路仿真技术为电路故障诊断提供了有力的支持，较好地解决了诊断知识的获取瓶颈。

**基于个体的仿真，individual-based simulation**　常用于对实体集合的行为仿真。每一个实体具有自身的特性和自主的行为，并且在二维或三维的虚拟空间中与其他实体进行交互。参见"基于智能体的仿真"。

**基于个体的建模，individual-based modeling**　参见"基于智能体的建模"。

**基于个体的模型，individual-based model**　参见"基于智能体的模型"。

**基于规则的模型，rule-based model**　以规则为基础的模型。

**基于活动的仿真，activity-based simulation**　描述系统组件从一个活动进行到另一个活动的离散仿真。例如，流水线上的工件从一个位置到另一位置的仿真。

**基于活动的建模，activity-based modeling**　使用活动来描述仿真中实体行为的方法和过程。

**基于活动的模型，activity-based model**　使用活动来描述仿真中实体行为的模型。

**基于角色的仿真引擎，actor-based simulation engine**　描述仿真动态模型的有力工具，以刻画任何类型实体的角色作为描述系统的基础。它将仿真世界中的实体分解为承担不同功能的角色。在具体实现中，一般采用有限状态机或佩特里网等工具来描述实体角色的状态变化情况，从而反映实体内部和实体之间的动态关系（包括状态、行为、触发事件等）。角色限定了实体的行为规则、交互方式，实体的行为能力通过其承担的角色体现。

**基于进程的离散事件仿真，process-based discrete event simulation**　离散事件仿真的一种建模方法。面向进程的仿真程序设计的特点是，仿真逻辑基于动态实体从开始建立到离开系统为止的整个活动过程，仿真按实体在系统中的流程向前自然推进，在建模过程中，不需考虑时间推进和事件调度。基于进程的离散事件仿真通常需要专用仿真语言支持，例如 GPSS、SLAM、SIMAN 等。参见"面向进程的仿真"。

**基于模型的测试，model-based testing**　在已建立仿真模型上进行各项测试，以检验系统的各种特性。通过基于模型的测试，可评估和模拟系统在不同真实情形下的相关特性。基于模型的测试是基于模型设计的应用，用于设计或对可执行工件进行有选择的软件测试。模型可以用来表示一个被测系统的期望行为，或代表测试策略和测试环境。

**基于模型的方法学，model-based methodology**　基于系统仿真模型的一系列分析及开发应用的方法。基于模型的方法，是在仿真建模、基于模型的实验基础上，分析、验证系统的行为与响应特性。

**基于模型的仿真监控，model-based simulation monitor**　根据仿真模型建立的仿真监视器，是由软件或硬件实现的一个"设备"，用于观察仿真的进程或进展情况，并可以检测和报告仿真模型中的特定行为。

**基于模型的分析，model-based analysis**　根据仿真模型对仿真活动等进行分析，常以状态转移机或者模型推理机为基本逻辑单元，以分析模型在不同状态下对不同事件的响应，验证模型对象的响应特征和模型设计的正确性。

**基于模型的跟踪，model-based tracking**　在仿真中，指一种按模型的结构进行逐个校验的技术，相对于按程序流程进行校验而言。

**基于模型的工具，model-based tool**　与模型相关的建模软件、模型开发软件、模型仿真试验软件工具，以及模型验证与实验的硬件工具。

**基于模型的活动，model-based activity**　以模型为基础，当模型处于某种状态时，在外部或内部事件的触发下，通过状态转移机或者模型推理机，确定其相应采取的动作。

**基于模型的技术，model-based technique**　使用模型描述研究对象的类型、结构、行为特性及其演进法则，进而基于模型研究、分析实际对象的技术。

**基于模型的开发，model-based development**　使用建模工具建立系统的模型，使用编程语言具体描述模型和实现模型的各项功能。基于模型的开发是模型行为特性的分析、仿真实验的基础。

**基于模型的离散事件系统规范方法学，model-based DEVS methodology**　基于离散事件系统形式化描述规范的方法，利用该方法来对复杂的离散事件系统进行建模、设计、分析和仿真。

**基于模型的软件，model-based software**　以建模语言为基本开发语言，设计建立系统模型，再用编程语言实现模型的相应功能。基于模型的软件能在比具体实现技术更高的抽象层次上来构建软件系统。

**基于模型的实验，model-based experiment**　为满足系统需求，依靠仿真模型进行的产生系统行为的仿真实验。依靠仿真模型，以不同的仿真条件、仿真事件等，产生仿真系统的行为活动和响应状态。

**基于模型的推理，model-based reasoning**　根据系统模型，以模型推理机或状态转移机为基础，在不同模型状态下，推演模型对不同事件的响应，以验证模型设计的正确性和模型对象的响应特性。通过对系统模型进行分析计算，得出对系统运行结果的推理分析。

**基于模型的系统, model-based system**
以一个或多个模型为基本单元，实现特定功能集合的系统。基于模型的系统具体可由表达模型的软硬件系统组成，包括操作系统进程、仿真设备、参与仿真系统的操作人员或部分被仿真系统组件等。

**基于模型的校核, model-based verification**
确定仿真模型是否准确地代表了系统模型的概念描述和规范的过程。

**基于模型的验证, model-based validation**
从模型应用目的出发，确定模型代表真实世界的正确程度的过程。

**基于模型的预测, model-based prediction**
根据系统模型，预测模型状态、模型事件和仿真环境下系统的相应的行为活动和响应结果。通过以往的经验数据对模型进行修正和学习，可提高基于模型预测的准确性。

**基于事件的离散仿真, event-based discrete simulation**
一种基于事件调度法进行时间推进的离散事件仿真。

**基于树的建模, tree-based modeling**
基于树的模型按照等级结构表示数据，树结构的叶子部分导致一个不均匀的分割，在非求和统计学模型中是一种非参数化探索数据分析技术。

**基于数据的模型, data-based model**
利用特定数据表示的模型。

**基于网络的仿真, Web-based simulation**
基于 Web 协议族的计算机网络环境下完成的仿真，包括基于局域网的仿真、基于互联网的仿真、基于反射内存网的仿真、基于 IB（InfiniBand，一种全新的基于通道和交换技术的开放互连结构标准）网的仿真等，一般特指基于互联网的计算机仿真。

**基于网络的分布式仿真, distributed Web-based simulation**
建立的仿真模型可以在世界任何地点的网络用户机上运行，使分布在各网点的用户仿真模型可在其他网点上运行或进行全球范围仿真模型调度的分布式仿真。一般分为三层：第一层为客户机端，担负着用户与应用之间的对话功能；第二层运行在服务器上，为 HTTP、CORBA 客户机、仿真应用提供服务；第三层主要为 CORBA 对象、仿真对象可以访问的应用服务层。

**基于系统理论的仿真, system theory-based simulation**
使用仿真技术构建和验证的系统理论和方法学，包括系统建模理论，系统模型校核、验证与确认方法，系统评估理论等。

**基于想定的虚拟环境, scenario-based virtual environment**
以仿真想定为初始输入，驱动仿真系统运行所产生的虚拟场景，包括自然环境、目标环境和电磁环境等。

**基于效果建模, effect-based modeling**
根据某种动因或原因所产生的结果建立概念关系、数学或计算机模型的过程。

**基于原型的模型，prototype-based model**　先借用已有系统作为原型模型，然后在此基础上对"样品"不断改进，最终得到用户需要的模型。

**基于知识的仿真，knowledge-based simulation（KBS）**　根据描述要仿真的目标世界深层行为的知识，利用人工智能相关基于知识的技术增强仿真环境，以构建更强大、更易理解的可重用的仿真模型。

**基于知识的系统，knowledge-based system（KBS）**　能有效地存储和管理知识，采用人工智能中的知识表示和知识推理技术，以这些知识来解决原来需要人类智能解决的问题的系统。参见"专家系统"。

**基于智能体的仿真，agent-based simulation（ABS）**　仿真系统中包含一个或多个智能体，即具有一个或多个具有自治性、反应性和主动性等功能特性的软硬件系统。一般通过构建基于智能体的仿真来研究分布式复杂自适应系统。参见"基于智能体的建模"。

**基于智能体的建模，agent-based modeling（ABM）**　以建立仿真自治智能体（个体或群体）行为或交互模式模型为目标的建模过程。在建模仿真领域，基于智能体的建模一般是一种研究复杂自适应系统涌现现象的仿真手段。参见"智能体""智能体模型"。

**基于智能体的模型，agent-based model（ABM）**　一类仿真自治智能体（个体或群体）行为或交互的计算模型，与基于个体的模型、智能体模型的含义非常近似。参见"智能体""基于个体的模型""智能体模型"。

**基于状态的系统模型，state-based system model**　在控制学科，状态是系统行为特性的描述，通常用变量表示。该模型是用状态变量描述系统的输入、输出和状态之间关系的模型。

**基于组件的建模，component-based modeling**　构建组件模型的建模方法和过程。

**基准，benchmarking**　（1）测量时的起算标准。（2）工程上，指某一方向、水平面或位置，借此可方便地量度角度、高度、速度或距离等。（3）测量学上，指一个起始点的纬度和经度；经过这个点的一条线的方位角。

**激活变量，activation variable**　亦称启动变量，用于将模型或者系统激活或启动。

**激活模型，activation model**　以模型的形式描述使其他模型活动的激励。如交互激活模型（interactive activation model）是一种神经网络模型。

**激活值，activation value**　激活变量的取值。参见"激活变量"。

**激励，stimulate**　为了观察或评估系统的反应而提供输入给系统。

**激励系统, stimulation**　真实设备或者软件提供依靠人工手段产生的信号，以此来激励这些设备和软件，从而得到训练、维护和研发所要求的结果的系统。这些设备可以是雷达、声学设备等。

**极大似然估计器, maximum-likelihood estimator**　一种通过抽样对总体参数进行点估计的方法。设总体 $\xi$ 具有连续分布，密度函数为 $f(x;\theta_1,\theta_2,\cdots,\theta_k)$，其中 $\theta_1,\theta_2,\cdots,\theta_k$ 是 $k$ 个未知参数。对于已有的独立样本值 $x_1,x_2,\cdots,x_n$，定义函数 $L(x_1,x_2,\cdots,x_n;\theta_1,\theta_2,\cdots,\theta_k)=\prod_{i=1}^{n}f(x_1;\theta_1,\theta_2,\cdots,\theta_k)$，若存在一组参数值 $\{\hat{\theta}_1,\hat{\theta}_2,\cdots,\hat{\theta}_k\}$ 使得 $L(x_1,x_2,\cdots,x_n;\theta_1,\theta_2,\cdots,\theta_k)$ 达到最大，则称之为参数 $\theta_1,\theta_2,\cdots,\theta_k$ 的极大似然估计。若总体 $\xi$ 具有离散分布，则只需令 $L(x_1,x_2,\cdots,x_n;\theta_1,\theta_2,\cdots,\theta_k)=\prod_{i-1}^{n}P(X_i=x_i;\theta_1,\theta_2,\cdots,\theta_k)$ 即可。

**极值分布, extreme-value distribution**　在概率论中将极大值（或极小值）的概率分布称为极值分布。

**集成多重建模, integrative multimodeling**　在统一的建模思想指导下，通过一种建模工具，将不同研究领域的问题描述、建模过程、软件实现等有机地联系成一个整体，获取模型的过程。该建模提供一种人机交互环境，可以将不同模型的组件联系在一起，这些模型通常是采用仿真技术建立的几何学模型。

**集成费用, integration cost**　将分系统（设备）集成为一个大系统时消耗的成本。

**集成仿真, integrated simulation**　同时使用多种不同种类的仿真系统、仿真工具，对原型事物某些方面特性进行仿真的过程。

**集成化产品与过程开发, integrated product and process development（IPPD）**　亦称集成产品开发，是一种将产品从方案到生产/现场保障的所有活动综合考虑的管理方法，通过使用多功能小组来同时优化产品及其制造和保障过程，从而达到满足费用和性能目标的目的。该方法是一种将优秀的商业实践和决策支持综合起来的产品开发管理的系统工程方法，不仅仅局限于技术，而是涉及产品和服务的设计、开发、制造、销售、保障和管理等各个方面。

**集成建模, integrative modeling**　在统一的建模思想指导下，通过一种建模工具，将问题描述、建模过程、软件实现等有机地联系成一个整体，获取模型的过程。

**集成建模方法学, integrative modeling methodology**　对研究对象的问题描述、建模过程、软件实现等进行有机联系，并建立其模型的方法研究。

**集成建模与仿真环境, integrated**

**modeling and simulation environment**
支持计算机建模、验模、仿真试验及输出分析等仿真全过程的软硬件系统。

**集群, Cluster**　在计算机领域，对计算来说，指紧密协同工作的一组松耦合的计算机；对数据来说，指用于文件分配表的一组磁盘扇区。

**集总参数模型, lumped-parameter model**　在部分甚至全部忽略系统参数的分布性假设下，将空间上分布的物理系统的行为特性的描述简化为由离散实体构成的拓扑来近似描述该分布式系统的行为特性。集总元件模型（lumped element model）、集总组件模型（lumped component model）与其同义。

**集总离散事件系统模型, lumped DEVS model**　离散事件系统是其状态变量只在某些离散时间点上发生变化的系统。其集总模型通常把系统看作一个整体，所有相关要素都使用空间上的点进行表达，只研究输入与输出之间的关系，不予考虑系统内部的过程和机理。

**集总模型, lumped model**　（1）基于基本模型或根据实验者对实际系统的设想，把基本模型集总在一起并简化它们的相互关系而构造的模型。对建模者而言，集总模型的结构是完全清晰的。从基本模型到集总模型的关键是使模型简化，并且使得到的集总模型在给定的实验框架中是有效的。（2）对分布式系统，指采用集总方法建立的模型。所谓集总方法就是将空间上分布的物理系统的行为特性简化为由离散实体构成的拓扑来近似该分布式系统的行为特性。

**几何分布, geometric distribution**　以下两种离散型概率分布中的一种：（1）在伯努利试验中，得到一次成功所需要的试验次数 $X$，$X$ 的值域是 $\{1, 2, \cdots\}$。（2）在获得第一次成功之前所经历的失败次数 $Y=X-1$，$Y$ 的值域是 $\{0, 1, 2, \cdots\}$。质量函数为

$$p(x) = \begin{cases} p(1-p)^x, & x \in \{0,1,2,\cdots\} \\ 0, & \text{其他} \end{cases}$$

分布函数为

$$F(x) = \begin{cases} 1-(1-p)^{\lfloor x \rfloor+1}, & x \geqslant 0 \\ 0, & \text{其他} \end{cases}$$

参见"伯努利分布"。

**几何建模, geometric modeling**　应用数学和计算几何的一个分支，用以研究几何形状的数学描述方法和算法。

**计量经济学模型, econometric model**　计量经济学中使用的统计模型。涉及特定经济现象的研究时，计量经济模型指定了不同经济学参数间的统计学关系。一个计量经济学模型可以由一个确定性经济学模型允许不确定性派生而来，也可以由一个自身随机的经济学模型派生而来。

**计算复杂性, computation complexity**　计算的复杂程度，是计算机科学中最

重要的分支之一，它研究各类问题在计算时需要耗费的时间、空间等资源的多少。

**计算机兵棋，computer war game** 一种现代兵棋，在娱乐领域亦称计算机战争游戏。随着信息技术的进步，使用计算快速、数据统计精准的计算机系统实现兵棋成为兵棋的主要发展方向。它将作战部队的体制编制、武器系统、战术规则等进行量化，输入计算机数据库中，创建逼真的虚拟战场环境、部队和武器装备；推演由作战指挥中心、作战演训中心及各作战执行单位指挥所执行，连续数小时乃至数月模拟实战环境和作战进程。

**计算机仿真，computer simulation** 利用计算机建立、校验、运行实际系统的模型以得到模型的行为特性，从而达到分析、研究该实际系统之目的的过程、方法和技术。计算机仿真有三个基本活动，即系统建模、仿真建模与仿真实验，联系这三个活动的是计算机仿真的三要素，即系统、模型、计算机（包括硬件和软件）。这里的"系统"是广义的，包括工程系统，如电气系统、热力系统、计算机系统等；也包括非工程系统，如交通管理系统、生态系统、经济系统等。

**计算机辅助建模，computer aided modeling，computer assisted modeling（CAM）** 在计算机支持下，为用户提供一个交互式建模环境，其目标是实现模型的建立、存储和综合，并对已知事实、局部知识、已有模型进行处理，以实现对局部模型的集成与综合利用，使系统建模过程进行得更加有效。在建模仿真领域，计算机辅助建模一般是利用计算机来实现对具体科学与工程问题的已知事实、部分知识进行建模处理，实现问题的计算模型并进行系统仿真。

**计算机辅助设计，computer aided design（CAD）** 利用计算机及其图形设备帮助设计人员进行设计工作。在工程和产品设计中，计算机可以帮助设计人员担负计算、信息存储和制图等工作。在设计中通常要用计算机对不同方案进行大量的计算、分析和比较，以决定最优方案；各种设计信息，不论是数字的、文字的或图形的，都能存放在计算机的内存或外存里，并能快速地检索；设计人员通常用草图开始设计，将草图变为工作图的繁重工作可以交给计算机完成；利用计算机可以进行与图形的编辑、放大、缩小、平移和旋转等有关的图形数据加工等工作。

**计算机辅助制造，computer aided manufacturing（CAM）** 利用计算机，通过各种数控机床和设备，自动完成离散产品的加工、装配、检测和包装等制造过程。

**计算机生成兵力，computer-generated force** 仿真系统中用计算机表示的兵力，它力图模拟人的行为，以使所表示兵力可自动采取某些行动，不需要人在回路中的交互。

**计算机图形学, computer graphics（CG）** 一种使用数学算法将二维或三维图形转化为计算机显示器的栅格形式的科学。主要研究如何在计算机中表示图形，以及利用计算机进行图形的计算、处理和显示的相关原理与算法。研究内容包括图形硬件、图形标准、图形交互技术、光栅图形生成算法、曲线曲面造型、实体造型、真实感图形计算与显示算法，以及科学计算可视化、计算机动画、自然景物仿真、虚拟现实等。

**计算机网络, computer network** 将地理位置不同的具有独立功能的多台计算机及其外部设备，通过通信线路连接起来，在网络操作系统、网络管理软件及网络通信协议的管理和协调下，实现资源共享和信息传递。

**计算模型, computational model** 可由计算机实现的模型，包括程序、数据和相应文档。在计算科学中，计算模型是数学模型，它需要大量的计算资源，通过计算机仿真研究复杂系统的行为。

**计算稳定性, computational stability** 在数值求解过程中，数值结果不会因初值的小扰动而产生很大的偏差，计算稳定性相当于算法的稳定性。

**计算误差, calculation error** 由计算方法带来的截断误差。

**假设检验, hypothesis testing** 在统计学中，根据一定假设条件由样本推断总体的一种方法。

**假设文档, assumptions document** 记录建模过程中各种简化假设的文档。

**间接估计, indirect estimation** 简化型模型的估计方法。通过变量代换，求得结构型参数与简化型参数之间的关系式（参数关系体系），然后通过结构型参数求出简化型参数。

**间接现实, mediated reality** 一类既非完全描述现实世界，也非完全描述虚拟世界，而是描述混合现实世界与虚拟世界信息的现实展现技术。

**简化方法学, simplification methodology** 研究对系统模型进行转换或者化简的方法学。通常有静态模型描述变量的简化方法和动态模型时域简化方法。

**简化假设, simplifying assumption** 对各种复杂条件进行简单化处理的假设。

**简化模型, reduced model** 相对于具有较丰富几何细节、精确物理过程和复杂行为特征的模型，为提高运行效率和节省存储空间，在保持主要特性的前提下，通过化简和近似，采用较少信息来进行模型表达所建立的模型。

**简略仿真, lean simulation** 有倾向和有侧重点的仿真。

**建模, modeling**  即建立模型，指为了理解事物而对事物做出抽象的过程，其结果表现为对事物的一种无歧义的书面描述。建立系统模型的过程，又称模型化。建模是研究系统的重要手段和前提。

**建模本体, modeling ontology**  用于建模的本体。这种建模方法采用本体的思想对模型组件及其操作进行定义。参见"本体"。

**建模标准, modeling standard**  建模过程应遵守的规范化准则。

**建模范式, modeling paradigm**  范式的概念和理论是美国著名科学哲学家库恩提出并在《科学革命的结构》（1962）中系统阐述。库恩认为范式是指"特定的科学共同体从事某一类科学活动所必须遵循的公认的'模式'，它包括共有的世界观、基本理论、范例、方法、手段、标准等与科学研究有关的所有东西"。建模范式泛指建模所遵循的理论、方法和技术等，如基于模型驱动的体系架构的建模范式。参见"模型驱动的体系架构"。

**建模方法, modeling method**  将客观世界的对象或假想（设计）的对象抽象成模型方法。例如，数学建模方法、图形建模方法等。

**建模方法学, modeling methodology**  建模领域采用的方法、规则与公理，以及对所使用方法的整合、比较与分析。

**建模仿真和可视化, modeling, simulation and visualization（MS&V）**  把建模仿真中涉及和产生的数字信息转变为直观的、以图像或图形信息表示的、随时间和空间变化的物理现象和物理量，呈现在研究者面前，使他们能观察到模拟和计算，同时提供模拟和计算的视觉交换的过程。

**建模概念, modeling concept**  对研究对象的属性、组成、关系结构，以及行为特性进行抽象的一种思维模式。建模是研究系统的重要手段，凡是用模型描述系统的因果关系或相互关系的过程都属于建模。不同仿真软件的建模概念往往存在较大差别。例如，在离散事件系统仿真中，典型的建模概念有事件调度法、活动扫描法、进程交互法等。参见"事件调度法""活动扫描法""进程交互法"。

**建模工具, modeling tool**  用于构建仿真模型的软件系统。

**建模功能, modeling function**  仿真系统或仿真平台具有的，利用数学或其他方法建立模型，并对建模对象和要素以及它们的属性、行为和彼此关系的作用及效能进行描述、分析等的功能。

**建模环境, modeling environment**  用于或支撑建模活动的软硬件设备（包括工具）。在计算机仿真中，通常指建模的人机交互环境。

**建模技术, modeling technique** 创建系统、实体、现象或过程的物理的、数学的或其他表现形式的方法或手段。

**建模假设, modeling assumption** 建模者根据建模目的、已掌握的先验知识以及实验数据的综合分析，提出构造仿真模型的可能性。

**建模阶段, modeling phase** 在仿真领域，系指确定对象（系统）实体属性、活动、行为特性描述及其相互关系，从而获得对象的模型描述，并实现其管理的过程。

**建模接口, modeling interface** 用于建模的人机交互界面，建模者可通过该界面实现模型建立过程的各种操作。

**建模结构, modeling structure** 建模过程的逻辑描述。

**建模框架, modeling framework** 为提高建模效率和模型有效性，对建模活动、步骤、方法、程序所施加的约束与规范。建模方法不同，采纳的建模框架也不相同。

**建模理论, modeling theory** 建立模型所遵循的普适理论，用于指导建模的实现、应用和实验。在仿真领域，建模理论有多种分类，例如，按模型特性可分为定量建模、定性建模；按建模对象可分为连续系统建模、离散事件系统建模、混合系统建模；其他还有多分辨率建模等。

**建模软件, modeling software** 在计算机上运行的用来建立模型的软件。

**建模术语, modeling term** 与建模相关的概念、短语、缩略词的集合。

**建模问题, modeling issue** 有关模型建立的相关内容，如模型的描述形式、建模方法、模型的正确性等。

**建模系统, modeling system** 支持建模的软件系统，能构建对象模型，以某种确定模型形式（如文字、符号、图表、实物、数学公式等）对对象做出描述，并实现建模过程的管理。

**建模系统结构, modeling system structure** 建模系统内部构成元之间稳定的逻辑关联关系，一般包括组件、属性和关系，互连设计方法，接口协议等。

**建模形式化, modeling formalism** 用数学和逻辑的形式对模型进行陈述，这种陈述可视为一系列字符操作规则的描述。

**建模与仿真, modeling and simulation（M&S）** 对研究对象建立模型（亦称系统建模）并将其转换为可在计算机系统上执行的模型（亦称仿真建模），通过模型运行获得模型的行为特性的整个过程所包括的活动。

**建模与仿真本体, M&S ontology** 对建模与仿真概念化的精确描述，即描述建模与仿真的本质。其核心作用在于定义建模与仿真领域内的专业词汇以及词汇之间的关系，为交流各方提供了统一认识。

**建模与仿真逼真度, M&S fidelity** 仿真结果对仿真对象某个侧面或整体的外部状态和行为的相似程度。

**建模与仿真程序管理器, M&S program manager** 负责建模与仿真过程协作运行的管理程序。

**建模与仿真出资者, M&S sponsor** 发起或者资助建模与仿真活动的组织或人员，通过建模与仿真活动的结果对相关事务做出关键性的决策。

**建模与仿真的可验证性水平, level of M&S validatability** 对于建模与仿真的准确性和可信度进行验证，可通过多种指标进行。

**建模与仿真范式, M&S paradigm** 描述建模与仿真的模式，例如离散事件仿真、连续系统仿真、可视化仿真、混合仿真等。

**建模与仿真分辨率, M&S resolution** 建模与仿真对研究对象描述的详细程度或粒度。参见"模型分辨率"。

**建模与仿真服务, M&S service** 与建模与仿真有关的服务，包括提供仿真软硬件环境、实施仿真项目等。

**建模与仿真辅助工具, M&S adjunct tool** 用于完成建模与仿真任务或操作时所需要使用的工具，使操作更加简单直观、结果更加清晰明了并具有完整性。

**建模与仿真工具, M&S tool** 支持建模与仿真过程的辅助工具。

**建模与仿真工作小组, M&S working group** 建立并运行模型产生数据，支持训练、研究、管理或技术决策活动的工作小组。

**建模与仿真共享件, M&S shareware** 用于建模与仿真的共享程序代码和数据等。

**建模与仿真规划, M&S planning** 为了保证建模与仿真满足用户的需要而做的规划，包括明确建模与仿真的目的、目标、日期和安全需求，确定性能评估和效能评估方法，制定校核、验证与确认计划，制定进度，确定仿真资源等。

**建模与仿真过程, M&S process** 建立模型并通过静态的或随时间运行的模型（包括仿真器、样机、模拟器、激励器）产生数据，以此支持训练、研究和管理或技术决策的过程。

**建模与仿真互操作性, M&S interoperability** 一个模型或仿真系统向其他模型或仿真系统提供服务并从其他模型或仿真系统接收服务，以及利用这样交换的服务使各模型或仿真系统有效地共同运转的能力。

**建模与仿真基础设施, M&S infrastructure** 建模与仿真活动所需要的系统和应用、通信、网络、体系结构、标准与协议以及信息资源仓库等。

**建模与仿真架构，M&S architecture**
定义建模与仿真所需的功能性组件、组件之间的交互接口、虚实交互和系统基础架构等。

**建模与仿真开发工具，M&S development tool**　用于建模与仿真的软件开发包、开发平台等。

**建模与仿真可扩展性，M&S scalability**
支持建模与仿真活动的相关软硬件的扩展能力。

**建模与仿真课程，M&S curriculum，M&S course**　针对建模与仿真相关专业所设置的课程，涵盖了仿真科学与技术的理论、方法、技术及应用。

**建模与仿真库，M&S repository**　基于数据库技术的支持建模与仿真活动的各类资源集。

**建模与仿真框架，M&S framework**
定义了建模与仿真所涉及的核心实体及其关系，是建模与仿真活动的基本指导原则，一般包括源系统、实验框架、模型、仿真器等实体以及建模有效性和仿真器正确性等关系。

**建模与仿真类别，M&S category**　按照某种准则对建模与仿真进行的分类。例如，按照仿真采用的计算机可以分为模拟计算机仿真、数字计算机仿真与混合计算机仿真；按照人与仿真系统的关系可以分为实况仿真、构造仿真和虚拟仿真；按照建模与仿真的领域可以分为作战仿真、制造仿真、医学仿真、工程仿真、商业仿真等。

**建模与仿真理论，M&S theory**　支撑建模与仿真研究的相关理论。

**建模与仿真联邦，M&S federation（MSF）**　用于达到特殊仿真目的、由若干个相互作用的联邦成员构成的分布式仿真系统，每个联邦成员能描述一定功能的仿真过程。

**建模与仿真确认，M&S accreditation**
由权威机构或决策部门对某一模型或仿真进行综合性评估，从而认定所建模型或仿真对于具体目的来说是可以接受的，它同研究目的、仿真目标、认可标准、用户要求、输入输出数据质量等因素有关。

**建模与仿真软件设计，M&S software design**　确定建模仿真的软件或软件工具的功能、性能、接口及内部实现等的所有活动。

**建模与仿真设施，M&S facility**　建模与仿真过程中所需的硬件和软件，包括仿真器和仿真应用、通信系统、体系结构、仿真标准与协议以及信息源仓库等。

**建模与仿真生命周期，M&S life cycle**
建模与仿真从问题提出、开发、维护直至注销（消亡）的整个过程。

**建模与仿真生命周期管理，M&S life cycle management**　支持建模与仿真生命周期不同阶段、不同领域内容共享和交换的方法，它提供一组服务来支持建模与仿真从概念到消亡整个生命周期中信息的创建、管理、分发和使用。

**建模与仿真史, M&S history**　关于建模与仿真的历史过程记录，对建模与仿真的步骤进行详细记载以便后续的跟踪。

**建模与仿真市场, M&S market**　建模与仿真的产品和服务能够涉及的所有经济领域。

**建模与仿真属性, M&S attribute**　为保证建模与仿真成功所必须协调一致实现的三类活动：建模活动，模型必须形式化且经过验证；仿真活动，模型必须得以执行且经过验证；管理活动，管理过程必须确保仿真与模型是即时互联的，即当仿真改变时模型通常必须更新。

**建模与仿真提议者, M&S proponent**　发起建模与仿真的个人或组织。

**建模与仿真信息源, M&S information source**　人们在建模与仿真活动中所产生的成果和各种原始记录，以及对这些成果和原始记录加工整理得到的成品都是借以获得信息的源泉。建模与仿真信息源内涵丰富，它不仅包括各种信息载体，也包括各种信息机构；不仅包括传统印刷型文献资料，也包括现代电子图书报刊；不仅包括各种信息储存和信息传递机构，也包括各种信息生产机构。

**建模与仿真需求, modeling and simulation requirement**　为服务于一个特定目的，模型、仿真或仿真联邦所必须满足的需求的集合，它包括问题域需求、用户域需求和仿真域需求。

**建模与仿真应用, M&S application**　使用各类模型、模拟器、仿真器等来理想化描述原型事物，并随时间使用该描述以展现所模仿事物特性时域变化过程的应用过程。

**建模与仿真应用赞助商, M&S application sponsor**　赞助发起某一建模与仿真应用并使用该应用的组织。参见"建模与仿真应用"。

**建模与仿真用户, M&S user**　建模与仿真成果的使用者。

**建模与仿真原理, M&S principle**　与建模与仿真相关的基本理论、技术、方法的总称，是在大量认识、实践的基础上，经过归纳、概括而得出的，是对建模与仿真研究活动具有普遍意义的最基本规律。

**建模与仿真知识体系, M&S body of knowledge（M&S BOK）**　建模与仿真知识和能力的领域集合，核心领域包括数据输入、模型与建模、模型处理、实验、模型行为、行为产生、行为处理、建模与仿真基本结构、计算机化、用户/系统界面、可靠性和道德规范、建模与仿真历史等。

**建模与仿真执行代理, M&S executive agent**　实现建模与仿真从信号到动作执行的机构。

**建模与仿真重用, M&S reuse**　支持建模与仿真的资源的可重复使用性。

**建模与仿真主计划, M&S master plan（MSMP）**　1995年美国建模与仿真办公室发布的未来建模与仿真的共同技术框架，包括三个方面，即高层体系结构、任务空间概念模型和数据标准（data standard，DS），它们的共同目标是实现仿真的互操作，并促进仿真资源的重用。

**建模与仿真组，M&S group**　为从事建模与仿真工作、学习等的方便而组成或划分的集体。

**建模与仿真组织，M&S organization**　从事建模与仿真相关活动的机构，例如技术研发、管理和校核、验证与确认等机构。

**建模语言, modeling language**　在仿真领域，指支持系统建模与仿真建模的计算机语言。参见"建模与仿真"。

**建模语言语法, syntax of modeling language**　构成建模语言的结构正确成分所需要遵循的规则集合。

**建模语义学, modeling semantics**　研究基于语义建立模型的方法学，例如基于自然语言建模中，如何定义模型描述与其对应对象的概念的含义相一致而又能被计算机理解。

**建模原语, modeling primitive**　由建模语言提供的最简单的元素。

**建模专家, modeling expert**　具有建模专业知识和经验的专业人员。

**键合图, bond graph**　由美国麻省理工学院的Paynter教授于1959年创建，是一种描述系统的能量传输、转化、贮存、耗散的图形。

**降阶法, reduced order method**　在求解高阶模型时，将模型简化为较低阶模型再进行求解的方法。

**交互, interaction**　（1）在计算机科学中，指参与活动的对象可以交流互动。（2）对象组件、系统模型或仿真互相作用或影响的方式。特指分布式交互仿真中一个对象采取的明确的行动或过程，该行动或过程可以在联邦对象范围内有选择地针对包括地理环境在内的其他对象。

**交互参数, interactive parameter**　以参数输入方式与计算机交互，使得无需退出软件程序重新运行即可调整参数个数、量值、状态等信息。

**交互仿真, interactive simulation**　用户通过一个或多个输入设备，在单机或多机组成的仿真系统元素之间进行双向信息互换，从而达到对原型事物模仿的目标，通常具有实时性、可扩展性、重用性、跨平台的特点。

**交互可视化, interactive visualization**　仿真领域中研究人与计算机进行交互以获取信息的图形学表示，以及如何使其表示过程更加有效进行的方法和技术，强调用户参与，即以人机双向信息交换的方式进行的可视化技术。

**交互模型, interactive model** 对用户通过一个或多个输入设备，向系统发送信息请求，系统以文字、图像、图形等方式及时向用户反馈信息这一过程进行抽象而得到的模型。

**交互式调试器, interactive debugger** 允许人机交互的调试工具。如Debugger，支持C语言或者汇编调入算法及源代码，可以带命令访问DSP硬件逻辑。

**交互速度, interactive speed** 实现用户与仿真系统之间或仿真系统中实体之间相互作用的响应速度。用户与仿真系统之间一般以用户体验为目标，确保用户通过一个或多个输入设备，向仿真系统进行请求并得到仿真系统反馈的整个过程能够流畅进行。

**交互图形学, interactive graphics** 用户通过一个或多个输入设备，与显示器或其他硬件输出设备以图形相关的表示方式进行互动，即人和设备之间以图形相关的表示方式进行双向信息交换。

**交互效应, interaction effect** 亦称交互作用、共变效应。多因子析因试验中，在各个因子的单独作用之外，由两个或两个以上因子水平搭配而产生的，对响应变量的一种联合效应。

**交互协议, interaction protocol** 分布式仿真中，不同仿真应用之间的信息交换协议，包括通信方法和数据传输格式。如分布式交互仿真标准中的应用层协议IEEE1278.1、通信服务协议IEEE1278.2；高层体系结构标准中的联邦成员接口规范IEEE1516.1、对象模型模板IEEE1516.2。

**交互作用图, interaction plot** 表示两个因素之间交互作用效果的一种图示化表达。

**角加速度转台, angular acceleration table** 能够准确产生给定角运动加速度的一种试验设备。

**角色扮演仿真, role playing simulation** 在虚拟环境中，用户扮演一个或者几个特定角色，在特定场景下参与游戏或者进行其他活动。

**角色模型, actor model** 角色模型是解决并行计算的一种数学模型，该模型将角色作为计算单元，认为任何实体均是一个角色。角色能够并行地完成接收和回应消息、自我决策、创建角色、发送消息的任务。

**角速率转台, rate table** 能准确模拟刚体任意角运动速率的一种试验设备。

**角位置转台, angular-position table** 能准确模拟刚体任意角运动姿态的一种试验设备。

**脚本语言, scripting language** 一种编程语言，可以支持脚本编写，为一个软件环境编写代码，使原本由程序员逐一执行的任务可以自动化执行。

**较短持续期, shorter duration**　在离散事件系统仿真中，一般指持续时间较短的活动。

**较高层模型, higher-level model**　相对于低层模型而言。在层次化建模方法中，对系统采用递阶建模方法，层次越低，模型越细化。

**校核, verification**　评价一个产品、服务或系统是否遵循规定、规范说明或强制的条件。与"验证"（validation）相比，这是一个由任务承担者自己完成的内部过程。例如，将对象模型转换为计算机可执行的仿真模型时，需要保证仿真模型是对象模型的正确实现，典型的是进行程序调试，这一过程称为校核。

**校核、验证与测试, verification, validation and testing（VV&T）**　即模型校核、验证和测试。检查模型正确性后，测试人员在模拟用户环境的测试环境下，组织开发工作产品的同行对工作产品进行系统性的检查，发现工作产品中的缺陷，并提出必要的修改意见，达到消除工作产品缺陷的目的，保证模型在其适用范围内以足够精度同建模与仿真对象保持一致。在模型测试中，模型经过测试数据或测试实例的检验以判断模型是否正确工作。

**校核、验证与确认, verification,**

**validation & accreditation（VV&A）**　由美国国防部提出的一个术语。校核：确定建模与仿真是否准确反映开发者的概念描述和技术规范的过程；验证：从预期应用角度确定建模与仿真，再现真实世界的准确程度；确认：权威机构对建模与仿真相对于预期应用来说是否可接受的认可。简单地说，校核回答概念模型是否正确建立；验证回答仿真模型是否正确建立；确认回答仿真模型是否可以使用。其共同目标是提高仿真系统的可信度。

**校核、验证与确认文档, VV&A documentation**　由美国国防部提出的一个术语，指在仿真生命周期进行的校核、验证与确认活动过程，按照一定格式与要求进行记录所形成的文件。

**校核、验证与认定, verification, validation & certification（VV&C）**　主要用于数据的评估，是校核、验证与确认的一部分，以确保数据是正确的和恰当的。数据校核：确保数据满足用户特定限制，且数据被正确地转换和格式化的技术和步骤，其中用户特定限制是由过程和数据建模的数据标准和行业规则定义的；数据验证：数据的有证明文件的评估以及数据与已知值进行的比较，其中数据评估是通过主题事件专家进行检查，而数据的比较是用于决定数据在建模与仿真中是否适合特定目标；数据认定：决定数据被校核和验证的过程。

**校核代理, verification agent**　代理校

核任务的他人或机构。一般说来，校核任务是一个内部过程，即由任务承担者自己完成。参见"校核"。

**校核计划, verification plan** 实现校核任务的目标、任务、活动、步骤、时间及形成的文档等的安排。校核是正确完成仿真任务的基础，一般较大型的仿真均应制定校核计划。

**校核算法, verification algorithm** 用于校核的算法。校核的方法依赖于校核任务，对某些任务，如仿真算法的校核，可能需要用另一种更成熟的或更方便的算法来校核。

**校准, calibration** 校对机器、仪器等使其准确。在规定条件下，用一个可参考的标准，对包括参考物质在内的测量器具的特性赋值，并确定其示值误差。或将测量器具所指示或代表的量值按照校准链，将其溯源到标准所复现的量值。

**校准模型, calibration model** 公认的、有标准实验数据的模型。

**接受-互补法, acceptance-complement** 随机变量的一种生成方法，是舍选法的一种变形，由 Kronmal 与 Peterson 于 1981 年提出，在某些条件下比经典的舍选法具有更快的速度。参见"舍选法"。

**节点, node** 在不同的领域有不同的含义。例如，在网络图模型中箭线的出发和交汇处画上圆圈，用以标志该圆圈前面一项或若干项工作结束和允许后面一项或若干项工作开始的时间称为节点。

**结构辨识, structure identification** 根据输入输出的观测数据，按照某种最佳准则确定模型结构及其参数的过程。

**结构仿真, structure simulation** 以系统结构模型为基础，建立对象系统仿真模型，并对仿真模型执行，重点仿真分析对象实际结构的过程。

**结构化建模, structured modeling** 在仿真中，指一种将系统参数进行结构化处理，并通过结构图描述系统的种类、属性、操作（或方法）以及不同种类之间的联系等特性的建模方法。所建模型由层次化的模块构成，每一个模块只有一个入口与一个出口，每个模块只归上级模块调用，模块连接有特定准则或标准。

**结构化系统, structured system** 在仿真中，指将系统参数进行结构化处理，并用一组标准模块及其联系描述的系统。参见"结构化建模"。

**结构化走查, structured walk-through** 用于项目组回顾和讨论软件开发或维修工作的各种技术问题，是一种有组织的检查流程。

**结构建模, structure modeling** 基于对象的结构特征进行建模。例如，产品结构建模，将产品视为可递阶分解的对象，最终分解为物料清单（bill of material，BOM）。建模时可通过定义产品的组件、组件的属性、组件之间的连接关系等，并形成产品结构树，从而实现产品结构建模。

**结构性仿真，structural simulation** 将复杂问题自顶向下逐层分解，以保持模块独立为准则的仿真方法。

**结构性仿真语言，structural simulation language** 一种基于结构化仿真的语言，由自然语言加上程序设计语言的控制结构构成，包括结构化分析、结构化设计和结构化程序设计三部分。

**结构性模型，structural model** 将复杂的系统分解为若干子系统要素，构成一个多级递阶结构，并用一组变量和它们之间的逻辑、数量关系来表示一个实际系统结构关系的模型。相对的是行为模型，它着眼于对象行为的抽象描述，而不是对象的结构关系。

**结构性模型的比较，structural model comparison** 针对同一系统进行描述的不同结构性模型之间的比较。参见"结构性模型"。

**结构性模型的有效性，structural model validity** 模型反映实际问题的总体结构、内部各个要素之间的相互关系和系统行为状态的正确程度。

**结构性奇异模型，structurally singular model** 对象结构描述中一些自变量或全部自变量存在高度相关性，使得自变量相关矩阵的行列式近似等于零的模型。

**结构性奇异系统, structurally singular system** 对象结构描述中存在一些自变量相关矩阵为奇异矩阵的系统。

**结构性行为，structural behavior** 依赖于结构的行为特性，结构不仅指实体之间的连接关系，还包括实体本身的材料、工艺等。例如，桥梁的受力情况依赖于桥梁的结构，建筑物的受力依赖于建筑物结构。对结构性行为的研究称为结构性分析，许多情形下采用有限元法。

**结构性有效模型，structurally valid model** 模型的结构表达（包括变量、参数、定量关系以及假设）与真实对象具有很好相似性、一致性的模型。

**结构性验记, structural validation** 将被研究对象结构特征与参考对象结构特征对比，验记被研究对象模型结构特征的准确性。

**结果验证，results validation** 验证仿真输出（建模与仿真或子模型的结果分布）对分布的重要性、突出特征，或真实世界系统、事件和想定的准确表示程度的过程。

**结果指标，measure of outcome（MOO）** 定义作战需求如何影响更高一级最终结果（如战役或国家战略形势）的定性或定量量度。

**结合仿真，conjoint simulation** 对两个以上的仿真系统之间的交互关系进行仿真，以获得正确运用所需的各种信息。

**截断分布, truncated distribution** 一种从观测数据拟合理论分布的技术。典型的做法是，如果某个理论分布可能在整体上对观测数据提供一个好模型，其概率密度函数 $f$ 的范围为 $[0,\infty)$，但是观测数据没有值能超过一个有限的常数 $b>0$。为此，使用一个截断密度

$$f^*(x) = \begin{cases} f(x)/F(b), & 0 \leqslant x \leqslant b \\ 0, & \text{其他} \end{cases}$$

其中 $F(b) = \int_0^b f(x)\mathrm{d}x < 1$。

**截断误差, truncation error** 用有限过程代替无限过程所产生的误差。在数值分析和科学计算中，截断误差是指用一个有限的数值近似一个无限的数值所带来的误差。例如，在常微分方程的数值计算中，一个微分方程的解常常用连续变化的函数表示，但是它可以近似为一个迭代的处理过程，这种方法所带来的误差就是离散化误差或者截断误差。

**解除绑定, unbundling** 在数据通信中，将两个或多个被强制关联在一起的实体分开的技术。例如，解除地址和端口捆绑、数据捆绑、IP 地址捆绑等。

**解聚, disaggregate** 将一个聚合实体分解为其各组成部分的多个实体的活动。

**解聚性, disaggregation** 用低分辨率聚合单位各组成部分的高分辨率实体特性表示该聚合单位行为的能力。

**解耦仿真, uncoupled simulation** 解除仿真模块之间紧耦合的关系，增强各模块之间的独立性，从而降低仿真系统的复杂程度，增强系统的可维护性和可靠性。参见"仿真"。

**解释性仿真语言, interpretive simulation language** 用于计算机仿真的非编译性语言。这类语言在运行时才翻译，执行效率较低。

**解析仿真, analytic simulation** 基于系统中各相关变量的物理或逻辑关系，建立系统数学解析模型，并通过模型解算、数学仿真推演，获取对象系统本质特性、规律认知的一类仿真方法。它结合了数值仿真和在线解析两种方法。

**解析建模, analytical modeling** 依据系统及元件各变量之间所遵循的物理学定律、理论推导出变量间的数学关系式，建立数学模型的建模方法。

**解析模型, analytic model, analytical model** 基于已知物理原理构建、一般数学形式表达系统各变量之间关系的模型。

**界面仿真系统, simulation interface system** 亦称接口仿真系统，是仿真系统与其他系统或者用户之间进行信息交换的界面。

**金三角模型, delta model** 由麻省理工学院斯隆管理学院的教务长 Wilde

等开发的一种战略架构，旨在帮助企业管理人员明确阐述和贯彻执行有效的企业经营战略。该模型有四个要素，分别是战略三角、联合、适应性过程和矩阵。

**紧耦合模型，tightly-coupled model** 由几个基本模型通过非常紧密的交互作用连接形成一个新的模型。

**尽快仿真，as-fast-as-possible simulation** 采用与实际时间无固定关系的时间变量作为时间线的快速仿真方法，旨在挖掘仿真系统本身固有的最快的运行能力。尽快仿真是虚拟时间仿真（virtual-time simulation）的一种方式，以事件为驱动，当前时间没有事件时，就立即执行下一个时间的事件，并且事件过渡无延迟。

**进程成熟度模型，process maturity model** 用于描述进程发展阶段、阶段特征和发展方向的结构性工具。

**进程建模，process modeling** 用进程的观点建立系统模型。参见"进程模型"。

**进程交互法，process interaction method** 离散事件系统仿真的一种建模方法与仿真钟推进策略。进程交互法采用进程描述系统，进程由若干有序事件及若干有序活动组成，一个进程描述它所包括的事件及活动间的相互逻辑关系及时序关系。进程交互法将模型中的主动成分所发生的事件及活动按时间顺序进行组合，从而形成进程表，一个成分一旦进入进程，如果条件允许，它将完成该进程的全部活动。

**进程交互模型，process interaction model** 反映进程间相互作用的时序、逻辑关系的模型。

**进程模型，process model** 描述系统进程中活动的内容、时间及相互关系的模型，常用表现形式分为流程图、系统动力学模型和离散事件模型三类。

**进化策略，evolution strategy（ES）** 亦称演化策略，由德国的 Rechenberg 和 Sehwefel 于 1963 年提出，是一种求解参数优化问题的方法。进化策略模仿生物进化原理，假设不论基因发生何种变化，产生的结果（性状）总遵循零均值、某一方差的高斯分布。

**进化方法，evolutionary method** 亦称演化方法，是一种通用的基于种群的启发式优化算法。进化方法利用生物演化的一些机制，如繁殖、变异、重组和选择等，在优化问题中有重要的应用。相近的词汇是遗传算法。参见"遗传算法"。

**进化仿真算法，evolutionary simulation algorithm** 基于模拟生物进化过程与机制的人工智能算法实现仿真的方法，具有自组织、自适应等特点，典型的有遗传算法、进化程序设计、进化规划和进化策略等。

**进化计算，evolutionary computation**

（**EC**） 亦称演化计算。基于达尔文进化论思想，模拟生物进化过程中的自组织和自适应机制，采用简洁的编码技术表示各种复杂结构，并通过对编码结构的简单遗传操作，以及优胜劣汰的自然选择来引导学习和搜索方向。特别适用于解决传统人工智能方法遇到的知识表示、信息处理及组合优化等问题。参见"进化算法"。

**进化算法，evolutionary algorithm（EA）** 亦称演化算法，是一种实现进化计算的群体搜索启发式优化算法。通过借鉴进化生物学中的遗传、变异、自然选择及杂交等策略实现问题的优化求解。参见"进化计算"。

**进化验证，evolutionary validation** 基于群体智能理论的进化算法来确定仿真结果是否正确。

**近似仿真，approximate simulation** 相对于精确仿真而言。仿真是利用模型复现实际系统中发生的本质过程，并通过对系统模型的实验来研究存在的或设计中的系统，因此都是一种近似，但可以通过提高模型的精度，以实现研究的目标。在某些情况下，难以得到实际系统的精确模型，如某些柔性体、固柔耦合体，只能用刚体加弹簧来近似，这种情况下则称为近似仿真。

**近似态射，approximate morphism** 在数学上，指保持数学结构近似的映射。一个态射是由一个数学结构到另一个数学结构的保持结构不变的映射，例如，线性代数就是一种线性变换。近似态射需要定义某些约束，以便保证虽然结构发生了某些变化，但仍然是在该约束意义下的一种态射。

**禁忌搜索，tabu search** 最早由 Glover 提出，是对局部领域搜索的一种扩展，是一种全局逐步寻优算法，是对人类智力过程的一种模拟。禁忌搜索算法通过引入一个灵活的存储结构和相应的禁忌准则来避免迂回搜索，并通过藐视准则来赦免一些被禁忌的优良状态，进而保证多样化的有效探索以最终实现全局优化。

**经济学仿真，economics simulation** 经济学领域的仿真。在经济学特别是宏观经济学中，一般基于历史数据建立经济学数学模型，对提出或建议的经济政策进行仿真，以评价其效果。

**经验分布，empirical distribution** 一种由观测数据来拟合概率分布的技术。如果不能找到足够好的理论分布来拟合数据的话，则直接用观测数据定义一个分布，典型的办法是：如果观测数据具有单个原始观测 $X_1, X_2, \cdots, X_n$ 的实际值，可以定义一个连续分段线性分布函数 $F$，首先将 $X_i$ 从小到大排序，令 $X_{(i)}$ 为第 $i$ 个最小的 $X_j$，则 $X_{(1)} \leqslant X_{(2)} \leqslant \cdots \leqslant X_n$，那么 $F$ 可表达为

$$F(x) = \begin{cases} 0, & x < X_{(1)} \\ f_i(x), & X_{(i)} \leqslant x < X_{(i+1)} \\ 1, & X_n \leqslant x \end{cases}$$

其中 $f_i(x) = \dfrac{i-1}{n-1} + \dfrac{x - X_{(i)}}{(n-1)(X_{(i+1)} - X_{(i)})}$，

$i = 1, 2, \cdots, n-1$。

**经验知识, empirical knowledge**　一种对依靠观测得到的事实进行描述的知识。该事实发生的基本原理尚未有完整、合理的理论来解释。

**精确仿真, accurate simulation**　可靠性及可重复性可以达到系统设计精度要求的仿真。

**精确近似法, exact-approximation method**　一种数学逼近方法，通过调整逼近函数的自变量，选取合适的概论分布函数来实现恰当而快速的逼近。

**精确模型, accurate model**　可靠性及可重复性可以达到系统设计精度要求的模型。

**景象匹配制导仿真, scene matching guidance simulation**　利用仿真方法产生地物景象，与基准信息进行匹配运算，对景象匹配制导系统进行动态研究的过程。

**竞争博弈, competition game**　一种非合作性博弈。非合作性博弈是指参与者在行动选择时无法与其他参与者谈判达成约束性的协议，典型的是纳什均衡博弈。竞争博弈是其一种典型应用，它具有唯一纯策略的纳什均衡点。

**静态仿真, static simulation**　使用计算机在建立的模型上进行抽样试验的方法和过程，它是在某一个时间点上对系统模型进行的仿真。

**静态仿真模型, static simulation model**　描述各种状态参数不随时间发生变化的仿真模型。这种仿真模型的计算结果一般可作为动态仿真模型的初始条件。

**静态分析, static analysis**　（1）在计算机科学领域，指在不执行程序的情况下对程序行为进行分析的理论、技术。如程序静态分析（program static analysis）是指在不运行代码的方式下，通过词法分析、语法分析、控制流分析等技术对程序代码进行扫描，验证代码是否满足规范性、安全性、可靠性、可维护性等指标的一种代码分析技术。（2）工程分析的问题中，与时间无关的性能分析称为静态分析。

**静态检查, static check**　不执行源代码对软件进行检查的方法。

**静态结构模型, static-structure model**　结构的状态参数不随时间变化的模型，例如银行账户、客户、资金等。

**静态模型, static model**　状态不随时间变化的模型。

**静态校核、验证和测试技术, static VV&T technique**　不利用计算机运行模型而达到校核、验证和测试目的的技术。

**局部模型, partial model, local model** 只对部分地域、部分过程、部分状态空间范围适用、有效的模型。

**句法互操作水平, syntactical interoperability level** 作为仿真互操作的一种级别，可实现仿真系统（对象）在交互信息描述方法上的统一和交互内容上的互相匹配。

**句法可组合性, syntactic composability** 仿真模型在接口、时序可组合的情况下，在模型物理语义层面也具有匹配关系，能够组合成具有特定语义逻辑功能的更高层次模型组合或系统的特性。

**句法验证, syntactic validation** 将仿真模型的接口、功能等信息与模型的相应语义信息进行匹配验证，确保模型的语义描述符合模型本身的属性。

**句法易变性, syntactic variability** 亦称句法可变性，指仿真建模语言描述变量、函数、逻辑规则等要素的不确定性的能力。

**具体模型, concrete model** 根据系统之间的相似性而建立起来的物理模型。

**聚合, aggregation** （1）把实体聚集起来，同时保留实体行为和交互的集体效果的能力。（2）仿真中改变分辨率的过程，通过聚合以较少的细节来表示物体。

**聚合级仿真协议, aggregate level simulation protocol（ALSP）** 一组仿真接口协议以及支持这些协议的、能够集成不同仿真与作战对抗模型的基础软件。该组接口协议与相应基础软件组合起来后，可使大规模不同领域的分布式仿真和作战对抗模型在战斗对象级和事件级上实现交互。最著名的聚合级仿真协议联邦的例子是联合/军种训练联邦。

**聚合级仿真协议兼容, aggregative level simulation protocol compliant** 遵循聚合级仿真协议并基于其基础设施软件实现交互的仿真系统或仿真应用。聚合级仿真协议通过由可重用的聚合级仿真协议接口组成的通用数据交互消息协议，和提供分布式运行仿真支持和管理的聚合级仿真协议基础设施软件，来实现仿真系统间的互操作。

**聚合级仿真协议兼容的仿真系统, ALSP-compliant simulation system** 一种主要解析强关联量子系统的开放式计算软件。此软件的目的是提供一些现代高端的 C++程序库，用来提高编程效率和减少重复编程的时间。该仿真系统能够在聚合级仿真协议平台下进行仿真开发。

**聚合模型, aggregate model** 把实体聚集起来，同时保留实体行为和交互的集体效果的能力，从而具有聚合特征的模型。

**聚合水平, level of aggregation**　把多个实体或过程组合成新的实体或过程，后者仍保持原实体或过程自身行为以及交互效果的精度。

**决策变量, decision variable**　仿真模型内部的可控变量。例如，一个决策变量可以表示人口是否接种了疫苗（逻辑变量 TRUE 或 FALSE）、预算开支总量（最小值和最大值之间的连续变量）、停车场内的汽车数量（最小值和最大值之间的离散变量）等。

**决策博弈, decision game**　多个个体或团队之间在特定条件制约下的对局中，为了达到一定目标，利用相关方的策略，从多个方案中选择一个满意方案的分析判断过程。

**决策仿真, simulation for decision making**　为了对客观事物做出准确判断，建立与所研究对象的结构、功能相似的同态模型，通过评价、分析各种不同条件下的模型仿真结果，为优选决策提供依据。

**绝对定位, absolute positioning**　在协议地球坐标系中，直接确定观测点相对于坐标原点（地球质心）绝对坐标的一种方法，如测定测站点的地球质心坐标的卫星定位。

**绝对定向, absolute orientation**　确定立体模型在大地坐标系中的大小和方位的过程。

**绝对时间戳, absolute timestamp**　时间戳是指在表征某一事件发生的信息上所标注的时间信息。根据取时基准的不同分为绝对时间戳和相对时间戳。绝对时间戳是指时间戳取时基准与真实时间基准一致的时间戳；相对时间戳是指通过某种实验活动所建立的时间基准来计算得到的时间戳。

**绝对稳定性, absolute stability**　在仿真中，这是数值积分算法的一个基本概念。任何一种数值积分算法，在某一步长下均存在截断误差，且可能在计算中转播下去。截断误差正比于步长若干次幂。绝对稳定性是指，如果原模型是稳定的，无论步长如何选择，截断误差均可维持在一定的范围内而不会发散。

**绝对误差, absolute error**　准确值与其近似值之差称为近似值的绝对误差。近似值一般由测量得到，因此，也可表述为准确值与其测量值之差。测量值越接近真实值，绝对误差越小；反之，则越大。

**绝对有效性, absolute validity**　仿真模型的表示能力足够正确地适合于特定应用的特性。它是模型表示与真实世界接近程度的绝对度量，也是一个事件能有效地表达原始思想或真实情况的绝对程度。例如迭代运算结果对正确结果的绝对逼真程度。

**军事仿真, military simulation**　对军事行动进行建模，然后利用仿真技术进行模拟战局、战略、战术的方法。

在实践中，军事仿真对于军事作战的指挥有着很大的指导作用。

**军事概念模型，military conceptual model** 根据仿真系统使命，对拟仿真的军事世界中有关实体、任务、行动和相互作用所进行的与仿真系统实现无关的描述。它是系统开发人员按仿真系统应用需求，向领域专家获取军事世界知识而形成的开发人员与领域专家的共同认识。其表达方式应便于领域专家和开发人员交流，如自然语言、表格、可视化建模语言等。

**军事模型，military model** 军事领域活动的一次抽象，以规范化的表示方法，描述与特定使命任务相关的实体、环境、关键行动的时序与交互关系，作为军事人员与仿真人员的沟通桥梁。

**均匀比法，ratio-of-uniforms method** 一种随机数产生方法，在该方法中，在平面中的特定区域均匀产生点，与目标分布的偏差通过产生点的坐标的比值来确定。

**均匀分布，uniform distribution** 亦称矩形分布或等概率分布。均匀分布是经常遇到的一种分布，其主要特点是随机变量在某一范围中取值的机会相同，即均匀一致。

**均匀随机数，uniform random number** 具有均匀分布的随机数。参见"均匀分布"。

**均值，mean** 表示一系列数据或统计总体的平均数，是刻画总体取值的平均水平的特征数。

# Kk

**卡尔曼滤波，Kalman filtering** 一种高效率的递归滤波器（自回归滤波器），它是一种以状态变量的线性最小方差递推估算的方法，能够从一系列的不完全及包含噪声的测量中，估计动态系统的状态。

**卡尔曼滤波器，Kalman filter** 一种不用传递函数而用状态变量来描述系统的滤波器。它用两组方程来描述系统：（1）状态方程，由 $n$ 个状态变量的 $n$ 个联立一阶微分（或差分）方程组成。（2）输出方程，将输出与状态变量及输入联系起来。卡尔曼滤波利用目标的动态信息，设法去掉噪声的影响，得到一个关于目标位置的好的估计。这个估计可以是对当前位置的估计（滤波），也可以是对将来位置的估计（预测），还可以是对过去位置的估计（插值或平滑）。

**卡方分布，Chi-square distribution** 若 $n$ 个相互独立的随机变量 $\xi_1, \xi_2, \cdots, \xi_n$ 均服从标准正态分布，则这 $n$ 个服从标准正态分布的随机变量的平方和 $\sum_{i=1}^{n} \xi_i^2$ 构成一新的随机变量，其分布规律称为自由度为 $n$ 的卡方分布，记为 $x^2(n)$。

**卡方检验, Chi-square test, Chi-square goodness-of-fit test**　一种统计检验方法，先假设样本服从某种理论分布，然后按样本的取值分组，统计实际观测值与由理论分布推断的值之间的偏离程度（用卡方值表示），卡方值如果不超过卡方分布的某一临界值，则接受样本服从某种理论分布的假设。

**开放式体系结构, open architecture**　一种允许添加、升级和交换组件的计算机架构或软件架构，是构成开放应用体系结构（open application architecture, OAA）的技术基础。它的发展是为了适应更大规模地推广计算机的应用和计算机网络化的需求，现仍处于继续发展和完善之中。

**开放式系统, open system**　在计算机体系结构、计算机系统、计算机软件和通信系统等领域广泛使用的术语。开放式系统鼓励厂商开发兼容的产品，易于和其他厂商的产品互联，扩大顾客选择产品的范围。开放式系统提供通信设施和协议的标准，或提供一条使用不同协议的途径。

**开环仿真, open loop simulation**　硬件在回路仿真系统中，参试实物设备的输出信号只是响应输入信号，而不直接或间接反馈到输入端的仿真。

**柯尔莫戈洛夫-斯米尔诺夫检验, Kolmogorov-Smirnov test**　用于判断未知分布函数与某一理论分布函数是否有显著差异的一种统计检验方法。设有服从某一未知分布的独立同分布的观测数据，并假设该未知的分布是某一理论分布，柯尔莫戈洛夫-斯米尔诺夫检验则是根据观测数据的分布函数与理论分布函数之间的距离来检验该假设是否成立。

**柯西分布, Cauchy distribution**　亦称柯西-洛伦兹分布，是以奥古斯丁·路易·柯西与亨德里克·洛伦兹名字命名的连续概率分布，记为 $C(\theta, \alpha)$。标准柯西分布的分布函数为 $F(x) = 1/2 + 1/\pi \cdot \arctan x$，$-\infty < x < +\infty$。

**可变型超二次曲面, deformable superquadric**　表示物体整体特征的空间占有属性，即物体的容积模型。超二次曲面能用高度压缩的数据表示三维物体，通过参数修改可以改变模型形态，故称为可变型超二次曲面。

**可变置信度仿真, variable fidelity simulation**　可根据需求、目标方便调整模型的详细程度（或精度）并进行仿真。例如，可根据被训人员的水平设置模型及评价标准的汽车驾驶模拟器。

**可穿戴的增强现实, wearable augmented reality**　一种通过给用户配备便携穿戴式设备，如穿戴式计算机、内置传感器衣装和三维眼镜，来实现增强现实的系统。它减少增强现实环境中用户硬件设备的空间约束，并使用户能够与更大范围内的系统组件进行交互,扩展增强现实的适用范围和交互性。

**可访问性, accessibility**　给授权或非授权用户开放或提供指定内容的能力。

**可更新的过程模型, updatable process model**　以"过程"的观点将研究对象所建立的模型称为过程模型。若过程模型在运行过程中可更新模型的参数甚至结构，则称其为可更新的过程模型。参见"可更新的模型"。

**可更新的离散模型, updatable discrete model**　描述受事件驱动、系统状态跳跃式变化的动态系统的离散模型，如果在运行过程中可动态更新模型的参数甚至结构，则称其为可更新的离散模型。

**可更新的连续模型, updatable continuous model**　描述状态连续变化的系统的连续模型，如果在运行过程中可动态更新模型的参数甚至结构，则称其为可更新的连续模型。

**可更新的模型, updatable model**　运行时可根据需要动态地调整其参数或结构的模型。

**可更新的事件模型, updatable event model**　事件是指引起系统状态变化的行为，以事件的观点对待研究对象所建立的模型，称为事件模型。若事件模型在运行过程中可更新模型的参数甚至结构，则称其为可更新的事件模型。参见"可更新的模型"。

**可更新的无记忆模型，updatable memoryless model**　无记忆模型是指先前状态对后续状态无影响描述的模型，可更新的无记忆模型是运行时可根据需要动态地调整其参数或结构的无记忆模型。参见"可更新的模型"。

**可简化的模型, reducible model**　建模过程中，在满足用户需求的前提下，按照一定的规则可进行化简的模型。比如构建描述变量的相互关系规则，淘汰一个或多个实体变量；或者粗化描述变量和归组实体及聚集变量等手段都可使模型化简。

**可接受性, acceptability**　符合使用者提出的要求和计量标准，借此得到使用者认可和接受的程度。

**可接受性评估, acceptability assessment**　在仿真中，对于仿真结果可接受程度的评判与测试。参见"可接受性"。

**可接受性准则, acceptability criterion, criterion for acceptability**　用于假设检验的判定是否接受假设的统计学特征值。假设检验是判断样本与样本或者样本与总体之间的差异的统计推断方法，其基本原理是，先对总体的特征做出某种假设，然后通过计算抽样的特征进行统计推理，对此假设应该被拒绝还是接受做出推断。参见"假设检验"。

**可靠逼近, reliable approximation**　虽不是完全准确但与精确值始终足够接近的结果。在逼近理论中，寻找一个近似函数，它较之原函数比较简单，但在定义域内其误差始终满足某一规定的范围，则称该近似函数可靠逼近原函数。

**可靠的模型, reliable model**　经过校核、验证与确认的模型。参见"校核、验证与确认"。

**可靠仿真, reliable simulation**　经过校核、验证与确认的仿真。参见"校核、验证与确认"。

**可靠仿真模型, reliable simulation model**　经过校核、验证与确认的仿真模型。参见"校核、验证与确认"。

**可靠服务, reliable service**　广泛使用的术语，在不同领域有不同的内涵。例如，在软件工程领域，面向服务的体系结构（SOA）将服务定义为应用程序的不同功能单元，它们之间用中立方式定义的接口和协议联系起来，独立于实现服务的硬件平台、操作系统和编程语言，因此是松耦合的。若某种面向服务的体系结构的实现在给定的环境下始终能提供满足要求的服务，则称该面向服务的体系结构具有可靠的服务能力。

**可控性, controllability**　亦称能控性，反映系统状态和控制作用之间的关系。对给定任意两个不同的状态，通过控制作用能够在有限的时间内把系统由一个状态转移到另一个状态。

**可扩展的仿真, extensible simulation**　构件仿真系统时采用组件化设计，各仿真组件具有可重用性、可组合性以及互操作性。通过组合不同的仿真组件来构建满足需求的仿真系统，从而使仿真在规模及功能发生变化时能以较小的代价快速构建新的仿真。

**可扩展的仿真基础设施, extensible simulation infrastructure**　为建立仿真应用及仿真系统而设计的软件。为用户提供通用的仿真算法、框架以及仿真系统运行时的各种服务。这种软件具有可扩展性，即具有根据用户的不同需求而更新仿真算法库，更新框架内构件以及更新仿真运行时的各种服务的能力。

**可扩展的建模与仿真框架, extensible M&S framework**　代表未来建模与仿真的发展方向，其核心是使用通用的技术、标准和开放的体系结构促进建模与仿真具备更大范围的互操作性和重用性。定义为一组基于 Web 的建模与仿真的标准、描述以及推荐准则的集合。基于 XML 的标记语言、Internet 技术与 Web 服务等促进新一代分布式建模与仿真应用的诞生与发展。

**可扩展的框架, extensible framework**　一个框架是一个可复用的设计构件，它规定应用的体系结构，阐明整个设计、协作构件之间的依赖关系、责任分配和控制流程，表现为一组抽象类以及其实例之间协作的方法，为构件复用提供了上下文关系。能应对未来可能需要进行的修改，并且不需要大量更改代码的良好设计的框架就称为可扩展的框架。

**可扩展的联邦, extensible federation**

通过组件化的仿真模型的灵活组合，以搭积木的方式快速构建具有功能多样性、大小可伸缩的仿真系统，使仿真系统易于扩展、测试、管理和维护。它由若干个相互作用的联邦成员构成，联邦成员同样具有可扩展性。

**可扩展性，extensibility** 在软件工程领域，指设计良好的代码允许更多的功能在必要时可以被插入到适当的位置中。可扩展性可以通过软件框架来实现，如动态加载的插件、顶端有抽象接口的类层次结构、有用的回调函数构造以及功能很有逻辑并且可塑性很强的代码结构。可扩展性是软件设计的原则之一，以添加新功能或修改完善现有功能来考虑软件的未来成长，代表软件的拓展能力。在仿真技术领域，表示仿真系统的拓展能力。

**可伸缩性，scalability** 仿真系统在规模（实体数和作用区域）变化时，对基础的硬件和软件资源的消耗处于可控范围，同时保持仿真系统的功能和性能稳定可用。

**可视仿真，visual simulation** 又称虚拟现实仿真，是一种基于可计算信息的沉浸式交互环境。具体地说，就是采用以计算机技术为核心的现代高科技生成逼真的视觉、听觉、触觉等一体化的特定范围的虚拟环境，用户借助必要的设备以自然的方式与虚拟环境中的对象进行交互作用、相互影响，从而产生沉浸于等同真实环境的感受和体验。

**可视化，visualization** 利用计算机图形学和图像处理技术，将数据转换成图形或图像在屏幕上显示出来，并进行交互处理的理论、方法和技术。涉及计算机图形学、图像处理、计算机视觉、计算机辅助设计等多个领域。

**可视化仿真，visualization simulation** 计算机可视化技术和系统建模技术相结合后形成的一种新型仿真技术。其实质是采用图形或图像方式对仿真计算过程进行跟踪、驾驭和结果的后处理，同时实现仿真软件界面的可视化，具有迅速、高效、直观、形象的建模特点。一般可视化仿真包含三个重要的环节，即仿真计算过程可视化、仿真结果可视化、仿真建模过程可视化。

**可视化技术，visualization technique** 以计算机图形技术为基础，通过计算机生成刺激视觉的图像，以便于人们接受、理解原始数据、信息的技术。它作为一门交叉学科涵盖许多研究领域，包括计算机图形学、计算机视觉、计算机辅助设计、几何学、感知心理学和人机交互等。依据所处理数据的抽象层次划分为科学计算可视化、数据可视化、信息可视化和知识可视化。

**可视化建模，visual modeling** 采用可视化技术以及可视化建模语言来对系统/软件特征进行抽象提取的过程，目的是利用可视对象及其空间排列来构造系统/软件结构、行为、算法等抽象模型，用标准图形元素直观地表现模型。

**可视化建模技术，visual modeling technique**　以可视化技术为基础对系统/软件进行建模的技术，通常包括建模对象的可视化技术和建模过程的可视化技术。

**可视化建模语言，visual modeling language**　系统地采用可视化技术来对系统/软件进行描述以及传递信息的语言，其中的可视化语句是由一组图符按照一定规则在两维或多维空间中组合而成。如统一建模语言，它具有直观、便于理解的优点。从形式化描述方法角度而言，可视化建模语言可通过文法形式、逻辑形式、代数形式等多种方法实现可视化语言语法的形式化描述和解析。

**可视化交互仿真，visual interactive simulation**　可视化仿真的一种基本形式，其突出特点表现为仿真过程的可视化与交互性，包括可视化人机交互和可视化模型交互。可视化人机交互是指仿真人员能够采用可视化方式将操作命令传达给仿真系统；可视化模型交互是指参与仿真的模型之间的交互能够通过可视化形式表现出来。

**可视化模型，visual model**　用图形、图像、动画等可视化形式表示的系统/软件模型，能够反映出其他表现方式不能表现出的数据信息。

**可视系统，visual system**　又称视景系统，是在有人操作的模拟器中，为操作人员提供座舱外部视觉景象以及产生交互感和沉浸感的模拟装置。通过可视系统，操作人员的操作信号实时生成高度逼真的图像，配合操作人员完成一系列虚拟操作，并对操作结果做出相应评价。可视系统通常包括图像生成和图像显示两大部分，图像生成部分决定可视系统显示图像的内容丰富程度、逼真度、清晰度等技术指标，图像显示部分决定可视系统的视场角、亮度、对比度等技术指标。

**可校核性，verifiability**　在仿真领域，表示仿真系统在总体结构和行为上能够复现原系统的可信性程度。

**可信度确定，credibility determination**　对系统或对象可靠性、可信性的确定。

**可信仿真，credible simulation**　仿真结果与被仿真对象的行为相似度达标且能良好满足仿真目的的仿真。可信度是一个非定量的集合性术语，是由仿真系统与被仿真对象之间的相似性来决定。

**可信模型，credible model**　与被仿真对象相似度达标且能良好复现被仿真对象性能的模型。要根据应用需求来判定模型的可信性。一个模型可以用于一种应用，但对于另一种应用则可能无效。

**可信性，credibility**　使用户确信模型和仿真产品能按预想工作，给出的结果能支持预定分析或演习目的的特性。可信性需通过对模型和仿真的校核、验证与确认来保障。

**可行状态，feasible state（FS）**　在外

部环境、资源作用下，通过一些途径使元件或系统能够执行规定功能的状态。

**可验证性，validatability** 在仿真验证中，验证模型与实际系统吻合的能力。

**可用空间表，list of available space** 为了进行动态存储分配，可以把存储器看成一组变长数组，其中一些是已分配的，一些是空闲的，将空闲区域链接到一起，则形成一个可用空间表。

**可执行模型，executable model** 与图像和文字形式的静态模型不同，可执行模型允许模型作为一个原型进行测试，是一个可以运行的原型，模型原型中具有不同的状态，并且当前状态将发生动态改变。

**可执行认知模型，executable cognitive model** 通过模拟人类大脑信息处理机制和对事物认知过程而建立的模型，并以可执行软件的方式展现出来，以软件引擎执行特定语法表示的认知模型的方式，生成特定场景的预测行为。

**可重复性，repeatability** 科学方法的主要原则之一。（1）由同一评价人，在相同的实验条件下，用同一种测量工具，并在短期内，对相同实验进行多个单次测量所得的测量变差。（2）由同一操作者，在相同的实验条件下，用相同的实验工具和实验方法，在短期内所获得的一系列实验结果之间的一致程度。

**可重配置的仿真器，reconfigurable simulator** 在一定条件下，通过重新配置某些硬件或软件模块的参数，就能实现新功能的仿真器。

**可重用性，reusability** 用已有的软件成分构造新的软件系统的可能性。可重用的软件成分包括软件代码、软件需求、设计、文档、测试用例等，覆盖整个软件开发生命周期。

**可组合仿真，composable simulation** 一种仿真开发的思想和范式，它强调最大限度地重用已有仿真模型，实现组合与再组合，通过灵活的组装方式快速构建目标仿真系统，并通过组件替换的方式实现仿真系统的升级或改造。

**可组合性，composability** （1）快速选择并组装组件，使之成为一个满足用户特定需求的有意义的仿真系统的能力。可组合性包括能够有效集成、互操作和可重用的框架、知识体、工具、技术和标准。（2）一种处理组件间关系的系统设计原则，组件被认为是独立而无状态的，能够组合/重新组合来测试、满足用户特定需求。

**克拉斯卡-瓦立斯检验，Kruskal-Wallis test** 一种非参数假设检验方法，通过对来自 $k$ 个总体的 $k$ 个独立随机样本的分析，来推断这些总体是否存在差异。这个方法既可使用顺序数据也可使用数量数据，并且不需要假定总体服从正态分布。参见"假设检验"。

**空间分辨率，spatial resolution** 通常

指图像在空间位置上的分辨程度。用每毫米所能分块的相邻图像线条的成对数或每一像素表示的空间尺寸进行度量。

**空间可微, spatial derivative**　某函数在空间内的任意一点均存在微分。

**空间模型, spatial model**　对研究对象的几何信息和拓扑信息进行描述的模型。

**空间数据建模, spatial data modeling**利用空间数据对真实世界进行抽象、概括和分类的过程，它主要描述实体间的相互联系和相互作用。

**空中目标运动仿真器, air target motion simulator**　在空战训练系统中模拟目标的运动特征，提高模拟训练效果的仿真器。

**控制变量法, control variate( CV )**　离散事件系统仿真中用于减少方差的方法之一，该方法利用已知量的无偏估计来减少未知量的估计误差。

**控制仿真软件, control simulation software**　对控制系统进行仿真研究而编制的应用软件。

**控制精度, control accuracy**　亦称控制准确性，其值体现了自动控制系统中最终的被控量数值与被控量给定值的符合程度，是控制系统设计中需要考虑的基本指标之一。一般用稳态误差来表示：稳态误差=|最终的被控量数值−被控量给定值|/被控量给定值×100%。

**控制论, cybernetics**　一门研究系统内部或彼此间的控制和通信的科学。控制论是 20 世纪最伟大的科学成就之一，现代社会的诸多新技术与控制论都有着密切的联系。

**控制站, control station**　对设备或系统进行控制和监视的平台，一般可实现数据采集并直接对被控对象或生产过程实施各种控制。

**跨功能集成, cross-functional integration**将不同领域的多种功能综合在一起成为一个系统。例如，采用中间件（ middleware ）将不同的信息系统综合在一起成为多功能的信息系统。

**快速仿真, fast simulation**　在仿真过程中，仿真时间步长的选取对仿真结果有重要影响，时间步长小则仿真精确度高但时间长。快速仿真是在符合仿真精度要求的前提下取较大的时间步长以达到减少仿真时间的目的。

**快速仿真建模, fast simulation modeling**在快速仿真的前提下建立仿真模型的过程，所建模型称为快速仿真模型，具有耗时少、速度快，同时又达到仿真要求等特点。

# Ll

**拉丁检验, Lattice test**　将仿真对象划分成若干个特性相同的小单元（即所谓格），通过这些单元的测试来考察整个仿真对象的性能。例如，汉字显示屏由具有若干个点的点阵组成，这些点阵就具有格结构。

**拉普拉斯分布，Laplace distribution**
如果随机变量的概率密度函数分布为

$$f(x|\mu,b) = \frac{1}{2b}\exp\left(-\frac{|x-\mu|}{b}\right)$$

$$= \frac{1}{2b}\begin{cases}\exp\left(-\frac{\mu-x}{b}\right), & x < \mu \\ \exp\left(-\frac{x-\mu}{b}\right), & x \geqslant \mu\end{cases}$$

那么它就是具有位置参数为 $\mu$、比例参数为 $b \geqslant 0$ 的拉普拉斯分布，记为 Laplace($\mu$, $b$)。

**莱克塞斯比率，Lexis ratio** 统计学中的一种度量指标，用于评估具有二值输出的随机机制的统计学特性之间的区别。

**乐观事件仿真，optimistic event simulation** 按事件的时间戳推进仿真，且推进过程中允许违反本地因果限制的情况发生，由于它只在事件发生时改变实体状态，所以执行效率更高。

**乐观同步，optimistic synchronization** 采用检测和回退机制，允许逻辑进程积极地处理本地事件，一旦出现同步错误则利用回退机制从错误中恢复到较早状态，然后再恢复执行。该同步是通过基于检查点状态保存重建机制来实现的，因而状态保存及状态重建必然伴随着时间和空间的损耗。

**雷达图像仿真器，radar image simulator** 用于模拟雷达成像功能的仿真器，通过对注入的信号进行处理，形成雷达探测目标的一维或二维目标图像，评估雷达的信号处理、数据处理、目标识别等算法的功能和性能。

**类，class** 一组具有公共属性的抽象对象的集合。类描述一组具有共同结构特性、行为特性、关系和语义的对象。

**类词，class word** 表示类的概念的词，也称个体量词，即表示事物类别的量词。参见"类"。

**类属模型，generic model** 在计算机科学中，指针对某一类对象以类属方式建立的模型。类属方式是采用类属组件和类属算法构建程序库，组件和算法通过迭代器组装起来，组件则对迭代器提供一定的封装，以便被其他组件调用。

**类属域，generic domain** 在计算机科学中，指一类域。域是指实体与进程运行所在的物理或抽象的空间，域可以是陆地、海洋、太空、水下，以及任意上述的组合，或者一个抽象域，诸如一个 $n$ 维的数学空间，或经济学的或心理学的域。类属域一旦得到应用，其中的属性仅受数据库管理系统所赋予的数据类型约束，或者由一个平面文件的记录类型所隐含的数据类型约束。参见"类属元素"。

**类属元素，generic element** 在计算机科学中，指一类元素。类属是构成程序库的一种方式，一般由类属组件和类属算法组成，组件和算法通过迭代器组装起来，组件则对迭代器提供一定的封装，组件中包含类属元素。这种程序库的优点在于能够提供比传统程序库更灵活的组装方式，而不损失效率。

**累积分布函数, cumulative distribution function（CDF）**　用来度量随机变量 $X$ 值假定小于或等于 $x$ 的概率，即 $F(x) = P(X \leqslant x)$。如果 $X$ 是离散的，那么 $F(x) = \sum_{\text{所有} x_i \leqslant x} p(x_i)$；如果 $X$ 是连续的，那么 $F(x) = \int_{-\infty}^{x} f(t)\mathrm{d}t$。

**累积分布函数的反函数, inverse CDF**　对累计分布函数进行逆运算，即 $x = F^{-1}(U)$，其中 $U \sim U(0, 1)$ 用于对 $F$ 进行抽样。参见"累积分布函数"。

**累加值, accumulated value**　在已有值的基础上逐次求和所得到的值。例如离散概率分布函数的值就是各概率密度函数累加所得到的值。

**离散变化变量, discrete-change variable**　其数值只能用自然数或整数单位计算进行变化的变量。

**离散变化仿真, discrete-change simulation**　仿真对象状态参数改变只发生在离散时间点上的仿真。

**离散变化模型, discrete-change model**　仿真对象状态参数改变只发生在离散时间点上的模型。

**离散仿真, discrete simulation**　所仿真的系统变量在仿真的时间段上离散地变化，通常这种变化是由一系列离散时间点上发生的事件所导致的。参见"离散事件仿真"。

**离散仿真语言, discrete simulation language**　一般指离散事件系统仿真语言，它由模型定义语言、处理程序、实用程序库和运行支持程序等组成，具有的仿真功能包括：提供描述仿真模型的数据结构和子程序、事件表、随机数和随机变量的产生、统计分析和仿真过程的监控等。早期的通用仿真语言有 GPSS、SIMUIA、SLAM 和 GASP 等，第二代仿真语言主要有 GPSS 的各种改进版本、NGPSS 和 SIMSCRIPT Ⅱ 等。目前正在朝着面向连续/离散混合仿真、面向对象、一体化和综合化的方向发展，如 SIMAN、TESS 及图形化的统一建模语言等。

**离散分布, discrete distribution**　离散随机变量的概率分布，描述只在离散值处发生的随机现象。把离散型随机变量的全部可能取值及其可能取值所对应的概率一一列出，即得到这种形式的概率分布。

**离散均匀分布, discrete uniform distribution**　在范围 $R_X = \{0, 1, 2, \cdots, n\}$ 中，随机变量 $X$ 的概率质量函数是 $p(x) = 1/(n+1)$，则称该随机变量具有离散均匀分布。

**离散空间离散时间模型, discrete-space discrete-time model**　描述系统状态的空间变量和时间变量都是离散的，即将系统状态的空间变量和时间变量都进行量化，这样的模型即为离散空间离散时间模型。

**离散空间连续时间模型, discrete-space continuous-time model**　系统状态在空间上的变量是离散的，但是关于时间的变量则是连续的，这样的模型即为离散空间连续时间模型。

**离散空间模型, discrete-space model**　离散数学中，可以把描述的随机变量绘制在空间中，这种空间称之为离散空间，它是特别简单的一种拓扑空间，其中的点在特定意义下是相互孤立的。离散空间模型是指采用适当的仿真语言或程序对离散空间进行表述。

**离散控制变量, discrete-control variable**　外部变量中可以控制的部分称为控制变量，经过抽样然后量化得到离散控制变量，其数值只能用自然数或整数单位计算，而且采样引起函数的时间域是不连续的。

**离散马尔可夫过程, discrete Markov process**　亦称马尔可夫链。对于时间和状态（空间）都离散的过程，称为马尔可夫过程；对于时间连续，状态（空间）离散的过程，称为连续事件的马尔可夫过程。参见"马尔可夫链"。

**离散模型, discrete model**　在仿真中，有两类离散模型：（1）离散事件模型，是离散事件系统的描述，如排队系统，顾客到达被定义为事件，该类事件发生的时间是离散的，一般也是随机的。

（2）离散时间模型，是离散时间系统的描述，如采样系统的模型，其时间离散化的特点是等周期离散。

**离散时间, discrete time**　与连续时间相对，离散时间是由采样引起的函数时间域的不连续，其时间的数值只能用自然数或整数单位计算，是分散开来的、不存在中间值的。表现为在时间轴上依次出现的数值序列，例如$\{\cdots, 0.5, 1, 2, -1, 0, 5, \cdots\}$。相邻两个数之间的时间间隔可以是相等的，也可以是不等的。

**离散时间变量, discrete-time variable**　只在某些离散时间点上有值的变量。例如，对一个连续变量进行采样，就得到一个离散时间变量。参见"离散时间系统"。

**离散时间法, discrete-time method**　从时域上将一个连续系统进行离散化处理，求得与它等价的离散时间模型，然后通过对离散时间模型的仿真执行，获取连续系统主要特性、规律的一种仿真方法。其中相邻的两个散列数之间的时间间隔可以是相等的，也可以是不等的。参见"离散时间模型"。

**离散时间仿真, discrete time simulation**　利用差分方程、脉冲传递函数、离散状态空间表达式以及结构图表示等数学模型对离散时间系统的仿真。参见"离散时间系统"。

**离散时间控制器, discrete-time controller**　离散时间系统中监控和调节系统状态和行为的装置，比如芯片、电路，或者计算机及其软件等，其作用是根据一定的算法把系统的输出量调整到给定的设定值。

**离散时间模型，discrete time model** 系统状态随离散时间变化的模型。

**离散时间统计，discrete-time statistic** 仿真中随时间离散变化的统计量，例如队长、设备状态等。

**离散时间系统，discrete-time system** 系统的输入量、输出量和内部状态变量可以用时间的离散函数（即时间序列）表示的系统，通常可以用差分方程、Z传递函数、权序列和离散状态空间模型等形式表示。离散时间系统是仿真科学与技术的一个重要研究领域。参见"离散事件系统"。

**离散时间系统理论，discrete-time system theory** 研究离散时间系统的理论与方法，内容涉及系统的建模、仿真、控制、瞬态性能、稳态性能、稳定性、设计等理论和方法。参见"离散时间系统"。

**离散时间线性系统，discrete-time linear system** 满足齐次性和叠加性的离散时间系统。参见"离散时间系统"。

**离散时间状态空间模型，discrete-time state-space model** 表示离散时间系统的一种数学模型，描述系统的输入量、输出量和内部状态变量之间的关系，又称内部模型。通常由两部分构成，一部分描述输入量与内部状态变量的关系，另一部分描述输出量与内部状态变量的关系。参见"离散时间系统"。

**离散事件仿真，discrete event simulation（DES）** 离散事件系统仿真的简称，将离散事件系统随时间的变化抽象成一系列的离散时间点上的事件，按照事件发生的时间顺序处理事件，是一种事件驱动的仿真。参见"离散事件系统""离散事件模型"。

**离散事件模型，discrete event model** 用于描述离散事件系统的模型，这类模型的特点是，系统状态只在发生事件的离散时间点上变化，在时间相邻事件之间系统状态不变。参见"离散事件系统"。

**离散事件系统，discrete-event system** 亦称为离散事件动态系统（discrete event dynamic system，DEDS），指状态的变化（将其定义为事件）一般只在不确定的离散时间点上发生的系统，也可称为由随机离散事件驱动的动态系统。参见"离散事件模型""离散事件仿真"。

**离散事件系统规约，discrete event system specification（DEVS）** 有时也称为离散事件模型，是对一般离散事件系统进行建模与分析的形式化规约。也可用于微分方程描述的连续系统以及连续和离散混合系统。由Zeigler于1976年提出。参见"离散事件模型""离散事件系统"。

**离散事件系统规约参数同型，DEVS parameter morphism** 将离散事件系统规约中的两个同层参数进行一一对应。

**离散事件系统规约层次形式，DEVS hierarchical form** DEVS 模型可进行层次化分解，直至分解到叶节点为原子 DEVS 模型。

**离散事件系统规约发生器，DEVS generator** 当实验框架作为目标系统的观测器时，DEVS 实验框架中用于产生系统输入的部分。有时也泛指一种特殊的 DEVS 模型，该模型输入集为空，在特定周期产生输出。如果输出函数和输出周期随机，就可以作为离散事件系统的产生器。

**离散事件系统规约仿真器，DEVS simulator** 能够执行 DEVS 模型并产生相应的状态和输出轨迹的运算系统。有时特指原子 DEVS 模型的仿真器，以区别于组合 DEVS 模型的仿真器（一般称为协调器）。

**离散事件系统规约仿真协议，DEVS simulation protocol** 在层次化 DEVS 组合模型的父协调器和下级协调器（或仿真器）之间传递的四类消息称为 DEVS 仿真协议。四类消息分别为初始化消息、内部发生转移的事件调度消息、输入消息和输出消息。

**离散事件系统规约根协调器，DEVS root-coordinator** 位于层次化 DEVS 模型所对应的层次化仿真器分解结构

顶部的协调器，负责实现全局的仿真循环，对所有包含的组合模型协调器发送消息，完成仿真控制。

**离散事件系统规约模型，DEVS model** 支持离散事件系统结构和行为描述的模型，也是离散时间系统和连续系统等其他系统建模的基础。

**离散事件系统规约内部转移函数，DEVS internal transition function** 当有内部事件发生时，即系统保持当前状态的时间达到下一内部事件发生时刻时，描述离散事件系统如何改变系统状态的函数。

**离散事件系统规约耦合，DEVS coupling** 用于基于组件的 DEVS 建模，将 DEVS 模型作为组件，通过模块化和非模块化两种方式组合起来。模块化方式是指通过输入输出端口将 DEVS 模型进行组合，非模块化方式是指通过直接影响和访问其他组件的状态将 DEVS 模型进行组合。

**离散事件系统规约全局状态转移函数，DEVS global state transition function** 离散事件系统在给定当前状态、当前状态的持续时间、当前外部输入的情况下，描述系统状态如何转移的函数。全局状态包括状态和状态的持续时间。内部转移函数、外部转移函数、复合转移函数均为全局状态转移函数的特例。

**离散事件系统规约时间推进函数，DEVS time advance function** DEVS

模型中描述没有外部事件发生时，系统保持当前状态的时间的函数，可取 0（瞬时状态）到无穷（被动状态）。

**离散事件系统规约实验框架实现，DEVS experimental frame realization** DEVS 系统观测和实验的条件规范。实验框架反映对真实系统进行实验和对仿真模型进行虚拟实验的目标。实验框架有两种含义：对系统进行观测的数据元素类型的定义；与所关注的系统在特定条件下进行相互作用的特殊系统（可以视为目标系统的观测器）。

**离散事件系统规约外部转移函数，DEVS external transition function** 当有外部事件发生时，即系统有外部输入时，描述离散事件系统如何改变系统状态的函数。

**离散事件系统规约系统实体结构，DEVS system entity structure** 通过一种结构化的形式来表达 DEVS 系统实体的复杂结构关系。实体结构以一种简洁的表示形式把系统所有可能的层次化组成结构组织起来，可表示实体间分解、组合、分类等关系。

**离散事件系统规约系统同型，DEVS system morphism** 将处于同层系统规约中的两个系统进行关联，把这种水平关联关系称作保存关系（preservation relation）或系统同型（system morphism）。通过这种关联，一对系统在相互之间建立一种对应，从而使一个系统的特征被保存到另一个系统中。

**离散事件系统规约协调器，DEVS coordinator** DEVS 组合模型的仿真器。DEVS 组合模型结构由原子 DEVS 模型组合而成，每个组合模型有自己的仿真器，称为协调器。

**离散事件系统规约形式体系，DEVS formalism** 采用规范化的形式语言对动态系统进行抽象描述，由此建立离散事件模型的理论框架。

**离散事件系统规约转换器，DEVS transducer** DEVS 实验框架中用于观察和分析系统输出的部分。

**离散系统, discrete system** 系统输入、输出和状态变量只在某些离散时间点集合上发生变化的系统。参见"离散时间系统""离散事件系统"。

**离散系统仿真, discrete-system simulation** 以离散系统为对象的仿真。用一系列离散事件的发生及其作用影响系统行为，系统状态变量仅在离散时刻发生变化，且仿真过程由离散事件驱动。参见"离散仿真""离散事件仿真"。

**离散状态模型, discrete-state model** 系统状态呈现离散变化的模型。

**离散状态系统, discrete-state system** 系统内各个物理量都处于离散状态的系统。

**离线存储设备, off-line storage device** 实现离线存储的设备，是存储层次中的最底层，可以直接与计算机相连，也可以不直接与计算机相连。离线存储设备存储容量大，能长时间保存数据，但是信息交换需要的时间长。

**理论模型, theoretical model** 从基本理论出发，对研究对象的抽象描述。

**理论有效性, theoretical validity** 采用理论模型描述系统行为及其相关外部影响时的适用程度。

**理论证明, theoretical confirmation** 采用理论分析方法，对模型正确性进行推导的过程。

**理性模型, rational model** 符合一定程度的逻辑一致性的模型，具备问题分析、模型建立、验证标准、模型追踪等完整过程。

**利用率, utilization** 实际利用值与系统最大利用值的比值。

**利用系数, utilization factor** 利用时间值与统计时间值比值的百分数。

**粒度, granularity** 表达现实世界对象的可分辨等级或粗糙等级，与细节等级同义。仿真建模中，以此划分组成实体数目的多少程度，数目多，则粒度大。例如师级作战模拟，以排为实体的粒度大于以营为实体的粒度。多数情况下，仿真粒度大表示分辨率高。参见"细节等级"。

**连续/离散组合模型, combined continuous/discrete model** 同时包括离散事件和连续状态变量的系统模型。

**连续变量, continuous variable** 在一定区间内可以任意取值的变量，其数值是连续的。相邻两个数值可作无限分割，使得变量在一定区间内可取无限个数值。

**连续仿真, continuous simulation** 以归纳和演绎的方式在抽象层建立概念模型，从而得到一组微分方程以定义仿真系统环境的状态变量，这些变量以连续的方式发生改变，从而连续地改变整个仿真系统的状态，达到对原型事物模仿的目标。

**连续分布, continuous distribution** 连续型随机变量的概率分布的简称。连续型随机变量可以描述这样一类随机现象，其中感兴趣的变量可以在某个区间中取任意值。

**连续分支方法, sequential bifurcation** 用于仿真实验的一种因素筛选方法。仿真实验中经常出现多个对实验指标起作用的因素，其中大部分因素对实验结果的作用并不明显，显著影响实验结果的只有少数几个因素。因此，在仿真实验中，只对少数起重要作用的因素进行检验就可以达到目标值。所以在实验初期需要进行因素筛选，找出对实验指标起重要作用的因素，简化实验过程，缩短实验时间并节省成本。

**连续模型, continuous model** 与离散模型相对。将数学模型用于连续的数据，包括数理统计模型、代数方程、微分模型等数学公式、逻辑准则和具体算法。一般需要建立连续函数，即函数值在整个定义域范围内连续变化，没有出现断点。

**连续时间模型, continuous-time model**
模型的时间变量连续变化，通常可以用微分方程描述。利用计算机进行连续时间建模与仿真时，通常要把连续系统数字仿真离散化，通过时间与数值两方面对原系统进行离散化，并选择合适的数值计算方法做近似积分运算，可以得到离散模型来近似原连续模型。

**连续时间统计, continuous-time statistic**
统计运算的一种特例，这种统计运算过程的对象都是连续时间变量。在计算机仿真中，由于数据描述的离散性，通常采用离散时间统计的方法。

**连续系统, continuous system**　系统状态变量随时间连续变化的系统。连续系统可以在采样率足够高的情况下，使得采样后的输出与采样前的输出之间的误差足够小，从而消除由于采样而产生信号畸变带来的影响。

**连续系统仿真, continuous system simulation**　对系统状态随时间连续变化的系统进行仿真的各类活动的总称。在现代，以计算机为工具，针对用数学模型描述的连续系统进行仿真的活动称为连续系统数字仿真，有时也简称为连续系统仿真。

**连续系统模型, continuous system model**　描述状态变量随时间连续变化的系统的模型，简称连续模型。数学上一般用微分方程（组）表示，可分为：（1）集中参数模型，一般用常微分方程（组）描述，如各种电路系统、机械动力学系统、生态系统等。（2）分布参数模型，一般用偏微分方程（组）描述，如各种物理和工程领域内的"场"问题。参见"连续模型"。

**联邦, federation**　高层体系结构中对一个具体的分布式交互仿真系统的称谓。由交互的联邦成员、公用的联邦对象模型，以及运行基础软件所组成的命名集合，整个用来达到某个特定目标。参见"高层体系结构"。

**联邦成员, federate**　高层体系结构联邦的成员，所有参与联邦的应用都称为联邦成员。这可以包括联邦管理成员、数据采集成员、真实世界系统（如 $C^4I$ 系统、靶场仪器设备、传感器等）、仿真系统、被动观察者和其他公用设备等。参见"高层体系结构"。

**联邦成员模型, federate model**　对所研究的问题进行空间描述和界定，包括开发联邦剧情，对联邦主要实体的数量、能力、行为及相互间随时间变化关系作功能性描述。参见"高层体系结构"。

**联邦成员时间, federate time**　一个联邦成员的比例墙时间或逻辑时间中的最小者。在一个联邦执行的任何时刻，不同的联邦成员一般有不同的联邦成员时间。参见"高层体系结构"。

**联邦对象模型, federation object model（FOM）** 标识高层体系结构联邦所支持的主要对象类、对象属性和对象交互作用。此外也可能指定任选的附加信息类以便对联邦结构或行为进行更为完整的描述。参见"高层体系结构"。

**联邦管理, federation management** 对一个联邦执行的创建、动态控制、修改和删除等过程。在一个计算机网络中，运行支撑环境和其他一些支持软件构成了一个综合的仿真环境。在这个环境中，可以运行各种联邦。联邦管理也就是在此仿真环境中动态地创建、修改和删除一个联邦执行。除了上述操作外，联邦管理还包括联邦成员间的同步、联邦的保存和恢复等内容。参见"高层体系结构"。

**联邦管理控制环境, federation management and control environment** 仿真联邦中用于创建、删除、加入、退出、暂停、恢复等控制联邦执行的环境，由高层体系结构运行支撑环境实现。参见"高层体系结构"。

**联邦管理器, federation manager** 高层体系结构中负责联邦管理的成员。参见"高层体系结构"。

**联邦集成与测试, federation integration and test** 将所有的联邦成员相互连接在一个能实现互操作所要求的数据交换环境中，在进行各成员自身测试基础上，进行联邦的全系统联调测试。

**联邦开发与执行过程规范, federation development and execution process（FEDEP）** 关于高层体系结构联邦开发与运行过程的指南，它将联邦开发与运行分为确定联邦目标、联邦概念模型分析、联邦设计、联邦开发、联邦集成与测试、联邦执行与输出结果、数据分析与结果评估七个基本步骤。参见"高层体系结构"。

**联邦目标, federation objective** 对联邦建立和执行所要解决的问题的说明。联邦目标规定联邦的顶层目的，联邦开发者将据此编制联邦执行想定。在想定编制阶段必须使用联邦目标的说明为系统评估产生可行的背景环境。联邦目标中隐含的高层测试需求也可在联邦想定编制阶段帮助确定明确的测试点。参见"高层体系结构"。

**联邦时间, federation time** 协调联邦成员间活动所用的时间。运行支撑环境的服务是按照联邦时间确定的，且与各联邦成员推进它们各自时间状态时使用的规则无关。参见"高层体系结构"。

**联邦时间轴, federation time axis** 表示联邦时间的坐标，其上的数值是完全有序的，每个值都表示所建模物理系统中的一个时间点。对联邦时间轴上的任两个点 $T_1$ 和 $T_2$，如果 $T_1 < T_2$，那么 $T_1$ 代表的物理时间出现在 $T_2$ 代表的物理时间之前。逻辑时间、比例墙钟时间，以及联邦成员时间规定联邦时间轴上的点。联邦执行期间，联邦

成员沿联邦时间轴的时间推进与墙钟时间的推进可能有直接关系也可能无直接关系。

**联邦要求的执行细节，federation required execution detail（FRED）** 为实例化一联邦的执行，对运行支撑环境所需要的若干信息类的整体规格要求。其中也记录在联邦成员间建立完全"合同"所需的额外专用两行信息（如公布职责、预定需求等）。功能管理的需求也是一个输入源，此需求将以标准化格式记录。

**联邦执行，federation execution** 由已经加入联邦的联邦成员所组成的集合，随着时间的推移所进行的实际操作过程。它是运行可执行代码进行演练，并产生联邦执行效能度量数据的一个步骤。参见"高层体系结构"。

**联邦执行数据，federation execution data（FED）** 从联邦对象模型（类、属性、参数名等）得来的信息。每个联邦执行都需要一组联邦执行数据。抽象地说，只要将一个联邦执行名称和联邦执行数据结合在一起，就可产生一个联邦执行。联邦执行数据的组织将实现标准化，以便联邦对象模型工具可为任何供应商的运行基础软件自动生成联邦执行数据。参见"高层体系结构"。

**联合分布函数，joint distribution function** 在概率论中，对两个随机变量 $X$ 和 $Y$，其联合分布函数是同时对于 $X$ 和 $Y$ 的概率分布。

**联合概率密度函数，joint probability density function** 连续型联合分布函数对随机变量的分量求偏导后得到的函数。参见"联合分布函数"。

**联合概率质量函数，joint probability mass function** 对离散型联合分布函数的随机变量的所有可能取值求概率后所得到的函数。

**联合建模与仿真，joint modeling and simulation** （1）描述联合服务力量、能力、设备、装备以及联合环境或两个甚至多个部门使用的服务模型和仿真系统。（2）联合建模与仿真系统（joint modeling and simulation system，JMASS）项目是在美国国防部部长办公室下属的高级指导小组的领导下开发的一个体系结构和相关的工具集，它支持模型的创建，将模型组合成一个仿真应用、仿真应用的执行，以及仿真运行结果的事后处理。

**链式存储分配，linked storage allocation** 一种动态分配内存的方式。在链式存储分配中，采用链表记录数据的存放，链表是一个数据结构，由一组节点组成，共同表示一个序列，最简单的形式分为两部分：节点和指针，节点表示位置，指针表示节点关系。这种结构可高效地从该序列的任意位置插入或删除一个元素。

**两阶段抽样法，two-stage sampling** 在统计分析中，样本分两个阶段抽取。基于第一个阶段样本的均值与方差估计来确定第二个阶段样本数，以减少抽样次数。

**两样本 *t* 检验置信区间，two-sample-*t* confidence interval** 利用两个独立样本通过 *t* 检验建立的置信区间，用于比较两个总体的性能。例如比较两个总体均值时，对两个总体分别独立抽样，得到两个独立样本 $S_1$ 和 $S_2$，相应的置信区间为 $\left[ (\bar{x}_1 - \bar{x}_2) - Z_{1-\frac{a}{2}} \sqrt{\frac{s_1^2}{n_1} + \frac{s_2^2}{n_2}}, \right.$ $\left. (\bar{x}_1 - \bar{x}_2) + Z_{1-\frac{a}{2}} \sqrt{\frac{s_1^2}{n_1} + \frac{s_2^2}{n_2}} \right]$，其中 $\bar{x}_1$ 与 $\bar{x}_2$ 分别为 $S_1$ 和 $S_2$ 的样本均值，$s_1^2$ 与 $s_2^2$ 分别为 $S_1$ 和 $S_2$ 的样本方差，$n_1$ 与 $n_2$ 分别为 $S_1$ 和 $S_2$ 的样本量；若以上区间包含 0，则两个总体均值无显著差异。

**量化，quantization** 将对象系统描述量数字化或数值化处理的过程。

**量化仿真器，quantized simulator** 对事物形态、特征、动作等属性进行量化的仿真器。

**量化离散事件系统仿真器，quantized DEVS simulator** 对离散事件系统进行量化的仿真器。

**量化系统，quantized system** 对事物形态、特征、动作等属性进行量化的系统。

**量化状态系统，quantized state system** 对事物状态进行量化的系统。

**列表模型，tabular model** 以列表的形式归纳和列举某类研究对象各有关变量之间的关系。

**临界刚性系统，critical stiff system** 亦称弱刚性系统。如果在一个系统中，包含多个相互作用但变化速度相差悬殊的过程，这样的系统称为刚性系统。如果用其特征根来描述，特征根的实部最大值与最小值之比大于 50。临界刚性系统的该比值虽然未达到 50，但接近 50。

**临界稳定结果，critical stable result** 临界稳定系统的输出。例如，在仿真中计算误差可视为一种有界干扰信号，具有临界稳定性的算法是指计算误差保持有界（不一定满足精度要求）而不会发散。参见"临界稳定系统"。

**临界稳定系统，critical stable system** 对一般系统，其定义是：当受到某种有界信号干扰时，其输出保持有界但不趋附于原有状态的系统。

**临界稳定性，critical stability** 临界稳定系统的稳定性。参见"临界稳定系统"。

**灵敏度，sensitivity** 系统输出变量对系统参数变化敏感程度的数学度量。灵敏度的高低反映系统参数改变时偏离正常运行状态的程度。灵敏度是控制系统的一项基本性能指标。

**灵敏度分析，sensitivity analysis** 研究与分析系统输出变量对系统参数变化敏感程度的方法。通常利用灵敏度分析研究原始数据不准确或发生变化时最优解或控制策略的稳定性。参见"灵敏度"。

**灵敏度模型, sensitivity model（SM）**
用于计算灵敏度或进行灵敏度分析的数学模型。参见"灵敏度""灵敏度分析"。

**零和仿真, zero sum simulation**　一类博弈型仿真，指仿真时参与博弈的各方在严格竞争下，一方的收益必然意味着另一方的损失，博弈各方的收益和损失相加总和永远为零。

**领域专家, subject-matter expert**　对某一科目分类划分后，对应的各部分就被称作某领域。领域专家就是指在某领域的相关学术、技艺等方面具有一定水平的资质印证，有专门技能或专业知识，并依赖此类技能为生的职业人士。

**六自由度, six degrees of freedom**　刚体在三维空间中有前后、上下、左右三个移动及俯仰、偏航、侧倾三个转动的自由度，共六个自由度。

**六自由度模型, six degrees of freedom model**　描述刚体在现实世界中的运动状态和运动过程的三维直线和三维角度运动的模型。

**龙格-库塔法，Runge-Kutta method**
用于微分方程初值问题数值求解的算法，由 Runge 于 1895 年首先提出，Kutta 于 1901 年进一步一般化。该法将时间进行离散化，离散间隔称之为步长，每一步计算只依赖于上一步的结果，因而称为单步法，有隐式和显式之分。例如，经典四阶龙格-库塔法就是一个常用的显式方法。

**鲁棒仿真运行库，robust simulation runtime library**　对随机性不敏感的仿真运行支撑函数库。

**鲁棒模型, robust model**　对随机性不敏感的模型。

**路由器, router**　读取每一个数据包中的地址然后决定如何传送的专用、智能化的网络设备。

**轮廓图, contour plot**　又称周线图、等高线图等。在数学的子学科复分析中称为周线图，用于进行周线积分；在地理学中称为等高线图，指将地理高程相等的点连接绘制而成的图形。

**轮转排队规则，round-robin queue discipline**　按一定顺序轮循发送各个服务队列的分组，可以避免部分队列饥饿。该法在一定程度上体现公平性，防止违约队列过度地占用网络带宽资源，但也存在不足：不能体现不同服务队列的不同带宽需求，当不同服务队列使用不同长度分组时，会产生不公平服务的结果。

**逻辑仿真, logic simulation**　也称逻辑模拟，用计算机程序模拟数字电路的运行。逻辑仿真是用于验证硬件设计逻辑准确性的主要工具。在很多情况下，逻辑仿真是硬件设计从概念到实现过程中的第一个活动。

**逻辑进程, logical process**    表示并行离散事件仿真的子模型。一个或多个逻辑进程映射到一个处理器上执行，每个逻辑进程都拥有自己的状态变量、事件队列和本地仿真时钟，逻辑进程之间通过发送消息来为对方调度新的事件。逻辑进程分为同步逻辑进程和异步逻辑进程。

**逻辑时间, logical time**    分布式仿真中时间管理理论定义的时间概念，指一个联邦成员在逻辑时间轴上所处的当前位置。如果一联邦成员的逻辑时间为 $T$，则所有时戳小于 $T$ 的时戳排序消息都已交付给该联邦成员，时戳大于 $T$ 的时戳排序消息均未交付。尽管时戳等于 $T$ 的时戳排序消息并非全部都必须交付，但有一些也已交付。一般情况下，逻辑时间与墙钟时间并无直接联系，逻辑时间的推进量完全由相关各联邦成员和运行基础软件控制。

**逻辑时间轴, logical time axis**    在联邦时间轴上用于规定事件之间先后关系的点（瞬时）的集合。参见"联邦时间轴"。

**逻辑数据模型, logical data model（LDM）**    由概念业务模型得出的组织机构的数据储存和数据流的模型。

**逻辑斯谛分布, logistic distribution**    一种连续概率分布，其概率密度函数为

$$f(x;\mu,s) = \frac{e^{-\frac{x-\mu}{s}}}{s\left(1+e^{-\frac{x-\mu}{s}}\right)^2}$$

$$= \frac{1}{4s}\operatorname{sech}^2\left(\frac{x-\mu}{2s}\right)$$

其累积分布函数满足逻辑斯蒂曲线，表达式为

$$F(x;\mu,s) = \frac{1}{1+e^{-\frac{x-\mu}{s}}}$$

$$= \frac{1}{2} + \frac{1}{2}\tanh\left(\frac{x-\mu}{2s}\right)$$

其中，$x$ 是随机变量，$\mu$ 是均值，$s$ 是标准方差的比例系数。

**逻辑校核, logical verification**    用于辨认建模与仿真所用的假设与相互关系是否能正确生成预期结果的过程。它通常用于确定针对某一特定应用而进行的建模与仿真是否恰当，并确保所有的假设和算法符合建模与仿真的概念范畴。

# Mm

**马尔可夫仿真, Markov simulation**    基于马尔可夫模型的仿真，其输入过程为马尔可夫过程。参见"马尔可夫模型"。

**马尔可夫过程, Markov process**    由俄国数学家马尔可夫于 1907 年提出。设 $\{X(t), t\in T\}$ 为一随机过程，且 $0 \leqslant t_1 <$

$t_2 < \cdots < t_n \in T$ ，若在 $t_1, t_2, \cdots, t_n$ 时刻过程 $X(t)$ 的取值分别为 $x_1, x_2, \cdots, x_n$ ，并且有 $F\{(x_n, t_n) | (x_{n-1}, t_{n-1}); (x_{n-2}, t_{n-2}); \cdots; (x_1, x_1)\} = F\{(x_n, t_n) | (x_{n-1}, t_{n-1})\}$ ，则称 $X(t)$ 为马尔可夫过程。该过程体现了一种无后效性。

**马尔可夫链，Markov chain** 由俄国数学家马尔可夫于 1907 年提出。设 $\{X_n, n \in N^+\}$ 为一随机序列，时间参数集 $N^+ = \{0, 1, 2, \cdots\}$ ，其状态空间 $S = \{a_1, a_2, \cdots, a_N\}$ ，若对所有的 $n \in N^+$ ，有 $P\{X_n = a_{i_n} | X_{n-1} = a_{i_{n-1}}, X_{n-2} = a_{i_{n-2}}, \cdots, X_1 = a_{i_1}\} = P\{X_n = a_{i_n} | X_{n-1} = a_{i_{n-1}}\}$ ，则称 $\{X_n, n \in N^+\}$ 为马尔可夫链。

**马尔可夫链模型, Markov chain model** 基于马尔可夫链的模型，即满足如下假设的随机模型：在随机序列中随机变量在某一时刻处于一种状态的概率仅与前一时刻所处状态有关，而与过去的状态无关。参见"马尔可夫链"。

**马尔可夫模型，Markov model** 基于马尔可夫过程的模型，即满足如下假设的随机模型：随机变量在某一过程未来状态的概率分布仅与该过程当前状态的概率分布有关，而与过去的状态无关。参见"马尔可夫过程"。

**马特赛特旋转演算法，Mersenne twister** 一种伪随机数发生器算法，由 Makoto Matsumoto（松本）和 Takuji Nishimura（西村）于 1997 年提出。Mersenne twister 这个名字来自周期长度通常取 Mersenne 质数这样一个事实。该算法基于有限二进制字段上的矩阵线性再生，可以快速产生高质量的伪随机数，修正了古老随机数产生算法的很多缺陷。

**慢时，slow time** 仿真时钟慢于物理时钟，出现在军事、核爆炸等领域的仿真中。

**蒙特卡罗方法，Monte Carlo method** 亦称统计试验方法，是一种以概率和统计理论为指导的使用随机数（或更常见的伪随机数）来解决很多计算问题的数值计算方法，其主要内容包括建立概率模型、抽样和统计估计等。为凸显这一方法的概率统计特征，借用赌城蒙特卡罗命名。

**蒙特卡罗仿真，Monte Carlo simulation** 亦称蒙特卡罗模拟法，是一种以概率和统计理论方法为基础，使用随机数（或更常见的伪随机数）来解决很多通常比较困难的计算问题的随机模拟法。该法将所求解的问题同一定的概率模型相联系，用计算机仿真实现统计模拟或抽样，以获得问题的近似解。

**密度函数, density function** 亦称概率密度函数。当试验次数无限增加，直方图趋近于光滑曲线，曲线下包围的面积表示概率，该曲线称为密度函数。

**密度直方图, density-histogram plot** 用图形表示的频数分布。取变量作横轴，频数作纵轴，用组距和频数作为矩形的两边长度所得到的柱状图形。

**面向代数表达式的仿真语言, algebraic expression-oriented simulation language** 方便进行代数逻辑处理的仿真语言。

**面向对象, object-oriented** 计算机程序的一种特征，它由许多相对小的、简单的程序（子程序）和一个监控程序组成，监控程序的功能是协调子程序之间的数据交换。用面向对象概念设计的子程序可以存储在对象库中，其他具有相似需求的计算机程序可以调用。

**面向对象编程, object-oriented programming** 所编的程序按对象的合作集合组织，每一对象表示某个类的实例。而对象的类是由继承机制定义的类的层次的成员。

**面向对象仿真, object-oriented simulation** 仿真模型按相互作用对象的集合而构造，且不同但相似对象的集合间有继承关系的仿真。

**面向对象建模, object-oriented modeling** 基于系统按对象类的分解，利用对象的封装、集成、多态与动态绑定特性，描述系统组成对象及相互关系的建模方法。一般分为分析、系统设计和对象设计三个阶段。

**面向对象模型, object-oriented model** 从现实世界问题域实体的对象关系的角度，采用面向对象的设计方法，以静态的、结构化的数据来描述对象之间相互关系的方式来建立的问题领域模型。该模型主要关心系统中对象的结构、属性和操作，每个对象包含对象的属性和方法，具有类和继承等特点。

**面向对象语言, object-oriented language** 一种最适合于对软件进行面向对象分解，并能实现类和对象的语言。它直接支持数据抽象和类，并对把继承作为类的一种层次表示方法提供附加支持。

**面向方面的建模, aspect-oriented modeling（AOM）** 利用一种称为"横切"的技术，剖解开封装的对象内部，并将那些影响了多个类的公共行为封装到一个可重用模块，并将其命名为"方面"。面向方面的建模方法以解决系统横断现象为出发点，允许用户不同的关注在不同的模块中实现，从而实现对系统的合理化模块化建模。

**面向结果的仿真, outcome-oriented simulation** 相对于过程，更注重于结果的仿真方法。例如，在对某一雷达系统进行仿真时，在保证得出的结果与实际结果相一致的前提下，可使用与雷达系统实际使用方法相差较多的仿真方法。

**面向进程的仿真, process-oriented simulation** 以典型实体的运动为中心，仿真按实体在系统中的流程向前自然推进，在建模过程中，不需考虑时间推进与未来事件表调度。参见"基于进程的离散事件仿真"。

**面向进程的模型, process-oriented**

model　一种以进程为中心的模型结构，进程由有序的事件和活动组成。面向进程的模型描述了其中的事件、活动的相互逻辑关系和时序关系。进程针对某类实体的生命周期而建立，一个进程包括实体流动中发生的所有事件。

**面向模块的仿真语言, block-oriented simulation language**　具有模块化建模能力的仿真语言，即对能够用模块化研究的对象进行仿真描述的语言。

**面向时间间隔的仿真, interval-oriented simulation**　在这种类型仿真中，仿真时钟按照某一固定增量推进，时间增量的取值既要保证系统运行的平稳性，又要兼顾系统运行效率。通常连续系统仿真采用这样一种模式。

**面向事件的模型, event-oriented model**　使用事件的观点来描述系统中实体状态变化的一种离散事件模型。

**面向事件仿真, event-oriented simulation**　用事件的观点对被仿真的对象建模，以事件发生及其发生时间来驱动并控制仿真过程。

**描述变量, descriptive variable**　用于对实体特征进行描述的变量，可以是定性的，也可以是定量的。如某人的特征可以用姓名、性别、年龄、工资收入、偏好等描述。

**描述仿真, descriptive simulation**　以图表、框图、数学关系式等形式对被仿真的实际系统行为加以描述，表现

实体的特征、活动之间的内在逻辑关系以及系统演化过程，这样一种仿真方式称为描述仿真，以此为基础可以进一步通过编程发展为可运行的计算机仿真。

**描述模型, descriptive model**　用图表、框图、数学关系式等来描述实际事物的特征或内在关系的模型。

**模仿, emulation**　用一个与被表示的系统在相同的输入下产生相同输出的模型来表示该系统。例如，用一个示波器显示屏模仿雷达探测数据的显示。

**模仿器, emulator**　亦称仿真器，指用于模仿其他硬件的行为的硬件，或者能够运行于某种硬件系统下的一种软件，且模仿另一种硬件系统对数据的处理过程，并最终得到相同或者相似的结果。

**模糊仿真, fuzzy simulation**　建模对象系统实体特征量具有亦此亦彼性、需要运用模糊数学思想方法构建仿真模型或仿真模型包含模糊量的一类仿真。在传统仿真领域里，仿真模型的精确性是影响仿真效果优劣的关键因素，仿真模型描述的信息越详细、模型越精确，则越能达到精确仿真的目的。但是对于复杂的系统、特别是包含模糊量的系统，精确仿真通常很难实现，而需要采用模糊仿真的方法。

**模糊规则, fuzzy rule**　模糊规则是定义在模糊集上的规则，常采用

"if-then"（若……，则……）的形式，可用来表示专家的知识、经验等。如"若（if）室内很热，则（then）需要打开空调制冷。"

**模糊模型, fuzzy model** 反映对象系统的模糊关系、模糊特征，使用模糊数学语言构建的刻画对象系统本质特征和内在联系的模型。模糊模型一般包括三个部分：输入变量对应的模糊集及其隶属函数、输出变量对应的模糊集及其隶属函数、模糊规则。

**模糊系统, fuzzy system** 具有以下特征的系统：系统描述基于模糊集合；系统包含模糊量；系统存在模糊关系；系统运行逻辑包含模糊规则；系统输入量、输出量描述基于模糊数学的隶属度函数等。模糊系统基本原理是用隶属度刻画现实世界中普遍存在的模糊性、亦此亦彼性。

**模糊系统仿真, fuzzy system simulation** 利用模糊系统模型对真实或假想的系统进行动态研究。参见"模糊系统"。

**模糊系统建模, fuzzy system modeling** 主要包括两个部分：结构辨识和参数估计。结构辨识确定模型结构，包括决定输入空间的分割和模糊规则。输入空间是由输入变量对应的隶属函数来决定分割的，因此决定隶属函数的形状、个数和模糊规则是结构辨识所要完成的任务。参数估计是在模型结构确定后，根据某种准则（如最小二乘准则）来决定模型中所有参数。一般来讲，结构辨识和参数估计两个步骤要交替反复数次才能获得最终模型。

**模块化半自动化兵力, modular semi-automated force** 特指由美国 Loral 公司开发的计算机生成兵力系统。

**模块化仿真, modular simulation** 采用自顶向下、逐层分而治之，把系统划分成若干模块的仿真方法。

**模块化建模, modular modeling** 对研究对象按功能或层次合理地划分为若干个组成部分来进行建模的过程。

**模块化模型, modular model** 能按功能或层次合理地划分为若干组成部分的模型。

**模块化系统建模, modular system modeling** 按照设计或应用标准，自顶向下、逐层把系统划分成若干模块，相对独立地进行建模而后集成的一种建模方法。

**模拟仿真, analog simulation** 与数字仿真相对，采用模拟计算机（analog computer）技术实现的仿真。

**模拟进化, simulated evolution** 以模型（计算模型、数学模型）为基础、以分布并行计算为特征的模拟人或动物的智能求解问题的理论与方法。

**模拟模型, analog model, analogical model** 适用于模拟计算机仿真的模型。

**模拟退火法, simulated annealing**

**method, simulated annealing**　一种用来求解大规模组合优化问题的随机性优化算法，目标是在固定时间内在一个大的搜寻空间内找到最优解，因优化过程类似于退火过程而得名。

**模拟退火过程，simulation annealing process**　以优化问题的求解与物理系统退火过程的相似性为基础，采用模拟退火法，求解大规模组合优化问题的过程。参见"模拟退火法"。

**模式，schema**　数据或数据需求的描述性表示，它描述对数据/信息需求的概念的、外部的和内部的视角。

**模型，model**　所研究的系统、过程、事物或概念的一种表达形式，是对现实世界的事物、现象、过程或系统的简化描述，或其部分属性的抽象。

**模型安全性，model security**　指模型在其整个生命周期中被正确使用的能力。这种能力在模型驱动的体系架构中特别重要。

**模型本体，model ontology**　把现实的模型按照概念、概念间的关系、概念所具有的特征（即属性）以及概念的实例进行抽象所得到的形式化描述。

**模型逼真度，model fidelity**　在一定限定条件下，模型与仿真对象的近似程度。

**模型比较，model comparison**　对于不同模型的特点及优缺点等进行对比、分析。

**模型编译器，model compiler**　将建模语言翻译成高级语言或更低级的计算机语言的软件工具。

**模型辨识，model identification**　采用某种辨识方法确定对象的模型，包括模型的结构辨识和参数估计。

**模型表示，model representation**　用以分析模型的概念、数学关系、逻辑关系和算法序列的表示体系。采用适当的仿真语言或程序来描述，一般能转变为物理模型、数学模型和结构模型，并可通过数字计算机、模拟计算机或混合计算机上运行的程序表达。

**模型表征，model characterization**　模型的标识性特征。

**模型裁剪，model pruning**　采用适当的算法，减少模型的复杂度。

**模型参数，model parameter**　表示模型特定属性的量。

**模型重用，model reuse**　模型和仿真的全部或部分组件能被多个功能领域的任务使用的特性，表征模型在不同系统中重复使用的能力或者模型可以重复使用程度的特性。

**模型操纵，model manipulation**　亦称模型操作，指在仿真进行过程中对目标模型的几何外形进行修改。

**模型-测试-模型，model-test-model**　一种基于模型的专业测试过程，利用高保真、高分辨率模型支持和提高测试效率和有效性的方法。

**模型常数, model constant**　模型的固有参量，一旦模型建立，它们不再变化。

**模型抽象, model abstraction**　通过将原始模型的多个状态进行分组，得到一个保留部分原始模型行为的规模更小的模型。

**模型抽象技术, model abstracting technique**　从原始模型中构造出抽象模型的技术，如切片技术、变量隐藏技术等。

**模型处理, model processing**　用特定的方法对模型进行加工的过程。

**模型处理环境, model processing environment**　模型处理所需的硬件设备、软件工具、运行平台等资源的统称。

**模型粗糙度, model coarseness**　模型精细程度的表征，也可表达模型与实际物理对象的差异程度。

**模型代理, model brokering**　计算量小，但其计算结果与高精度模型的计算结果相近的分析模型。在设计优化过程中，可用代理模型替代原有的高精度分析模型。

**模型导航, model navigation**　用树状结构来表示当前部件模型各特征的相互关系。通过模型导航，可以对特征进行多种快速的编辑操作，如抑制特征或解除抑制、修改特征参数和特征定位尺寸等。

**模型导向过程, model-directed process**　确立系统模型并以系统模型为导向的处理过程。

**模型导向系统, model-directed system**　以模型导向的处理为主的系统。

**模型的合理性, model plausibility**　模型在其应用领域所符合其科学原理和客观事实的程度。为了得到正确的结论，在进行系统分析、预测和辅助决策时，必须保证模型能够准确地反映实际系统并能在计算机上正确运行，必须保证模型的合理性。

**模型的互操作性, interoperability of model**　一个模型向其他模型提供服务，同时从其他模型接收服务，并利用这种交换的服务使各模型有效地共同运转的能力。

**模型的可移植性, model portability**　模型从某一环境转移到另一环境的难易程度，其特性有：适应性、共存性、易替换性和依从性等。为获得较高的可移植性，在设计过程中常采用通用的建模方法和模型支撑环境。

**模型的市场, model market place**　模型能够描述和应用的领域。

**模型等价, model equivalence**　在一定准则下，建模对象的两个分辨粒度不同的模型，呈现相同或相似的特性、规律，则称这两个模型等价。描述系统行为的模型有时很复杂，人们为了了解各主要因素间的相互依赖关系，常在一定的等价准则下对原模型进行简化，这样得到的简化模型与原模型称为模型等价。

**模型定位, model location** 三维仿真模型在虚拟场景中所处的相对位置。虚拟场景需要定义一个世界坐标系，来确定三维仿真模型的方位。当三维模型位置变化后，需要重新计算其新的位置，来确定当前的方位。

**模型动力学, model dynamics** 系统状态随时间而变化的模型的过程动态机制、特性与规律。

**模型发现, model discovery** 模型驱动逆向工程（model-driven reverse engineering，MDRE）中采用的技术，指找出并理解遗留系统的功能、架构和数据等，并对其进行逆向工程，以得到代表系统（或者至少是系统的一部分）视图的模型的过程。

**模型分辨率, model resolution** 指模型对真实世界各要素描述的详细程度。

**模型分解, model decomposition** 根据模型的几何、拓扑或语义特征，将其分解为相互独立的部分的集合。

**模型分类, model classification** 根据不同表象与特征将仿真模型分为不同类别。模型的分类是不同仿真领域多样性的体现，是对仿真模型不同属性的归纳。

**模型分析, model analysis** 通过对模型变量依存关系、计算过程、结果的分析，揭示模型描述对象内部相互作用机制和规律。

**模型封装, model wrapping** 将模型结构进行固化，并提供模型对外的应用接口的方法。

**模型复杂性评估, model complexity assessment** 对模型的复杂性进行评价。模型复杂性包括结构的复杂性、数据的复杂性、函数的复杂性等。模型复杂性评估是模型选择的关键，影响模型匹配与模型综合，同时也是模型组件划分定义、模型元数据定义的基础。

**模型构建, model building, model construction** 建立概念关系、数学或计算机模型的过程。

**模型关联性, model relevance** 单个模型的各个组成部分、要素的相互关系，以及它们的参数和变量与系统的特定功能之间的关系；多个模型之间在性质相近、内容相关等方面存在的内在联系。

**模型关系, model relation** 模型之间相互作用、相互影响的关系。

**模型管理工具, model management tool** 执行模型管理的软件系统。模型管理是按照一定的规范对已构建的模型的存储、使用、变更等过程进行维护的过程。

**模型管理基础设施, model management infrastructure** 为实施模型管理提供支持的一个有组织的物理环境。

**模型管理器, model manager** 实现模型的创建、管理、发布、跟踪、验证与使用的操作环境或工具。

**模型规范, model specification** 将模型按某个层次的系统规范进行定义。模型按系统规范定义具有数学基础好、语义表达不模糊等优势。

**模型规范的层次, level of model specification** 具有层次结构的模型规范所定义的层次。例如，在模型驱动的体系架构中，定义了元元模型、元模型、模型或其组合描述的模型等层次。

**模型规范环境, model specification environment** 模型按某个层次的系统规范定义时进行操作所需的支撑条件。

**模型规范语言, model specification language** 用于描述模型特性、具有特定规则的语言。

**模型规模, model size** 表征模型高低、长短、大小等几何特征或模型设计时所涉及的范围、程度等的物理量。

**模型合成器, model composer** 利用一系列标准互连组件创建多维、参数化，以及其他种类的复杂模型的工具。

**模型互操作标准, model interoperability standard** 为了在异构的模型之间交换信息和使用所交换信息而规定的数据格式、通信协议以及接口描述等。

**模型互操作性, model interoperability** 异构的模型之间相互合作、协同工作的能力，尤其指交换信息以及使用所交换信息的能力。

**模型环境, model environment** 为支持模型的快速构建以及工程化的管理与维护而使用的一组软硬件，从而构成模型所需的外部环境。硬件通常包括运动捕捉等数据采集设备，软件通常包括具有图形用户界面的模型编辑与生成软件。

**模型基准, model benchmarking（benchmark），model reference** 在特定的研究范围内一类相同或相似模型的本质抽象。它一般描述了所有可能的软件构件、构件提供的服务以及构件之间的关系。

**模型激活, model activation** 满足模型运行条件，并启动模型，使模型处于运行状态的过程。

**模型假设, model postulate** 根据建模目的和对象的特征，将对象进行必要的、合理的简化，这些简化将作为模型的假设。

**模型检索, model retrieval** 通过搜索系统在模型库中寻找所需要的模型的过程。

**模型检验, model checking（MC）** 一

种用于在系统开发阶段验证当前设计是否满足期望的系统功能特性的静态分析方法。目前主要的应用领域包括通信协议、硬件电路以及软件模型的验证。

**模型检验工具, model checking tool** 通过实现特定的模型检验算法，完成模型检验任务的计算机辅助设计工具。通常以系统模型和系统设计中期望的特性为输入，通过自动验证，若系统满足该特性，则输出"是"，否则输出一则违背该特性的反例。参见"模型检验算法"。

**模型检验算法, model checking algorithm** 用逻辑表达式和状态迁移验证有限状态系统模型正确性的算法。通常采用时态逻辑描述系统设计期望的特性，基于逻辑表达式表述系统的状态迁移，通过遍历各状态来验证系统模型在状态迁移中能否保持该特性。

**模型简化, model simplification** 在保证模型特性基本不变的前提下，降低模型复杂度的过程。

**模型鉴定, model qualification** 建立在可实验性、合理性基础上，对仿真模型质量进行考核、评价后给出的模型是否符合预期质量标准的结论。

**模型交互, model interaction** 两个异构的模型之间交换信息并响应信息的过程。例如在三维模型间发生的碰撞即是一种模型间的交互操作。

**模型校验, model verification** 对模型进行检验，验证其精确性或准确性，确保模型按预期方式运行的过程。在仿真中，一般指由数学模型到计算机仿真模型转换过程中的检验。模型与真实系统的比较称为模型验证。参见"模型验证"。

**模型校准, model calibration** 在可接受的标准内，不断修改输入参数直到模型的输出参数符合观察到的实际数据集的过程。

**模型接口测试, model interface testing** 对模型输入、输出关系的正确性进行检查的过程。

**模型接口分析, model interface analysis** 检查模型输入、输出关系的过程。

**模型结构, model structure** 对模型组成及相互关系的逻辑描述。

**模型精度, model accuracy** 仿真模型与真实事物之间的误差范围。在对真实事物的仿真过程中，所使用的仿真模型所得到的输出往往与原真实事物之间存在一定的偏差，这个偏差的范围称作模型精度。

**模型精化, model elaboration** 修改模型以使得模型更加逼近所模拟的现实世界中的对象。以三维模型为例，使用更多的顶点构造模型可以使模型具有更丰富的细节，从而更加贴近真实物体。

模型聚合, **model aggregation** 通过选择合适的聚合变量，运用一定的聚合方法对庞大的模型进行简化从而获取模型的过程。

模型开发, **model development** 根据建模规则和模型结构建立并验证模型的过程。

模型开发环境, **model development environment** 模型开发所需的硬件设备、软件工具、运行平台等资源的总称。

模型开发者, **model developer** 从事建立模型及验证模型的人员的统称。

模型可接受标准, **model acceptability standard**, **model acceptability criteria**, **model acceptance criteria** 模型被用户或开发者接受和认可的标准，常用于模型的选择、评估及校核、验证与确认。参见"模型评估""校核、验证与确认"。

模型可接受性, **model acceptability**, **model's acceptability**, **acceptability of model** 模型满足用户需求或开发者设计要求的程度，达到的置信度水平。

模型可靠性, **model reliability** 模型在规定的时间和条件下完成规定功能的能力。模型可靠性表明了一个模型按照用户的要求和设计的目标，执行其功能的正确程度。

模型可理解性, **model comprehensibility** 模型的概念、建模方法以及算法结构可被理解及检验的程度。

模型可信度, **model credibility** 模型反映真实系统或原型系统、对象系统的真实度、一致度。

模型可修改性, **model modifiability** 模型被修改以做他用的能力，如对模型的参数、状态值、边界值甚至结构等的修改。

模型可重用, **model reusable** 模型在不同系统中可重复使用的行为和方法。从重用方式上可以分为代码级重用、模块级重用、设计重用、文档重用、系统级重用以及过程重用等。模型重用可以提高产品开发效率，减少开发时间，节约开发成本和维护成本，提高产品质量。

模型可重用性, **model reusability** 模型适应不同应用变化的能力。参见"模型可重用"。

模型可组合性, **model composability** 模型所具有的与其他一个或多个模型以不同方式进行组合，以满足特定需求的能力。注意与模型组合性（model compositionality）的区别，它指通过理解模型局部及相互关系来理解整体的性质。

模型库, **model base**, **model repository**, **model bank** 存储各种模型的数据库和数据中心。

模型库管理, **model base management** 对模型库的查询、存取、调用、维护等操作，由存取管理、运行管理和构模管理三部分组成。存取管理完成对模型的更新、检索；运行管理完成对模型的调用、运行；构模管理包括模型选择、模型复合和模型集成，是模型库管理实现的核心。

**模型库管理器, model base manager** 实现对模型库的查询、存取、调用、维护等操作的工具。参见"模型库管理"。

**模型类, model class** 一组模型集合，在面向对象建模中，通过描述模型的共同属性、方法及其行为规则加以定义。模型类可被实例化为具有统一结构的不同实例，为模型的封装性、继承性和多态性三个重要特性提供实现支撑。参见"模型分类"。

**模型粒度, model granularity** 仿真模型对真实系统描述与刻画的精细程度。在仿真系统中，同一个真实系统可以根据任务需求的不同建立满足应用要求的不同粒度的模型。

**模型联邦, model federation** 由模型集合构成的联邦，通常用于基于高层体系结构的建模过程。

**模型灵敏度, model sensitivity** 用于定性或定量地评价模型的参数误差对模型输出结果产生的影响。灵敏度分析是模型参数化过程和模型校正过程中的有用工具。

**模型鲁棒性, model robustness** 模型在遭遇不确定变化时能继续正常运行的能力，如模型参数或环境参数变化时，模型输出保持相对稳定的能力。

**模型描述, model description** 利用模型对研究对象的行为和性能进行刻画的过程。

**模型描述语言, model description language** 用于表征研究对象的行为和性能模型的语言。

**模型模块化, model modularity** 将模型用更小的模块来描述。对应于大的或复杂的系统由简单的、小规模的子系统组成，每个子系统可以单独进行设计，然后组合到一起构成整个系统，子系统为该系统的模块，子系统之间的关系为模块之间的关系。则基于模块关系所定义的模块组合可得到整个系统的模型。

**模型拟合, model fitting** 一个对给定数据进行数学模型的估算构建过程，包括三个步骤：首先，找一个函数，它接受一组参数，并返回一个预测的数据集。其次，需要一个误差函数，它提供了一个数字，表示数据和模型的预测与任何给定的模型参数之间的差异。通常是和方差或最大似然的总和。第三，需要找到参数，最大限度地减少差异。

**模型耦合, model coupling** 两个及两个以上的模型的相互依赖关系。耦合模型是指紧密结合、相互影响的两个模型。

**模型配置, model configuration** 一种模型组合或重用技术，可根据诸多因素对所求问题影响的程度，按照一定原则合理选择模型及其边界条件，也包括参数、初始条件的改变。

**模型匹配, model matching** 两个及两个以上模型之间多个方面如精度等级、输入输出行为、标准等的吻合程度。

**模型评估, model assessment, model evaluation** 对模型的性能和准确度进行的评价，包括复制有效性、预测有效性、结构有效性等层面。

**模型恰当性, model appropriateness** 所建模型在应用需求层面与系统原型的一致性。

**模型前端, model front ends** 仿真运行过程中负责用户与模型交互的界面。

**模型亲和性, model affinity** 所建模型与原始模型之间的依存性。

**模型驱动, model-driven** 一种自顶向下的、使用基于问题求解者所使用的领域模型进行推理的方式。

**模型驱动的开发方法学, model-driven development methodology** 采用模型驱动架构进行系统开发的方法学。

**模型驱动的开发技术, model-driven development technique** 基于模型驱动的体系架构的软件开发方法（技术）。参见"模型驱动的体系架构"

"模型驱动开发"。

**模型驱动的开发语言, model-driven development language** 用于开发基于模型驱动的一种软件语言模型体系。对象管理组（Object Management Group, OMG）已经定义一个标准的面向对象建模语言统一建模语言。参见"统一建模语言"。

**模型驱动的体系架构, model-driven architecture（MDA）** 由不同层次模型与模型之间的映射技术所构成的一个体系结构，由对象管理组于 2001 年推出。它是以模型为中心，将业务和应用逻辑与底层平台技术分离开来的系统开发方法，以统一建模语言模型为基础，从具体实现技术更高的抽象层次上构建系统，是一种适合实现大型仿真系统的方法。它是一种用于软件系统开发的软件设计方法，提供了一套结构定义的规范，被表述为模型。它是一种领域工程，并支持软件系统中的模型驱动工程。

**模型驱动的体系架构工具, model-driven architecture tool** 采用模型驱动架构方式开发软件的系列工具，是面向对象的软件开发工具。这些工具以复杂问题简单化、抽象问题形象化为基本原则，以模型驱动软件开发过程可视、可控化为基本目标，应用模型作为模型驱动软件项目管理过程的载体，并通过建立完整的理论和方法体系，保证模型驱动软件项目开发过程的顺利实现。

**模型驱动的用户接口，model-driven user interface** 亦称模型驱动的用户界面，是利用模型驱动技术开发的用户界面或接口。

**模型驱动的用户接口开发，model-driven development of user interface** 亦称模型驱动的用户界面开发，是采用模型驱动开发技术进行用户界面或接口开发的过程。

**模型驱动方法学，model-driven methodology** 基于模型运行、实现或控制，以达成或实现系统功能及行为的过程或方法。

**模型驱动工程, model-driven engineering（MDE）** 亦称模型驱动的软件开发（model driven software development, MDS），是软件工程发展的一个重要方向，是一种以建模和模型转换为主要途径的软件开发方法。模型驱动工程通过标准化的术语、复用的标准模型和最佳实践的应用程序来最大化系统之间的兼容性，简化设计过程中个人和团队之间的沟通，从而提高生产效率。

**模型驱动过程, model-driven process** 基于模型驱动架构，针对模型的输入或状态变化，驱动模型进行相应的表达、储存、传送或实现特定功能等过程或行为。

**模型驱动技术, model-driven technique** 一种基于模型驱动方法学的快速、有效、低成本的计算机程序编写和实施技术。参见"模型驱动方法学"。

**模型驱动开发，model-driven development（MDD）** 一种快速、有效、低成本的计算机程序编写和实施过程的范式，也被称为模型驱动软件开发（model-driven software development，MDSD）和模型驱动的体系架构的方法。模型驱动开发可以使人们一起做一个项目，即使他们的个人经验水平相差很大。它允许企业最大限度地提高项目的有效工作，同时最大限度地减少所需的开销，生产出让最终用户在最短的时间内可以验证的软件。在模型驱动开发中，方法是灵活的，不断演变以满足业务的需求。

**模型驱动推理, model-driven reasoning** 采用模型驱动技术推进系统进程的推理方式。

**模型驱动系统, model-driven system（MDS）** 基于模型驱动方式开发或运行的系统。若一个系统的全部功能与行为都能通过模型驱动机制（model-driven mechanism, MDM）实时地定义、控制和改变，则它是一个充分的模型驱动系统。简言之，模型驱动系统就是以模型驱动机制控制或实现其主要功能的系统。

**模型驱动语言, model-driven language** 采用模型驱动架构的软件开发语言，是新的软件语言模型体系。这种语言体系不单用于软件开发期间，而且用于运行期间，其描述的层次是业务流程一级，是运行期的模型驱动系统。

**模型确认，model accreditation** 权威部门正式地接受模型为专门应用服务的过程。

**模型认识论，model epistemology** 将哲学中的认识论应用于仿真模型，指导模型构建、验证、用于实践的理论，能够加强人类对模型质量的认识、理解和评价。

**模型认证，model certification** 从模型应用的目的出发，认定和验证仿真模型是否符合某特定要求或标准的过程，通常给出书面或者具有法律约束的结论。

**模型设计，model design** 确定建模规则、设计模型结构及确定验模方法的过程。

**模型生成，model generation** 在计算机中生成现实世界中的现象或者物体的数学描述方式的过程。以汽车模型为例，其模型生成就是在计算机中用点、线、三角形等图元描述汽车的外观，从而能够在计算机中呈现与真实汽车一致的视觉效果。

**模型生成器，model generator** 针对某一类模型的自动化生成工具，用户通过与生成器配套的模型生成语言或者其他方式进行简单配置即可通过模型生成器生成所需要的模型。

**模型胜任性，model adequacy** 模型的充分性、完整性、完善性。

**模型失活，model deactivation** 模型作用、影响、关联消失的过程。

**模型实例，model instance** 用于评测模型效能的实际用例。

**模型实体，model entity** 模型是一种数学描述方法，用以在计算机中描述现实世界中的真实物体，而模型实体就是这一描述方法的具体实现。例如，森林场景中的所有树都可以来源于同一个模型，但是它们是不同的模型实体。

**模型实现，model implementation** 对模型设计进行软硬件实现，使其能够运行。

**模型适应性，model adaptivity（adaptability）** 模型在不同条件、运行环境、仿真目标下可使用的能力。

**模型适用性，model applicability** 模型满足用户需求的程度，是模型效能评估标准之一。

**模型输入/输出，model input/output** 模型的输入信号和输出信号。在控制论中，把系统之间的联系分成输入和输出，包括物质、能量、信息的输入和输出。

**模型属性，model attribute** 模型的性质或特征，包括类型、域、默认值等。

**模型数据，model data** 包括模型描述数据以及用于模型组织与管理的数据。

**模型数据库, model database**　亦称模型库，基于数据库技术实现模型数据的管理。模型数据库的结构部分规定模型数据如何被描述（例如树、表等）；模型数据库的操纵部分规定数据的添加、删除、显示、维护、打印、查找、选择、排序和更新等操作。

**模型算子, model operator**　在仿真领域，指作用在三维模型上的操作对象。

**模型缩放, model scaling**　根据用户的需求，对几何模型进行的放大、缩小等操作。

**模型体系框架, framework of model's family**　用于表征特定仿真应用的模型组成、分类、特性及相互关系的层次结构。

**模型替换, model replacement**　为达到更高目标，根据不同场合更换模型，使系统更为完善，更为精确，满足输入输出接口关系。

**模型同构, model isomorphism**　如果两个模型有相似的属性和操作，对一个模型成立的命题在另一个模型上也成立，那么这两个模型就是同构的。

**模型同态, model homomorphism**　如果模型 $S$ 和模型 $S'$ 是同态的，是指 $S$ 和 $S'$ 之间存在一种多对一的映射 $H$，即在 $S$ 中有多个状态在某法则 $H$ 作用下，只有 $S'$ 中的一个状态和它们相对应，他们是行为等价的，且同态模型 $S'$ 的内部结构可以比原模型 $S$ 的内部结构要简单。

**模型同型, model morphism**　两模型间的一种相似关系。若模型 $U = \langle A, \{r\}, \{f\}, \{c\}\rangle$ 中的 $n$ 元关系、$m$ 元函数及常元能分别与模型 $U' = \langle A', \{r'\}, \{f'\}, \{c'\}\rangle$ 中的 $n$ 元关系、$m$ 元函数及常元一一对应（对应的关系元数相同，对应的函数也元数相同），则称 $U$ 和 $U'$ 是同型的模型。例如 $U = \langle Q - \{0\}, =, \cdot, 1\rangle$ 与 $U' = \langle Z, =, +, 0\rangle$ 是同型的模型，而 $U = \langle Z, +\rangle$ 与 $U' = \langle R, +, \cdot\rangle$ 不是同型的模型。

**模型图, model graph**　当表示单个模型时，图中的节点为此模型的各个元素，图中的边表示元素中间的连接关系；当表示多个模型时，图中的节点为各个模型自身，图中的边表示模型之间在整个模型场景中的连接关系。

**模型完整性, model integrity**　模型完整地表示相应对象的能力，使得仿真时模型处于完备、准确与一致的状态。

**模型完整性需求, model integrity requirement**　对模型完整性的需求性的描述。参见"模型完整性"。

**模型维护, model maintenance**　为保证模型的可用性而对模型进行的各种操作。例如，根据不同的应用，更新模型的结构、参数、存储位置等。

**模型文档, model documentation**　模型发展历程及其对应描述的文件。

**模型文档编制, model documenting**

按照一定规范编写模型发展历程及其对应描述的文件的过程。

**模型文件, model file**　描述模型关键字和参数取值等信息的文件。

**模型稳定性, model stability**　模型对不同仿真算法的计算误差的敏感性。例如，经典的数值计算方法二阶显式龙格-库塔法，模型中最小时间常数大于计算步长的两倍，则模型计算是稳定的，即计算误差不会随仿真的推进而发散，否则是不稳定的。

**模型误差, model error**　在建立模型时，由于忽略或简化一些因素而产生的误差。

**模型误差统计, model error statistic**　对模型误差进行搜集、整理、计算和分析等的活动。

**模型行为, model behavior**　仿真系统中的模型在力、信息、物质、能量等的作用下发生位置、朝向、形状等状态的改变。

**模型行为本体, model behavior ontology**　本体是对一个特定领域中重要概念的共同特征的形式化描述。模型行为本体即是在仿真领域中对模型行为的共同特征的形式化描述。

**模型行为拟合, model behavior fitting**　验证建立的行为模仿系统与原系统实际行为的吻合程度。

**模型形式体系, model formalism**　采用规范化的形式语言对动态系统进行抽象描述，利用这种方法建立的模型描述的理论框架称为模型形式体系。建立模型形式体系可以消除模型描述的不完全性、不一致性和不确定性，便于仿真机制和算法的研究，是仿真建模的理论基础。

**模型型谱, model pedigree**　根据建模理论，按照对各种类型的系统的认识程度可以画出如下图所示的模型型谱。谱的右端是白色的，表示人们对这些系统的内部结构和特性有比较深入的了解，即"白盒"问题，可以通过演绎的方法来建立模型，具体建模方法有机理分析法、直接相似法、图解法等。谱的中间是灰色的，表示人们对这些系统的内部结构和特性不是很清楚，即"灰盒"问题，则可以采用系统辨识法、实验统计法等演绎和归纳相结合的方法来建立模型。谱的左端是黑色的，表示人们对这些系统的内部结构和特性不了解，即"黑盒"问题，则通常只能通过归纳的方法来建立模型。

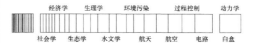

**模型需求, model requirement**　项目在开发过程中对所需模型的要求。

**模型压缩, model compression**　一种模型处理技术，根据模型描述方法、使用的需求，将容量大、结构复杂、处理慢的模型转换为容量小、结果简单、处理效率高的模型。有两种压缩方式：一种为无损压缩，即不引起模型所包含的信息丢失的压缩；另一种为有损压缩，即压缩后有可能引起丢失的信息不可恢复。注意与模型简化的区别。参见"模型简化"。

**模型演变, model evolution**　模型随需求及应用环境变化而变化的过程。

**模型验证, model validation**　利用数学方法及统计学手段对模型正确性进行评估的过程。

**模型一致性, model consistency**　同一对象因研究的阶段不同或研究的角度不同而建立起来的不同模型应保持相同或类似的约束关系、逻辑关系、属性关系等；或是当不同对象的模型组合起来构成更大的模型时，模型之间的逻辑关系、接口关系等符合组合的要求，不能出现相互矛盾的地方。

**模型映射, model mapping**　在不同模型描述语言的建模元素之间建立的一种映射关系，用它作用于两个异类的概念模式 $X$ 和 $Y$ 后，会得到语义对等的两组模型元素集合的表达，即 $MAP(X)$ 等价于 $MAP(Y)$。

**模型有效性, model validity**　模型正确表达对象系统的程度。可用实际系统数据和模型产生的数据之间的符合程度来度量，一般可分为三个不同级别的模型有效性：复制有效、预测有效、结构有效。模型有效性评估是一个反复的过程，有助于产生更逼真的模型。

**模型语义, model semantics**　有关模型知识表示的一种形式，例如有向图，顶点代表概念，而边表示这些概念之间的关系。

**模型元素, model element**　构成模型的基本要素。三维模型中，模型元素通常指构成三维模型的可以编辑的最小图形单位，是图形软件用于操作和组织画面的最基本的素材，是一组最简单、最通用的几何图形或字符，包括点、线、三角形等。

**模型真实性, model realism**　模型表达事物的真实程度。

**模型正确性, correctness of the model**　在一定的规则和要求下，所建模型能够准确反映被建模对象的某些特定性质。模型的正确性通常与建模的目的有关，并且会随着建模者、模型使用者，以及建模习惯的变化而变化。

**模型正确性分析, model correctness analysis**　运用一定的方法来分析模型建立过程的正确性，以及模型仿真结果与被建模对象的实际测量数据的相似性，从而判断所建模型的正确性。

**模型执行, model execution**　模型解算和运行的过程。

**模型质量, model quality**　模型在描述形式、属性定义和数据完整性、准确性等方面相对于被描述对象的吻合程度，或模型为满足特定需求或应用所具有的或隐含的能力。

**模型质量保证, model quality assurance** 通过一系列的方法、规范和工具确保模型的特性满足所设定的要求的过程。

**模型资源, model resource** 所有可以用来实现目标功能的模型。

**模型族, model family** 同一实体不同模型的集合。

**模型组合, model composition** 通过建立适当的合成机制或运算规则，将两个或多个模型组合成一个模型。注意与模型合并相区别，模型组合是一个广义的概念，包括匹配、变换、扩展、合并操作等情形，而模型合并只是模型组合的一种特殊情况。

**模型组合规则, model composition rule** 模型组合过程中制定和采取的规则，一般以逻辑规则或数学算法的形式给出，能够保证模型组合的正确性与合理性。

**模型组合实例, model composition instance** 用于解释和验证模型组合理论的实际案例。

**模型组件模板, model component template** 用于定义模型组件数据结构和内容，基于它可以很容易地编辑一个组件，使其完成特定功能。

**模型组件实用化, model component pragmatism** 一种模型组件设计思想，一般指基于系统稳定性、运行效率、目标状态等实用性指标来设计模型组件的思想。

**模型组件语法, model component syntax** 对模型组件本身及模型组件之间传递的信息的组织规则和结构关系的定义。

**模型组件语义, model component semantics** 模型组件本身及模型组件之间传递的信息的描述或定义。

**木马仿真器, trojan simulator** 采用无害的木马用例，测试木马扫描器，支持安全软件的研究和开发。

**目标/靶标, target** 攻击、射击、搜索或者操作的对象。

**目标导向的多模型, goal-directed multimodel** 从实现系统目标角度出发建立的含有不同抽象层次或反映系统不同侧面的一组耦合、异构的模型。

**目标导向的活动, goal-directed activity** 为达成目标所要采取的一组行动序列。目标用来描述想要达到的状态，而为达成目标通常会有多种方法或途径。在实现目标的过程中，根据与外界的交互，不断将目标信息与可能行动的结果信息进行比较，以选择出达到目标的一系列行动。

**目标导向的系统模型, goal-directed system model** 从如何实现系统所要达成的目标角度出发而建立的系统模型。系统所要实现的目标通常可以分解成若干具有层级结构的子目标，高层级目标的实现依赖于从其分解出的低层级子目标的实现。通过对系统目标的分解，可以达成对系统的认识，抽象出系统模型。

# Nn

**内部变量，internal variable** 只在模型内部可见的自变量或因变量。

**内部模型，internal model，endomodel** 数据库系统结构构成中的实际物理存储级，描述数据库内容如何实际地在存储介质上安排与存放，以便数据在物理存储器上组织得更有效、存取更快。所以，内部模型又被称为物理数据库或物理模型。

**内存模型，memory model** 在信息学中，指程序中各个变量（实例域、静态域和数组元素等）之间的关系，以及在实际计算机系统中将变量存储到内存和从内存中提取出变量的规定和描述。典型的有 Java 内存模型、C# 内存模型等。

**内存状态模型，memory state model** 在信息学中，指对内存模型内存操作状态和变化趋势的描述。对系统当前状态及状态变化趋势进行表示的模型，通过对状态及其变化进行建模，可以分析和预测系统状态的演变过程。

**内建式仿真器，built-in simulator** 在一个系统内部配备有仿真器，可以支持系统部分功能或者全部功能的模拟，用以支持系统运用训练，或者系统运行预测分析等任务。

**内聚性，cohesion** 原指黏结剂或造块物料本身分子间的相互吸引力。在计算机程序设计中，指一个软件模块的源代码中，各作用语句相关联的程度。

**内生，endomorph** 事物内部因素产生的影响或作用。

**内生变量，endogenous variable** 又叫因变量，描述建模对象内部因素产生的影响或作用的变量。内生变量可以在模型体系内得到说明，完全由模型自身决定。

**内生的，endomorphic** 系统不依赖外部影响而产生变化的特征。

**内生仿真，endomorphic simulation** 对系统中由内生变量所决定的过程或状态的仿真。参见"内生变量"。

**内生模型，endomorphic model** 由系统自身所决定的、不依赖外部影响因素而实现内生变量变化的模型。

**内省仿真，introspective simulation** 以一定的规则为标准对照检查自身的仿真实例，具有自我纠正和学习的功能。

**内省仿真模型，introspective simulation model** 以一定的规则为标准对照检查自身，可自我完善的仿真系统模型。

**内省模型，introspective model** 也称自省模型，可自我监督和学习的模型。

**内省系统，introspective system** 以一定的规则为标准对照检查自身，可自我完善的系统。

**拟合度, fitness** 一种（定量）评估指标，用以评估所设计的方案能达到预期目标的程度。例如，可通过仿真模型的输出响应与实际系统输出的对比来评估用仿真模型表示真实系统的适合程度。

**拟合优良度检验, goodness-of-fit test** 一种统计检验方法，用于评估观测值 $X_1, X_2, \cdots, X_n$ 是否为来自某一特定分布 $\hat{F}$ 的独立样本点。也即用于检验原假设 $H_0: X_1, X_2, \cdots, X_n$ 是服从分布函数 $\hat{F}$ 的独立同分布随机变量。

**拟解析仿真, quasi-analytic simulation** 仿真过程融入解析分析的仿真。

**拟解析仿真技术, quasi-analytic simulation technique** 实现将仿真融入解析分析的仿真技术。

**拟蒙特卡罗仿真, quasi-Monte Carlo simulation** 采用拟随机数序列代替伪随机数的蒙特卡罗仿真。这些随机数是实际问题中需要模拟的概率分布的代表样本。

**拟线性偏微分方程, quasi-linear partial differential equation** 最高阶偏导数是线性的偏微分方程。

**牛顿迭代法, Newton's iteration, Newton's method** 简称牛顿法，是牛顿在 17 世纪提出的一种在实数域和复数域上近似求解方程的迭代方法。

**牛顿-格雷戈里多项式, Newton-Gregory polynomial** 亦称牛顿插值多项式，是利用待求函数在某区间中若干点的已知值寻找一个恰好通过这些数据点的多项式，然后进行插值以求函数未知值的方法，是函数逼近的一种重要方法。

**扭曲的广义反馈位移寄存器随机数生成器, twisted generalized feedback shift register random-number generator** 由 Makoto Matsumoto 和 Takuji Nishimura 于 1997 年开发的伪随机数产生器。基于有限二进制字段上的矩阵线性再生，可以快速产生高质量的伪随机数，修正了古老随机数产生算法的很多缺陷。

# Oo

**欧拉积分, Euler integral** 由瑞士数学家欧拉整理得出的两类含参数变量的积分，即通常所说的贝塔函数（第一型欧拉积分）和伽马函数（第二型欧拉积分）。

**欧拉模型, Eulerian model** 一种用于流场的多相流模型，是一套包含 $n$ 个动量方程和连续方程来求解每一相的模型。

**耦合模型, coupled model** 各个仿真对象之间，以及仿真对象本身各要素、各部分或组件之间存在某种联系，把描述仿真对象及其之间相互关系的模型称为耦合模型。

# Pp

**帕雷托分布，Pareto distribution**　以意大利经济学家维弗雷多·帕雷托命名，从大量真实世界的现象中发现的幂次定律分布。这个分布在经济学以外，也被称为布拉德福分布。

**排队规则，queue discipline**　对队列中对象进行处理的顺序和方式。分为：（1）静态排队策略，基于对象在队列中的状态，包括 先到先服务，后到先服务。（2）动态排队策略，基于对象在队列中的属性，包括随机处理、基于优先级进行处理。

**排队论，queueing theory**　亦称随机服务系统理论，是研究排队系统的性态、运行规律、最优设计和最优控制的一门理论。适用于一切服务系统，包括通信系统、交通与运输系统、生产与服务系统、存贮与装卸系统、管理运筹系统以及计算机系统等。参见"排队系统"。

**排队模型，queueing model**　以数学方法或仿真技术来刻画排队行为或过程的模型，是一种设计排队系统和评估排队系统绩效的工具。

**排队网络模型，queueing network model**　由多个排队子系统所组成的排队系统的模型。在排队网络中，队列和服务台的组合可以是串联、并联或串并联混合，完成服务的顾客离开其所在排队子系统时可以按一定的概率选择下一个要去的排队子系统。

**排队系统，queueing system**　排队是指需要得到某种服务的实体以一定的到达过程形成等待队列。其中需要得到某种服务的实体泛称为顾客，而提供服务的人或设施泛称为服务台，由顾客和服务台组成的系统称为排队系统。由于顾客的到达间隔时间和服务时间可能是随机的，因此也称为随机服务系统。

**排队延滞，delay in queue**　任务在队列中等待直至能够被执行的等待时间，是网络延滞的关键组成部分。

**排序与选择，ranking and selection**　一种统计方法，用于在一系列备选项中按照某种准则确定次序，选择最优项或者选择包含最优项目的最优子集。

**佩特里网，Petri net（PN）**　一种适用于并发系统的图形化、数学化建模工具。它是一种拥有两类结点（位置、变迁）的有向图，可描述事物的因果关系，还可用令牌的移动来描述动态系统。佩特里网包含四个元素：位置（place）、转移（transition）、弧（arc）、令牌（token）。这些元素形成一种图示语言：圆圈表示位置，方框表示转移，箭头线表示变迁，黑点表示令牌。佩特里网用这种图示语言（网）统一描述系统结构和系统行为，是对系统的组织结构和控制行为的抽象。

**佩特里网仿真，Petri net simulation**　基于佩特里网模型的仿真。要实现仿真需要设计针对佩特里网模型的求解算法，使其在计算机上得以实现。主要步骤包括：初始化事件表，推进仿真时钟，处理事件，变迁激发，令牌转移，更新时间表等。

**佩特里网模型, Petri net model** 用佩特里网表示的模型。一般建模方法主要有以下四步：（1）列状态：首先列出所有的系统状态，确定系统初始状态，将所有的状态列表，并确定其标识。（2）列事件：事件是引起状态变化的原因，根据所列的状态，找到所有的事件，并列表；按照容易理解和与系统实际贴近的原则命名事件。（3）列事件条件表：按事件和状态的前因后果把事件和状态列入一个表。（4）按事件条件表画佩特里网：其中条件用佩特里网位置表示，事件用佩特里网转移表示，转移的输入是转移所对应事件的前条件，转移的输出是转移所对应事件的后条件，事件发生对应于转移的激发。

**配对的（双）$t$ 置信区间, paired-$t$ confidence interval** 采用配对的样本按照学生 $t$ 分布进行假设检验所得到的置信区间。

**配置, configuration** （1）部件或元件的安排。（2）参数复位的方式，如计算机系统的设置。（3）构成成分组合，如一个计算机系统的存储器、硬盘、显示器和一个操作系统的组合。（4）通过组合方式来连接的计算机网络的组件。

**配置管理, configuration management** （1）在通信科技中，配置管理是电信管理网管理功能的一个子集。配置管理控制执行系统的增加或减少，获得组成部件的状态和辨别其位置的一系列管理功能。（2）在软件产品开发领域中，配置管理指通过技术或行政手段对软件产品及其开发过程和生命周期进行控制、规范的一系列措施，源代码管理或版本控制是其中的一部分。配置管理的目标是记录软件产品的演化过程，确保软件开发者在软件生命周期中各个阶段都能得到精确的产品配置，实现软件产品的完整性、一致性、可控性，使产品极大程度地与用户需求相吻合。

**配准, registration** 将同一个场景中，获取到的不同时刻或空间位置的两个或多个模型，根据模型之间的特征一致性，将其变换到统一的坐标系中进行表示的过程。

**批到达过程, batch arrival process** 通常用于描述排队系统或马尔可夫过程中的一种现象，与"逐一到达"的概念相对，指新对象在到达时间上具有某种聚合性，按照某个时间点到达一个批量的形式进行。

**批平均值法, batch-mean method** 稳态仿真输出分析的一种方法。通过长时间仿真运行获得足够长的输出序列，并将该序列分成一系列子序列，对每个子序列求取均值（批平均值），从而得到独立样本集。在此基础上应用经典统计方法获得输出性能指标的置信区间估计。

**皮尔逊类型 V 分布, Pearson type V distribution（PT5）**　密度函数同对数正态分布形状相似，但是在靠近 $x=0$ 处有一个大的峰值的概率分布函数，记为 $X \sim \mathrm{PT5}(\alpha, \beta)$，当且仅当 $Y = 1/X \sim \mathrm{gamma}(\alpha, 1/\beta)$，$X \sim \mathrm{PT5}(\alpha, \beta)$。因此，皮尔逊类型 V 分布有时也称作反伽马分布。

**皮尔逊类型 VI 分布, Pearson type VI distribution（PT6）**　概率密度函数为

$$f(x) = \begin{cases} \dfrac{(x/\beta)^{\alpha_1-1}}{\beta B(\alpha_1, \alpha_2)(1+x/\beta)^{\alpha_1+\alpha_2}}, & x > 0 \\ 0, & \text{其他} \end{cases}$$

分布函数为

$$F(x) = \begin{cases} F_B\left(\dfrac{x}{x+\beta}\right), & x > 0 \\ 0, & \text{其他} \end{cases}$$

如果 $X_1$ 和 $X_2$ 为独立随机变量，且 $X_1 \sim \mathrm{gamma}(\alpha, \beta)$，$X_2 \sim \mathrm{gamma}(\alpha_2, 1)$，那么 $Y = X_1/X_2 \sim \mathrm{PT6}(\alpha_1, \alpha_2, \beta)$。参见"伽马分布"。

**偏度, skewness**　统计数据分布偏斜方向和程度的度量，是统计数据分布非对称程度的数字特征。

**偏微分方程, partial differential equation（PDE）**　如果一个微分方程中出现多元函数及其偏导数，或者说如果未知函数和几个变量有关，而且方程中出现未知函数对几个变量的导数，那么这种微分方程就是偏微分方程。

**偏微分方程建模, partial differential equation modeling**　针对实际问题从定量的角度以偏微分方程的形式建立模型的过程。

**偏移分布, shifted distribution**　在标准分布密度函数中引入位移参数，使分布密度函数曲线在保持其他参数不变的前提下在水平轴方向上整体移动，所得到的分布为原分布的偏移分布。在仿真中，某些输入量（例如活动持续时间）应不小于某临界值 $\gamma$，但通过数据拟合显示其服从 $\Gamma(\alpha, \beta)$ 分布，按此分布抽样该输入量可能得到任意小的数值。为保证所取数值不小于 $\gamma$，需对 $\Gamma(\alpha, \beta)$ 分布向右移位，得到其偏移分布。

**偏转力, force-deflection**　使受力对象的运行轨迹发生偏离预定轨迹的力。例如，地球上水平运动的物体，除了物体运动的通常效应外，还有与旋转方向成直角的惯性力作用于物体，使物体本来应走的直线变成了曲线，这种现象称作地球偏转力。又如，改变磁场和电场的方向，可对在其中运动的电荷施加作用而改变其运动方向，则分别称为磁偏转力与电偏转力。

**频域方法, frequency-domain method**　在分析问题时以频率作为基本变量的方法。频域分析时，自变量是频率即横轴是频率，纵轴是该频率信号的幅

度也就是通常说的频谱图。

**平方中值法, middle-square method**
由 Neumann 和 Metropolis 在 20 世纪
40 年代提出的一种产生伪随机数的方
法，其原理可通过以下例子加以说明：
从一个四位正整数 $Z_0$ 出发，取它的平
方以得到一个不超过八位的整数；如
果不够八位，则在其左侧补零，使它
刚好八位。取出该八位数的中间四位
作为下一个四位正整数 $Z_1$。在 $Z_1$ 的左
侧加上十进制小数点，就得到第一个
$U[0,1]$随机数 $U_1$。然后，令 $Z_2$ 为 $Z_1^2$ 的
中间四位，并令 $U_2$ 为 $Z_2$ 的左侧加上十
进制小数点后得到的小数，以此类推。

**平衡点, equilibrium** 亦称稳定点，指
状态保持不变或相关量平行变化以至
于某个量恒定。

**平衡条件, equilibrium condition** 一
个系统达到平衡点所需要的条件。

**平滑参数, smoothing parameter** 对
曲线或面进行平滑处理时的感知变
量，如在平面曲线生成中控制曲线光
滑程度的参数。平滑参数决定基函数
围绕中心点的宽度，数据值越大则趋
势部分越平滑。

**平滑法, smoothing** 对不断获得的实
际数据和原预测数据给以加权平均，
使预测结果更接近于实际情况的预测
方法，又称光滑法或递推修正法。平
滑法是趋势法或时间序列法中的一种
具体方法。

**平滑仿真, smoothness simulation** 采
用平滑算法对平面曲线进行平滑化的
仿真过程，如通过一个密度函数来进
行平滑处理的仿真、平滑算法抑制噪
声等。

**平台, platform** 在信息技术领域，指
计算机硬件或软件的操作环境，是计
算机平台的简称。基本上有三种：第
一种是基于快速开发目的技术平台；
第二种是基于业务逻辑复用的业务平
台；第三种是基于系统自维护、自扩
展的应用平台。技术平台和业务平台
是软件开发人员使用的平台，而应用
平台则是应用软件用户使用的平台。

**平台无关建模, platform-independent
modeling** 一种建立平台无关模型的
过程，是模型驱动的体系架构开发方
法的核心技术之一。平台无关建模针
对系统功能和行为，忽略与实现它的
特定技术平台相关的部分，一般采用
通用的、与平台无关的建模语言如统
一建模语言来实现。

**平台无关模型, platform-independent
model（PIM）** 一种独立于实现它的
特定技术平台（如操作系统、Java 虚
拟机或编程语言运行时库等）的系统
功能和行为模型，是模型驱动的体系
架构的核心概念。平台无关模型是对
系统高层次的抽象，其中不包括任何
与实现技术相关的信息，通常由一种
通用的、平台无关的建模语言如统一
建模语言来描述。采用模型驱动的体
系架构的建模思想进行大型复杂仿真

系统的设计，能够使得设计人员在没有考虑到有关系统实现的任何细节之前定义好系统的模型，极大提高模型重用性和互操作性。

**评估, assessment**　根据个人的知识、经验、认识、观察对评估对象做出评价、估计、判断，包含可能有误差错误的估计。

**评审机构, accreditation authority**　验收一个仿真系统是否满足特定目的的机构。

**普莱克特-布尔曼实验设计, Plackett-Burman design**　即筛选试验设计，主要指针对因子数较多，且不确定众因子对响应变量的影响而采用的试验设计方法。该方法对每个因子取两水平进行分析，通过比较各个因子两水平的差异与整体的差异来确定因子的显著性。该方法不能区分主效应与交互作用的影响，但可以确定显著影响因子，从而达到筛选的目的，避免后期优化试验中由于因子数太多或部分因子不显著而浪费试验资源。

**普适仿真, pervasive simulation**　在仿真系统中引进普适计算技术，将计算机软硬件、通信软硬件、传感器、设备、仿真器紧密集成，实现将仿真空间与物理空间结合的一种仿真新模式。

**谱分析法, spectrum-analysis method**　在统计学与信号处理中亦称谱估计，用于估计或分析时域信号的不同频率分量强度（功率谱），因此也称为信号频域分析。

**谱检验, spectral test**　在统计学中，指一类用于检验线性同余发生器产生的伪随机数的方法。由于这类检验设计成研究线性同余发生器的拉丁结构，因此不能用于其他类伪随机数发生器。

# Qq

**期望值, expected value**　判断一定行为能够导致某种结果或满足某种需要的可能量度。在概率与统计中，它是变量在概率意义下的平均值。期望值并不一定包含于变量值集合中，其值通常是人们对某目标能够实现的概率估计。

**期望值模型, expected value model**　可以观察分析系统期望值输出结果的模型。

**企业动力学, enterprise dynamics（ED）**　荷兰 INCONTROL 仿真公司开发的一款面向对象的离散事件仿真软件，用于仿真方案的设计与实现。根据应用领域不同，软件提供物流、生产、行人流、机场、运输、仓库，以及供教学用的教育套件等标准库。

**启动问题, startup problem**　（1）在非分布式交互仿真中，指模型在仿真进程推进之前需要做的一些初始化工作，包括基础数据输入、运行条件设置、图显预处理等。（2）在分布式交互仿真中，指启动准备、启动对时和启动等工作。

**启发式, heuristic**　自我发现的能力或运用某种方式或方法去判定事物的知识和技能。常见启发式包括经验准则、有根据的推测、直观判断、固有模式、一般常识等。

**启发式方法, heuristic method，heuristic algorithm**　一种基于直观或经验构造的算法，在可接受的花费（指计算时间和空间）下给出待解决组合优化问题每一个实例的一个可行解，该可行解与最优解的偏离程度不一定事先可以预计。

**启发式仿真, heuristic simulation**　通过模拟自然生态系统机制以求解优化问题的方法。这些方法都是基于仿真的输出，通过启发式优化算法得到优化结果。典型的启发式优化算法有进化算法、蚁群算法、粒子群算法和人工免疫算法等。

**气象环境数据, weather environment data**　与天气直接相关的各种信息，可分为历史数据、实况数据和预报数据。

**汽车仿真器, car simulator**　用于支持汽车整体、仪器、设备研制或汽车驾驶、维修训练的仿真设备。

**前端配置, front-end profile**　在计算机科学领域，指用户信息在前端的表示，即前端所加载的设置和文件的集合。

**前链, predecessor link**　在计算机科学中，用于数据库的组织与管理，它指向数据库中的表，包括表文件的路径和文件名。

**前瞻量, look ahead**　在高层体系结构中，用于决定成员未来可以生成的最小时戳消息的值，该消息使用时戳排序服务。如果一个成员的当前时间（即成员时间）是 $T$，它的前瞻量是 $L$，那么该成员产生的任何消息的时戳不小于 $T+L$。任何使用时戳排序消息发送服务的成员都必须指明前瞻量。

**前置变量, lead variable**　影响变量的变量称为前置变量，也即如果 $A$ 变量影响 $B$ 变量，那么 $A$ 变量称为 $B$ 变量的前置变量。

**欠实时系统, slower than real-time system**　仿真系统运行时间对系统自然运行时间的比例尺大于 1 的系统。

**嵌入式仿真，embedded simulation**　将仿真技术或系统嵌入到真实系统中的一类仿真。通过将仿真技术或系统与真实系统中各子系统的交互，完成实时运行、监控、调度、管理、分析、决策、测试、评估、训练和信息可视化等功能，以提高系统的性能及实现系统的人性化、多媒体化、网络化和智能化。

**嵌套仿真, nested simulation**　一种递归式仿真方法，用于仿真现实领域，即在进行仿真或仿真一个实体时，同时生成该仿真的另一个实例，仿真过程中运行该实例并使用其结果。这种技术可以提高仿真运行的可信性。

**嵌套模型, nested model**　具有嵌套结构的模型，在一定条件下可以实现递归调用。因此一个复杂的模型，通过强行设定一组参数约束，就可以将其转换为较简单的模型。典型的，这种模型在关系数据库中得到广泛应用。

**强大数定律, strong law of large number**　统计学中的基础定律，指当每次试验的取值为 $X_i$（$i=1, 2, \cdots, n$），令 $X_1, X_2, \cdots, X_n$ 为具有有限均值 $\mu$ 的独立同分布随机变量，则当次数足够多即 $n \to \infty$ 时，样本均值 $\bar{X}(n)$ 以概率 1 收敛于 $\mu$，或说几乎处处收敛于 $\mu$。

**强函数, majorant function**　亦称优函数。设函数 $f(x)$、$g(x)$ 在原点的一邻域内无穷次可微，若对任意正整数 $n$，$f(x)$ 在原点的 $n$ 阶导数值的绝对值小于或等于 $g(x)$ 在原点的 $n$ 阶导数值，则称 $g(x)$ 在原点的邻域内是 $f(x)$ 的强函数。

**强实时, hard real time**　一种对系统反应时间的强力约束。在限定时间内，系统保证任务的执行，而在时间限制之外，事物的完成就没有意义。

**墙钟时间, wallclock time**　观察者所在地的天文时间，是对真实世界时间的度量，该度量一般由天文时钟输出。

**求和统计, summary statistic**　用于一组观测值的求和，以便尽可能简单地累计最大值。

**求解器, solver**　指用于解决某些问题的计算机程序或者工具。

**区间仿真, interval simulation**　仿真在某一区间上进行。

**区域对象, areal object**　常用于战争仿真的术语。作战仿真中，被仿真的战场划分为多个区域，位于某一个区域的实体称为区域对象。

**区域特征, areal feature**　（1）在语言学中，指同一地域的语言所共有的特征。（2）在作战仿真中，被仿真的战场划分为多个区域，为便于识别，往往需要定义若干属性，根据其属性的不同来确定仿真任务属于哪一区域。

**全尺寸测试, full scale testing**　（1）按照实物大小 1∶1 制作物理模型进行测试，如风洞测试。（2）用于事务处理系统，指全面测试或全过程测试。

**全动态的, fully-dynamic**　一般用于模型的说明，指该模型描述的行为特性均是动态的。例如，如果模型用方程式描述，则全部是微分方程而不包括代数方程。在全动态网络图模型中，节点之间的转换均与时间有关。

**全局变量, global variable**　亦称外部变量，是在函数外部定义的变量。它不属于哪一个函数，其作用域是整个程序。在函数中使用全局变量，只有在函数内经过说明的全局变量才能使用。

**全局模型, global model**　对仿真对象

进行整体性描述的模型，包含环境信息、使命信息以及自身状态等。

**全局时间, global time** 在仿真中，指整个仿真系统的时间标识，是相对于局部时间而言的。例如，在基于高层体系结构/运行支撑环境（HLA/RTI）的分布式仿真中，墙钟表示全局时间，但每个联邦成员还有各自的时钟，则是局部时间。

**全局事件排序, global event ordering** 在离散事件系统仿真中，用未来事件表管理事件，通常按事件发生的时间顺序排序。在并行与分布式仿真中，各子系统独自维护各自的状态，仿真时钟并不完全同步，为了保持整个系统中事件的时序和因果关系的正确性，需要通过子系统之间的数据通信实现时间同步和全局状态的一致性。基于全局状态的时间排序方法，称作全局事件排序。

**全局相对精度, global relative accuracy** 整个系统中相对精度的最大值。

**全球信息网格, global information grid** 一个全球互联的集成系统，能把整个因特网整合成一台巨大的超级计算机，用户以集成、协作的方式使用来自多个组织的数据和信息。信息访问与集成中间件提供了所需的工具和组件，包括对数据存储的访问、数据放置管理和数据策略，从而实现计算资源、存储资源、通信资源、软件资源、信息资源、知识资源等的全面共享，对用户所需的信息进行收集、处理、存储、分发和管理。

**全生命周期成本模型, life cycle cost model** 在产品论证、研发、试验、使用等各阶段所发生的与成本有关的数学描述。

**全数字仿真, all-digital simulation** 仿真过程的所有步骤中，均采用数字信号而非模拟信号，整个过程数字化的仿真思想。

**权威数据源, authoritative data source** 最新的、正式的、可靠的、精确的、可信任的数据来源，可以是一个独立的数据来源，也可以是多个独立的数据来源的功能整合。用户可使用权威数据来源进行与用户相关的工作，增强数据发布者和用户之间的表达一致性以及广泛的协同合作。

**确定性仿真模型, deterministic simulation model** 通过状态间和事件间的已知关系能确定输出结果，且相同的输入得到相同的输出的仿真模型。

**确定性模型, deterministic model** 一种由完全确定的函数关系（因果关系）所决定的模型。

**确定性算法, deterministic algorithm** 一种由完全确定的函数关系（因果关系）所决定的算法，同一输入必定产生相同的输出。

**确定性系统, deterministic system** 一种由完全确定的函数关系（因果关系）

所决定的系统，不存在任何随机干扰，同一输入必定产生相同的输出。

**确认, accreditation**　官方对一个模型或仿真系统可用于特定目的的认可。

**确认过程, accreditation process**　亦称认定过程，是建模与仿真应用的订购方所遵循的、以确认为结束的执行过程。

**确认机构, accreditation agent**　亦称认定代理，指对仿真系统确认评估负主要责任的组织，它给确认机构提供确认报告，确认机构最终决定确认结果。

**确认计划, accreditation plan**　亦称认定计划，是为仿真确认过程做的规划，包括确认责任人、确认方法、确认指标、确认文档等的详细规划。

# Rr

**人工智能, artificial intelligence（AI）**　研究用机器（主要指计算机）模拟类似于人类的某些智能活动和功能的方法、理论和技术，内容包括：问题求解和演绎推理、学习和归纳过程、知识表征、语言处理、专家系统、智能机器人、自然程序编制等。

**人工智能导向仿真，AI-directed simulation**　人工智能是使用计算机来模拟人类的某些思维过程和智能行为（如学习、推理、思考、规划等）的学科。以其作为指导方向进行仿真，从而使计算机能实现更高层次的应

用，涉及计算机科学、脑科学、神经学、心理学、语言学、数学、信息论、控制论等许多科学领域。

**人工智能模型, AI model**　人工智能是人类智能在机器上的模拟，它不仅涉及计算机科学，而且涉及脑科学、神经学、心理学、语言学、数学、信息论、控制论等许多科学领域。在这些科学领域基础上，形成了不同的应用模型，包括机器学习、数据挖掘、模式识别、遗传算法、专家系统等模型。

**人机仿真, man-machine simulation, human-machine simulation**　人与机器共同参与完成任务的仿真。

**人类行为, human behavior**　人类为达到某种有意义状态所采取的具有目的性的行动和反应，受到文化、态度、情感、价值观、道德、权利、信念、胁迫和遗传等因素的影响。

**人类行为表达，human behavior representation**　抽取人类行为实证现象（$P_a$）中的主要特征，并通过将其抽象化，映射（$f$）为一系列规范描述或参数值（$P_e$）。因此，一个行为表示可由三个因素决定，即 $\{P_a, P_e, f\}$。人类行为模型是一种典型的表达形式，例如一种常用的模型框架由五个部分组成：感知、工作存储器、认知、机动行为和长期存储器，人类行为可表示为这五部分共同作用的结果。

**人体测量尺寸, anthropometric dimension**　根据人体工程学原理对人体各个部位

进行的测量。

**人体计算机模型, human body computer model** 应用计算机技术建立的人体仿真模型。

**人体运动轨迹, human trajectory** 由身体的某一部分从开始位置到结束位置所经过的路线组成的动作的空间特征。轨迹由方向、形态和幅度表示。

**人因, human factor** 人类个体在社会行为中表现出来的专有认知属性。人因不仅影响技术系统的运作效率，还影响人和环境之间的平衡。它强调互动中的社会属性，涉及人和环境互动的各个维度，比如人的归属感、满意度、亲近度等属性。

**人在回路, human-in-the-loop** 人作为实现某功能的回路系统的一个环节存在，人在回路系统中进行某些操作以影响系统的功能、性能、逼真度等。例如，航空系统人在回路仿真指在提供飞行环境信息和人感信息的工程用飞行模拟器或训练用飞行模拟器上，有飞行员或工程师参与的飞行仿真试验。

**人在回路仿真, human-in-the-loop simulation** 将人加入控制回路中代替对人的建模，即人作为一个环节进入仿真回路，人在系统回路中进行操控的仿真，主要用于操作训练和指挥训练。

**认证, certification** 由认证机构证明产品、服务、管理体系符合相关技术规范的强制性要求或者标准的评定活动。

**认知, cognition** 人们认识活动的心理过程，即个体对感觉信号接收、检测、转换、简约、合成、编码、储存、提取、重建、概念形成、判断和问题解决等的信息加工处理过程。

**认知仿真器, cognitive simulator** 用计算机化的人类认知模型模拟人的某种认知过程，其目的是通过在计算机上模拟人解决问题的过程来进行特定的心理学实验，以进一步深入了解人类认知活动的特点和规律。

**认知模型, cognitive model** 一种近似模拟人的认知过程的模型，通常包括感知与注意、知识表示、记忆与学习、语言、问题求解和推理等理论模型，目的是为了理解和预测人的认知行为。典型认知模型如前景理论模型等。

**任务空间, mission space** 完成仿真过程的一系列子任务单元所组成的一个任务集合，子任务所完成的功能构成任务集合的整体功能。

**任务空间的功能描述, functional description of the mission space** 在多道程序或多进程环境中，对构成其基本工作单位的控制程序处理的一个或多个指令序列所发挥的有利作用所进行的形象化的阐述。

**任务空间概念模型, conceptual model**

**of the mission space** 将概念模型应用于仿真任务，以完成仿真过程任务集合中的一系列子任务单元，辅助任务直接或间接参与者认识和理解任务本质和发展过程，更好地实施任务从而到达预期目标。

**容差区间，tolerance interval** 一个统计区间，采样总体以某个置信水平落在该统计区间。更专业地说，容差区间 100×$p$%/100×(1−$\alpha$) 给出了一个范围，总体至少以某个比例 $p$ 落在该范围内，且具有的置信水平为 1−$\alpha$。

**容错，fault tolerance** 系统在发生故障时能够自行采取补救措施，而不影响整个系统的功能、性能和效率。仿真是研究复杂系统容错性能的一种重要方法，而容错又是仿真系统研究中的一个重要方面。

**软件仿真器，software simulator** 能够模拟软件功能的仿真器。通过黑箱处理的方法，模拟软件输入、输出，测试、验证、分析软件的功能、性能、接口、人机界面等。

**软件建模语言，software modeling language** 能够对系统已构造出的数学模型，转化为图形模型或其他可方便用户操作的计算机语言。

**软件模型，software model** 用某种软件及相应的软件语言实现的模型。

**软件在环仿真，software-in-the-loop simulation** 亦称软件在回路仿真，指利用实际系统的软件（实装软件或机载软件）在回路中运行完成一定任务的仿真。

**软实时，soft real time** 软实时系统可以容忍超出截止时间，即允许偶然的超时，且该超时不会对系统造成不可修复的后果。

**瑞利分布，Rayleigh distribution** 概率与统计中的一种连续分布，其概率密度函数为 $f(x;\sigma)=\dfrac{x}{\sigma^2}e^{-x^2/2\sigma^2}$，$x \geqslant 0$，累积分布函数为 $F(x)=1-e^{-x^2/2\sigma^2}, x \geqslant 0$。当一个随机二维向量的两个分量呈独立的、有着相同的方差的正态分布时，这个向量的模呈瑞利分布。

## Ss

**三角分布，triangular distribution** 在概率与统计中，随机变量取值的低限为 $a$、众数为 $m$、上限为 $b$ 的连续概率分布。其密度函数为

$$f(x)=\begin{cases}\dfrac{2(x-a)}{(b-a)(m-a)}, & a \leqslant x \leqslant m \\[2mm] \dfrac{2(b-x)}{(b-a)(b-m)}, & m < x \leqslant b \\[2mm] 0, & \text{其他}\end{cases}$$

分布函数为

$$F(x) = \begin{cases} 0, & x < a \\ \dfrac{(x-a)^2}{(b-a)(m-a)}, & a \leqslant x \leqslant m \\ 1 - \dfrac{(b-x)^2}{(b-a)(b-m)}, & m < x \leqslant b \\ 1, & b < x \end{cases}$$

**三维骨骼系统模型, three-dimensional skeletal system model** 由三维形式描述骨骼系统所形成的模型，常用于虚拟人的仿真。

**三维模型，three-dimensional model** 物体的三维空间抽象描述，通常用计算机或者其他视频设备进行显示。

**三轴仿真转台，three axes attitude simulation turntable** 为模拟飞行器飞行姿态而设计制造的三自由度平台。

**扫描转换算法，scan conversion algorithm** 光栅图形学中常用的扫描线填充算法，基本方法为：将二维区域分为 $n \times m$ 的栅格，按横扫描线开始扫描，$X$ 坐标增加，先是区域外，碰到的第一个边界点就是区域内，再碰到的第二个边界点就是区域外，以此类推，遍历所有扫描线，完成区域的填充，适用于凸边形。

**筛选法，screen-and-select procedure** 一种统计学方法，指在一组相互矛盾的备选方案里选出最优（或接近最优）的方案的方法。

**上界，upper bound** 时间最早或数量最大的限度，与下界相对。参见"下界"。

**上下文知识，contextual knowledge** 一种属性的有序序列，为驻留在环境内的对象定义环境。在对象的激活过程中创建上下文，对象被配置为要求某些自动服务，如同步、事务、实时激活、安全性等。多个对象可以存留在一个上下文内。

**舍选法，acceptance-rejection method** 一种非直接抽样方法。对另一已知分布的随机变量抽样，通过某个检验条件来决定取舍，以得到所需分布的随机变量，可用于一般分布随机变量的生成。基本思想为：设 $f(x)$ 为所需随机变量的概率密度函数，其分布函数为 $F(x)$，选定一个覆盖函数 $t(x)$，满足 $f(x) \leqslant t(x)$，$C = \int_{-\infty}^{\infty} t(x)\mathrm{d}x < \infty$。令 $r(x) = t(x)/C$，可知 $r(x)$ 是一个概率密度函数，设相应的分布函数为 $R(x)$。现抽取两个相互独立的随机变量 $X \sim R(x)$，$U \sim U(0,1)$，当 $U \leqslant f(X)/t(X)$ 时，令 $Y = X$（保留）；否则重新抽取。则所保留的随机变量样本即为所需分布随机变量，也即 $Y \sim F(x)$。

**设计的可接受性，acceptability of design** 当前设计被接受的程度。原则上，设计应该适合能力不同的人使用，无需特别修改或改动。设计的可接受性有四个特征：可识别性、可操作性、简单性和包容性。

**社会网络建模，social network**

**modeling**　对由多个社会行动者及它们间的关系组成的集合进行建模。社会网络是由某些个体间的社会关系构成的相对稳定的系统，它将联结行动者（actor）的一系列社会联系（social tie）或社会关系（social relation）视为"网络"，其相对稳定的模式构成社会结构。

**身份模拟, identity simulation**　使用另外的权限或身份来执行程序逻辑的过程。

**神经网络, neural network**　生命科学中的一个术语，将其用于其他领域建模时，则是人工神经网络（artificial neural network，ANN）的简称，亦称连接模型（connection model）。它是一种模仿动物神经网络行为特征，进行分布式并行信息处理的数学模型。

**神经网络模型, neural network-based（network）model**　一种模拟智能生物神经网络结构与行为特征，进行分布式信息处理的算法数学模型。该模型依靠系统的复杂程度，通过调整系统内部大量节点之间的相互连接关系，从而达到信息处理的目的。

**神经网络元模型, neural network metamodel**　神经网络模型的模型，定义神经网络的概念并提供用于创建神经网络模型的构建元素。以神经元模型为基础，通过网络拓扑、节点特点和学习规则可构建神经网络模型。

**神经系统, nervous system**　通常用于对动物的控制系统的描述。基于对动物神经系统的理解，建立神经元及其网络系统模型，进一步用于科学研究领域，从而产生了人工神经网络系统，并作为一种建模方法，用于复杂系统建模。

**生理模型, physiological model**　根据生理原理和特征建立起来的模型。

**生命周期, life cycle**　狭义是生命科学术语的本义，指生物体从出生、成长、成熟、衰退到死亡的全过程。广义是本义的延伸和发展，泛指自然界和人类社会各种客观事物的阶段性变化及其规律。

**生命周期模型, life cycle model**　关注产品的生命周期，并在建模中考虑如产品发展阶段、产品设计周期、产品使用周期等生命周期相关因素建立的各种模型，如费用、风险、进度等模型。

**声显示, sound display**　通过图形、图像等可视化方式，动态显示声音的频率、音量、音质等属性。

**声学仿真系统, acoustics simulation system**　基于有限元或无限元等技术的噪声模拟系统。与传统方法相比，声学仿真系统不仅效率高，而且可以得出传统方法得不到的结果。

**剩余变量, surplus variable**　在管理运筹学的线性规划模型中，对于"≥"约束条件，可以增加一些代表最低限约束的超过量，称之为剩余变量，从而把"≥"约束条件变为等式约束条件。

**时变模型，time-varying model**　系统结构参数随时间变化的系统模型。

**时标，time scale**　一个过程发生或完成所需要的时间同求解时间之间的对应关系量。在计算中，如果机器求解时间大于过程的实际时间，则认为时标大于 1，这时认为计算在扩展的时标或慢时标上进行；反之时标小于 1，称为快时标。如果计算在与实际过程同样的时间里进行，则时标等于 1，称为实时。

**时不变模型，time-invariant system model**　时不变系统的模型。参见"时不变系统"。

**时不变系统，time-invariant system（TIV）**　系统结构参数不随时间变化的系统。不管输入信号何时作用，输出响应的形状均相同，仅是出现的时间不同。即如果输入信号 $x(t)$ 产生一个输出 $y(t)$，那么任何时间偏移的输入 $x(t+\delta)$ 将导致一个同样时间偏移的输出 $y(t+\delta)$。

**时戳，time stamp**　仿真中时间变量的值，通常用于标记事件或消息发生的时间。

**时戳顺序，time stamp order（TSO）**　基于时戳的"时间上先于（$\rightarrow_t$）"关系而排出的消息的总顺序。在高层体系结构中，运行支撑环境可以确保任意两个时戳顺序的消息将按同样的相对顺序发送给接收这两个消息的所有成员。

**时戳下界，lower bound on the time stamp（LBTS）**　在高层体系结构中，一个成员可通过运行支撑环境接收到的所有具有时戳顺序消息的时戳界限。小于时戳下界的消息才可由运行支撑环境交付给成员而不破坏按时戳排序交付的规定。而大于时戳下界的消息不能交付。时戳下界保存在使用一保守同步协议的运行支撑环境内。

**时基，time base**　即时间基准，在仿真中为实现不同机制的时间同步、时间推进计算所采用的一致的时间频率量值。

**时间变量，time variable**　其值为仿真时间或仿真时钟状态的变量。

**时间步长，time step**　在仿真过程中每一步推进仿真时间的长度。

**时间步进仿真，time-step-transition simulation**　按照固定步长时间或者变步长时间推进的仿真。

**时间步进模型，time step model**　一种动态模型，其仿真时间以固定或独立确定的时间间隔推进到新时间点且模型的部分或全部状态在新时间点得到更新。这些时间步长一般是固定的，但也可以改变。

**时间常数，time constant**　一种以时间

长短衡量的常数，其值表示系统或电路从一种状态变化到另一种状态所需的时间。

**时间分辨率, time resolution**　在给定系统中，所能测量的最小时间间隔。

**时间管理, time management**　在高层体系结构中，指每个联邦成员执行期间，控制其时间推进与联邦对消息排序和交付要求一致的一组机制和服务。

**时间结, time tie**　两个或两个以上的事件具有相同的发生时间。

**时间卷绕机制, time-warp mechanism**　亦称时间弯曲机制，是 Jefferson 提出的最著名的并行离散事件仿真的乐观算法，是基于虚拟时间的时间弯曲机制。时间弯曲是把"超前-回滚"作为基本的同步机制，每个进程运行时，并不考虑是否会和其他进程发生同步冲突。一旦发生冲突，不管冒进的进程运行到什么时刻，都必须回滚到发生冲突前的时间点处，再按照已修正的路径继续运行。时间弯曲有三个主要组成部分：（1）本地控制机制（local control mechanism），利用本地虚拟时钟（local virtual time，LVT）负责按兰波特（Lamport）时钟条件进行消息的接收、执行和发送。（2）消息回滚机制，当冲突发生时，负责回收已执行的所有"错误"消息。（3）全局控制机制（global control mechanism），利用全局虚拟时钟（global virtual time，GVT）负责全局问题，如空间管理、流控制、输出到外设的事件提交、错误句柄管理、仿真结束探测等。

**时间流, time flow**　在仿真中，用于描述仿真时间的推进。

**时间流机制, time flow mechanism**　仿真中推进时间并提供仿真各部分同步的策略。常用的时间流机制包括事件驱动（或事件步长）机制、时间驱动机制和独立时间推进（实时同步）机制。

**时间佩特里网, timed Petri net**　带时间标识的佩特里网，用五元组$\Sigma(S; T; F, M, DI)$表示，其中$(S; T; F, M)$是一个原型佩特里网，DI 是定义在变迁集 $T$ 上的时间函数，即 $DI:T \rightarrow R_0$，对于 $t \in T$，$DI(t) = \alpha$ 表示变迁 $t$ 的发生需要 $\alpha$ 个单位时间来完成，即当一个标识 $M$ 满足条件时，变迁 $t$ 就可以立刻发生，但要经过 $\alpha$ 个时间单位，$t$ 的发生才结束。

**时间片仿真, time-slice simulation**　时间片即 CPU 分配给每个进程允许执行的时间段，轮转执行，使各个程序从表面上看是同时进行的。如果在时间片结束时进程还在运行，则 CPU 将被剥夺并分配给另一个进程。如果进程在时间片结束前阻塞或结束，则 CPU 当即进行切换，而不会造成 CPU 资源浪费。

**时间平均, time average**　针对时间的平均值，也即单位时间的指标值。

**时间曲线图, time plot** 用曲线表现数字资料的统计图。时间序列绘成的动态曲线图可反映现象在时间上的变动情况，广泛应用于各种管理和科学研究。

**时间事件, time event** 在仿真时间轴上，某个具体时刻发生的对象属性值变化、对象间交互、新对象实例化或现有对象删除等与时间关联的事件。每个事件都带有一个指明该事件预计何时发生的时戳。

**时间推进, time advance, time advancement** 在计算机仿真中，仿真模型按照时间进行解算的行为。

**时间推进函数, time advance function** 在计算机仿真中，按照特定的时间推进策略，完成时间推进的功能函数。

**时间推进机制, time advance mechanism** 仿真时钟的推进方式，分以下两种：（1）面向事件的仿真时钟的推进方式，按照下一个事件预计将要发生的时刻以不等距的时间间隔向前推进。（2）面向时间间隔的仿真时钟的推进方式，此时仿真时钟根据模型的特点确定时间单位，并按很小的时间区间等距推进，每次推进都要扫描所有的活动。对于分布式仿真，由于要求时间同步，因此对时间推进机制有特殊要求，在高层体系结构中可分为两大类：（1）保守时间推进机制，要求运行支撑环境必须严格保证联邦成员按照时戳顺序接收消息，因此联邦成员在推进的过程中永远不会产生冲突。（2）乐观时间推进机制，不受联邦中其他时间控制成员的限制，且它的仿真时间可以大于联邦成员的时戳下界，因此乐观联邦成员可发送时戳值大于时戳下界的"未来"事件。

**时间推进请求, time advance request** 联邦成员或者逻辑进程向运行支撑环境或者并行离散事件仿真引擎表达时间推进意向的行为。

**时间推进许可, time advance grant** 在高层体系结构中，根据时间管理算法，运行支撑环境发出的、允许联邦成员进行时间推进的服务。

**时间序列, time series** 将某种现象某一个统计指标在不同时间上的各个数值，按时间先后顺序排列而形成的序列。时间序列法是一种定量预测方法，亦称简单外延方法。在统计学中作为一种常用的预测手段被广泛应用。时间序列分析在第二次世界大战前应用于经济预测，战时和战后在军事科学、空间科学、气象预报和工业自动化等领域的应用更加广泛。

**时间序列模型, time-series model** 运用随机过程理论和数理统计方法研究时间序列的数学模型，它着重研究数据序列的相互依赖关系。时间序列模型中时间作为影响研究对象发生变化的各种因素的总代表，根据具体问题用适当的单位（如年、月或小时）计量，以 $t$ 表示。

**时间延迟，time delay**　一个广泛使用的概念，泛指延后一段时间，如网络通信延迟、航班到达延迟等。延迟可能是系统本身固有的，也可能是有意安排的。

**时间依赖约束，time-dependent constraint**　含有时间变量的约束。

**时间约束，time constraint**　对完成一个任务所需要的时间进行限制。时间约束分为以下四个方面：（1）最早时间限制，指该任务的开始和结束时间具有相应的最早的时间限制，即该任务不得早于某个时刻开始和不得早于某个时刻结束。（2）最迟时间限制，指该任务的开始和结束时间具有相应的最迟的时间限制，即该任务不得晚于某个时刻开始和不得晚于某个时刻结束。（3）双边时间限制，指该任务的实际执行必须在某一时间区域内进行。（4）中断时间限制，指该任务的实际执行不能在某一时间区域内进行。

**时空一致性，time-space consistency**　时间空间相一致的性质。时空一致性是分布式系统仿真中的重要概念，分布式系统仿真中的任何一个实体必须保证全局的时空一致性。

**时序算法，sequential algorithm**　亦称顺序算法，指按照时间顺序逐步执行的算法。

**时钟同步，clock synchronization**　亦称对钟，指把分布在各地的时钟对准（同步起来）。最直观的方法就是搬钟，可用一个标准钟作为搬钟，使各地的钟均与标准钟对准。或者首先使搬钟与系统的标准时钟对准，然后使系统中的其他时针与搬钟比对，实现系统其他时钟与系统统一标准时钟同步。

**实况仿真，live simulation**　传统上称为半实物仿真，由真实的人员在真实或仿真的环境中操作实况实体的仿真。

**实况仿真、虚拟仿真与构造仿真，live, virtual and constructive simulation（LVC）**　美国在 20 世纪 80 年代研究分布式交互仿真时，把其中的数字仿真的含义进一步拓宽所定义的三种仿真类型。参见"实况仿真""虚拟仿真""构造仿真"。

**实况火力试验与评估，live fire test and evaluation（LFT&E）**　对常规武器或常规武器系统的毁坏性或脆弱性进行实际火力试验评估的过程。

**实况实体，live entity**　实况仿真中的仿真实体，包括被仿对象中的真实的实体，以及具有类似实况属性的仿真实体。参见"实况仿真"。

**实例，instance**　具有某些特定属性定义的对象的一份拷贝，其被赋予特定的属性值，不同拷贝之间可以共享部分或者完全相同的属性值，也可以具备完全不同的属性值。

**实例化，instantiation**　一个面向对象

领域中在对象的类定义与声明基础上被创造（构造）的过程，也即是通过定义某一个特定的对象类别，给它命名以及定义其具体位置来构造一份实体。在建模仿真领域，指以虚拟现实及其他仿真的方式，通过传感设备，在系统中创造一个模拟实际物体或对象的显式特征与动态属性的过程。

**实时仿真, real-time simulation** 仿真系统时间推进与真实系统时间推进一致的仿真。

**实时服务, real-time service** 满足服务使用者提出的实时约束的服务。实时约束由使用者规定，它应确保在该约束内的时间延迟不会对使用产生不利影响。

**实时光纤网络系统, real-time optical fiber network system** 仿真过程中，采用光纤网络设备，实现地理位置不同、功能独立的多仿真设备互联互通，并能实现仿真设备之间实时通信的网络系统。

**实时连续仿真, real-time continuous simulation** 仿真时间推进速率与真实时间推进速率相同，且变量状态随时间连续变化的仿真。

**实时时钟, real-time clock** 能够准确跟踪真实时间的专用时钟源。

**实时系统, real-time system** 仿真系统时间与真实系统时间推进速率相同的系统。

**实时域, real-time domain** 由某特定的实时策略定义的一个实时环境。

**实时执行, real-time execution** 对事件、任务等的实时响应或运行。

**实体, entity** 具有信息的、可区分的个人、地点、单元、事情、事件或概念。在离散系统仿真中实体定义为组成系统的个体。

**实体关系图, entity relationship diagram** 描述数据实体及数据实体之间关系的数据结构模型。

**实体视野, entity perspective** 实体根据自身知识和它与其他仿真实体的交互得到的对综合环境的理解。实体视野不仅包括它对仿真物理环境（陆地、大气、海洋等）的观察得到的视图，而且包括它对综合环境中自身、其他实体、其他实体对它本身和综合环境的影响的观察得到的视图。

**实体坐标, entity coordinate** 实体在一个给定参照系或参考框架中的位置。

**实验框架的可接受性, acceptability of experimental frame** 实验框架的无障碍设计或通用设计。

**实验式仿真, experiment-aimed simulation** 以实验为目的的仿真活动。例如，在系统设计阶段，考虑到修改、变换模型的方便和经济性，利用计算机进行数学仿真实验。在部件研制阶段，可用已研制的实际部件或子系统去代替部分计算机仿真模型进行半实物仿真实验，以提高仿真实验的可信度。在系统研制阶段，大多进行半实物仿真实验，以修改各部件或子系统的结构和参数。在个别情况下，可进行全物理的仿真实验，这时计算机仿真模型全部被物理模型或实物所代替。

**实质性互操作性，substantive interoperability**　仿真互操作标准化组织将互操作性定义为：在一个系统或过程中，通过其可交换的部件，在没有预先约定数据通信路径的情况下，实现系统各部件协调工作。实质性互操作性即仿真按照特定需求与其他应用连接和交换数据的能力，它由系统目的决定，可满足深层和高精度的互操作需求。

**示范仿真，tutorial simulation**　以直观方式来示范说明仿真过程，通常采用手工实现，并通过简单算例演示仿真的基本过程。

**示教仿真，instructional simulation**　一种无需外部物理设备，单纯通过仿真构造，帮助学习者探索、实时操纵并获得更多无法从实验或书本方式得到的信息的系统环境。它主要通过对事物的概念、特征与应用的重现引导学习者掌握相关事物。

**世界模型，world model**　亦称福雷斯特-米都斯模型，是研究全球问题的系统动态模型。在美国麻省理工学院福雷斯特教授于1971年提出的"世界模型Ⅱ"的基础上，米都斯等进一步提出"世界模型Ⅲ"。其中包括：（1）因果关系分析，涉及人口、自然资源、工业、农业、环境等子系统。（2）模型假设与结构，设有5个状态变量，7个决策变量，104个方程。（3）模拟计算，米都斯指出，世界模型通过连锁着的反馈环路把关于 $s$ 种因素的了解综合在一起。他还认为模型的重要性在于决定经济在"世界系统中增长的原因和极限"。

**世界时间，universal time**　位于英国伦敦郊区的皇家格林尼治天文台的标准时间，缘于本初子午线被定义为通过那里的经线。自1924年2月5日开始，格林尼治天文台每隔一小时就会向全世界发放一次调时信息。

**世界视图，worldview**　在图形学中，指存在于世界坐标系下的视图。即当下时刻世界坐标系下视图的视点，二维视图里优先为主视图，三维视图里包括主视图、左视图、俯视图和右视图。

**世界坐标系，world coordinate system**　亦称绝对坐标系，是一种直角坐标系。记坐标原点为 $O$，三个方向分别为 $OX_w$（水平向右为正）、$OY_w$（垂直向下为正）、$OZ_w$（按右手法则确定正方向）。

**事件，event**　在仿真中，指引起系统状态发生变化的事情。例如，在联邦时间轴上某个特定点发生的对象属性值的变化、对象间的交互、新对象的实例化、现有对象的删除等。每个事件都带有一个指明该事件预计何时发生的时戳。

**事件表, event list**　一张包括事件将要发生的时间的有序表。

**事件调度, event scheduling**　（1）动态安排某项复杂功能所分解成的若干子事件执行时机，以实现整体执行效率的优化。（2）离散事件系统仿真中的一种仿真钟推进的策略。

**事件调度法, event-scheduling approach**　离散事件系统仿真的核心驱动与控制机制为事件调度，其基本过程如下：（1）初始化未来事件表，即将初始事件插入未来事件表。（2）从未来事件表中取出第一个事件（将最早发生的事件），并将仿真时钟推进到该事件的发生时间。（3）处理该事件，并将由此所产生的新事件按发生时间的顺序插入未来事件表。（4）返回步骤（2），直至未来事件表变空为止。以上过程即为事件调度法。

**事件调度法仿真，event-scheduling simulation**　通过定义事件及每个事件发生引起系统状态的变化，按时间顺序确定并执行每个事件发生时有关的逻辑关系而进行的仿真。

**事件发送，event delivery**　特指在高层体系结构中，调用运行支撑环境提供的相应服务（反射属性值、接收交互、实例化发现的对象或删除对象），通知一个成员某一事件的发生。

**事件驱动编程，event-driven programming**　一种编程方法，其仿真时间推进是从一个事件发生时刻推进到下一个事件的发生时刻。

**事件驱动仿真，event-driven simulation**　一种关注事件的发生及其发生时刻的仿真，如数字电路中关注于状态变化的仿真。

**事件顺序仿真，event-sequenced simulation**　离散事件仿真的一种，其仿真时间推进是从一个事件发生时刻推进到下一个事件发生时刻。

**事件通知，event notice**　包含事件信息的一个消息。

**试错法, trial and error**　一种通过尝试各式各样的方法或理论直到错误被充分地减少或杜绝，从而达到正确的解决方法或令人满意的结果的方法。

**试验设计，experimental design**　（1）以概率论和数理统计等知识为基础，经济科学地安排试验的一项技术，其主要内容是研究如何合理地安排试验和正确地处理、分析试验数据，从而给出试验结果。（2）对各种手段和方案的价值做出有效、可靠评价的通用方法的总称。在建模仿真过程中，常见的试验设计方法有全面试验法、坐标轮换法、正交试验设计法、均匀试验设计法等。

**试验数据, testing data**　在试验过程中，通过观察和检测得到的各类数据，如电流、电压、温度、流量等物理量。

**试验台，testbed** 为测试某一对象的功能和性能所搭建的设备或系统。

**试验与训练使能体系结构，test and training enabling architecture（TENA）** 美国国防部开发的试验与训练领域的公共体系结构，其目的是以快速、高效益的方式实现用于试验和训练的靶场、设施和仿真之间的互操作，促进这些资源的重用和可组合。

**试运行，pilot run** 在产品完全投入运行前，一般通过试运行对产品的可靠程度进行检测评估，有时也通过试运行获取进一步提升产品质量的信息。

**视场角，angle of field** 在光学仪器中，以光学仪器的镜头为顶点，被测目标物象通过镜头的最大范围的两条边缘构成的夹角。例如，光学探测设备系统的水平视场、垂直视场和圆视场等，一般以视场角来表示。

**视觉仿真，vision simulation** 借助于特定观瞄设备进行视觉效果的仿真，可以模仿人某些部分被损坏的视觉，允许一个有完美视觉的人像有视觉缺陷的人那样观察周围环境。视觉仿真也包含另一方面的工作，即让有视觉缺陷的人像有正常视觉的人那样观察周围环境。

**视觉分辨率，visual resolution** 视景系统能够提供给用户辨识小目标细节的能力，用人眼能够辨识目标细节的分角来表示。

**视频游戏，video game** 一类涉及人机交互用户界面，并通过视频设备产生视觉反馈的电子游戏。

**视线，line of sight** 从观察者的眼球中心点到目标点的假想的直线。

**视线仿真，line-of-sight simulation**（1）导弹制导系统中，对弹目视线进行建模与仿真。（2）在游戏场景中，利用计算机对观察者的视线（可见性）进行建模与仿真。许多能力只有在视线内才能发挥作用。

**适应性仿真，adaptive simulation** 对具有适应性行为特性的系统所进行的仿真。这类系统属于一类复杂系统，其适应性行为特性依赖于系统状态，因此这类系统的仿真运行过程中，模型的参数甚至结构有可能发生变化，所以仿真控制比较困难。

**适应性仿真基础设施，adaptive simulation infrastructure** 支撑适应性仿真活动的系统和应用、通信、网络、体系结构、标准与协议以及信息资源仓库等。

**适应性界面，adaptive interface** 用户界面可根据用户的个性需求及其对界面的熟知程度而改变，即满足定制化和个性化的要求。

**适应性模型，adaptive model** 可根据使用者的要求或运行条件改变的模型，如参数的变化、组件的变化以及结构的变化等。

**适用的实验框架，applicable experimental frame** 与研究对象、研究目标，以及实验条件相适应的实验框架。在仿真中，实验框架与建模框架通常是相对独立的模块，当对一个应用实例进行仿真时，必须根据应用实例的模型及实验目标来确定实验参数，这就需要实验框架具有较强的灵活性。

**适用性度量，measure of suitability** 研究对象在预期运行环境得到的支持能力的一种度量。适用性指标通常与准备状态或运行可用性、可靠性、可维护性及其结构相关联。

**适用性检测，applicability detection** 适用性又称一致性。适用性检测的应用很广泛，例如，评估一个组织的战略目标是否与其组织能力相一致，评价拟选用的仿真系统是否与仿真项目的目标相一致等。参见"一致性"。

**守恒方程，conservation equation** 描述一个过程或状态在变化前后某些量仍保持等量的关系，如能量守恒方程等。

**授权系统，authoring system** 借助计算机应用系统，将软件使用、开发和发布等权利授予使用人员，能够约束使用人员使其履行此过程确定下来的义务的机制。

**输出变量，output variable** 用以表示系统输出，相对于输入变量。输出变量可视为一个系统行为对外部的作用或展现。

**输出数据，output data** 系统以数据的形式对外部的作用或展现，如计算机对各类输入数据进行加工处理后，以用户所要求的形式输出的结果。

**输出数据分析，output data analysis** 利用适当的统计技术对仿真输出的数据进行分析，以实现对实际系统性能的估计。

**输出验证，output validation** 基于系统输出进行的验证。例如，原系统只有输出数据，为了验证一个模型，则可将对应的仿真输出数据与原系统的输出数据进行比较验证。

**输入/输出模型，input/output model** 以系统的输入和输出变量这种外部特征来描述系统特性的关系式，可以是传递函数、微分方程或差分方程等形式。

**属性，attribute** 亦称描述变量，描述每一实体的特征。属性是描述系统的三要素之一，如汽车这一系统的速度、质量等。

**属性所有权，attribute ownership** 在高层体系结构接口规范中，所有权关系描述对象实例属性和联邦成员间的一种关系，而属性所有权指联邦成员拥有更新某个对象实例属性值的权力。

**属性重载，attribute overloading** 实体所具有的每一项有效的特征参数相同但其表述不同、含义不同的方法。

**数据安全, data security**　对数据进行保护，以免数据遭到毁灭性的破坏，或者被无权限的人员进行非法操作。

**数据标准化, data standardization**　按照已制定的程序和约定，对数据的统一命名、定义、特征和表现形式等进行文档编制、评审和批准的过程。

**数据采集, data acquisition**　从数据源收集、识别和选取相关数据的过程，其目的是通过对所采集的数据的分析和处理，实现对所研究对象的监测、控制和管理。

**数据采样系统, sampled-data system**　具有按一定间隔对某些连续物理量进行采样、保持并重构为连续信号等功能的系统。把连续信号转变为脉冲序列的过程称采样过程，简称采样；实现采样的装置称为采样器或采样开关；将采样信号转化为连续信号的装置（或元件）称为保持器。

**数据分发管理，data distribution management（DDM）**　高层体系结构/运行支撑环境（HLA/RTI）提供的服务之一。数据的生产者通过使用数据分发管理服务在用户定义的空间中声明其所能提供的数据；数据的消费者在同一个空间中通过使用数据分发管理服务表达自己的需求。数据分发管理通过这种匹配关系进行数据的分发，从而减少联邦成员发送和接收的无关数据通信，降低网络通信负载。

**数据管理员, data administrator**　运用计算机对数据进行有效收集、存储、处理和应用的人员。

**数据集成, data integration**　使不同来源、格式、特点、性质的数据在逻辑上或物理上有机地连接起来成为一个整体，从而在更大范围内实现数据共享。

**数据记录器, data recorder**　采集、记录数据的仪器。

**数据架构, data architecture**　数据架构描述的对象是构成数据的抽象组件，以及各个组件之间的连接关系。在信息技术中的数据架构包括数据的收集、模型、政策、规则或标准以及存储、读取、处理及使用。数据架构通常用于设计和定义目标状态，规划需要实现的目标状态的数据。

**数据交换标准, data exchange standard**　某类过程的各个环节所产生的数据在不同计算机应用系统之间进行交换时所遵循的标准。

**数据交换格式, data exchange format**　不同信息系统交换数据时数据所采用的格式，典型的格式有内容数据交换格式和业务数据交换格式，一般是数据交换标准的一部分。参见"数据交换标准"。

**数据校核, data verification**　检查数据迁移后的数据准确性和一致性的操作过程。

**数据结构, data structure** 在计算机中存储和组织数据的一种特定方式，目的是实现数据高效利用。

**数据可用性, data acceptability** 获取的数据适合仿真需要程度的度量。

**数据库, data base, data bank, data repository** 在一个或多个应用领域中，按概念结构组织的数据集合。其概念结构描述这些数据的特征及其对应实体间的联系。

**数据库目录, database directory** 数据库服务器存放数据文件的索引。

**数据模型, data model** 对客观事物及其联系的抽象描述，是数据特征的抽象，是数据库的基础。包括数据库数据的结构部分、操作部分和约束条件。

**数据驱动的仿真, data-driven simulation** （1）一种适应性的仿真模式，任何应用需求都能够由系统模型所描述，而无需进行再编程。在计算给定输入和初始条件的系统输出时，不建立系统的显式模型，而利用系统的轨迹数据直接计算系统的输出。（2）一类将大数据技术与仿真技术融合，基于大数据分析、决策、执行的仿真新模式。数据驱动的仿真可以分为静态数据驱动和动态数据驱动两类。

**数据认证, data certification** 确定数据已经过校核和验证，包括数据用户认可和数据提供者认可。

**数据实体, data entity** 数据在数据库中呈现的一种形式，是数据库管理的对象之一。

**数据收集, data collection** 基于仿真需要对对象系统的相关数据的获取过程。

**数据属性, data attribute** 数据本身所固有的性质和特征，如数据存储类型、数据的值等。

**数据同步, data synchronization** 在源数据到目标数据之间双向建立一致性的过程，也是保证数据连续一致性的过程。

**数据验证, data validation** 运用固定的检查程序，常被称为"验证准则"或者"检验程序"，用以检查输入系统的数据的正确性、目的性和安全性的过程。

**数据元, data element** 亦称数据元素，指数据的基本单元，用一组属性描述其定义、标识、表示和允许值。在特定的语义环境中被认为是不可再分的数据最小单位。

**数据元标准化, data element standardization** 对数据元的描述与管理进行标准化的处理，保证数据元应用规范化。

**数据源, data source** 数据的来源，是提供某种所需要数据的器件或原始媒体，如一个数据库、一个计算机文件、数据流等。

**数据质量, data quality**　数据适用于使用环境的特性，包括数据正确性、及时性、准确性、完整性、关联性和可访问性。需要对数据源、准确性（位置和属性）、时效性、逻辑一致性、完整性（特征和属性）、安全分类和可公开性等需要给出质量说明。

**数据中心, data center**　一整套复杂的设施，包括计算机系统和其他与之配套的设备（例如通信和存储系统）等，是数据源和数据消费者之间的服务机构。数据中心能够按照需求进行数据转换以满足操作、格式、安全方面的需求，并对其数据来源和支持的用户种类提供数据的校核、验证与认证。

**数据字典, data dictionary, data repository**　数据库中所有对象及其关系的信息集合。数据字典对数据的数据项、数据结构、数据流、数据存储、处理逻辑、外部实体等进行定义和描述。

**数据字典系统, data dictionary system**　一种用来组织数据字典的软件工具。

**数学动态模型, mathematical dynamic model**　用数学形式描述的动态模型，常用的形式是微分方程或差分方程（组）。参见"动态模型"。

**数学仿真, mathematical simulation**　利用计算机实现数学模型以展现所仿真系统的运行过程或性能的仿真。

**数学建模, mathematical modeling**　建立抽象化数学描述模型的过程。

**数学模拟打靶, mathematical simulation for target-shooting**　应用数学仿真获得不同条件下对目标打击的统计计算结果的方法。

**数学模型, mathematical model**　运用数学思想和数学语言对研究对象的一种描述。建立数学模型的过程就成为数学建模。

**数值变量, numerical variable**　可以数值形式表示其大小的变量。

**数值不稳定性, numerical instability**　在仿真中，指数值计算方法的不稳定性。任何一种计算方法均会引入计算误差，误差在递推计算过程中传播，如果这种误差在传播过程中未能收敛，则称该计算具有数值不稳定性。这种数值不稳定性往往与仿真步长选择有关。参见"数值不稳定域"。

**数值不稳定域, numerically-unstable region**　在仿真中，指一种数值计算方法的数值解不稳定域。一般说来，常用的数值计算方法只具有有限的稳定域，稳定域的大小与步长有关，例如二阶龙格-库塔法，步长超过被仿真系统中的最小时间常数的两倍就进入数值不稳定域。

**数值方法, numerical method**　亦称计算方法，指用于在计算机上近似求解数学问题（如微分方程、线性和非线性方程组等）的方法，是数值计算方法的简称。

**数值仿真, numerical simulation** 利用计算机对研究对象的数值模型进行仿真的过程。

**数值分析, numerical analysis** 数学的一个重要分支,针对数学分析问题,研究数值近似算法,以及用计算机求解的方法及其理论。

**数值积分, numerical integration** 用数值方法求定积分近似值或微分方程求解,即对被积函数离散化,在每个离散区间,用有限个抽样值(或加权平均)近似积分值。

**数值积分法, numerical integration algorithm, numerical integration method** 用于计算机近似求解定积分或微分方程的数值算法。例如,定积分求解算法有矩形公式、梯形公式、Simpson 公式等;微分方程求解算法有单步法(如欧拉法、龙格-库塔法等)、多步法(如阿达姆氏法等)等。

**数值计算, numerical computation** 使用计算机求解数学问题近似解的方法、过程及由相关理论构成的学科。随着计算机的广泛应用和发展,许多领域如物理、化学、经济学等的问题,通过建模而转化为数学问题,从而可归结为数值计算问题。

**数值解, numerical solution** 基于某种数值算法(如有限元法、数值逼近法、插值法等)编制计算机程序,运行该程序得到的离散点上的计算结果。

**数值模型, numerical model** 用数值分析方法建立的研究对象模型。

**数值实验, numerical experiment** 计算机仿真实验的别名。区别于物理实验,先建立实验研究对象的数学模型,然后确定实验要求,选择某种数值方法编制程序或选择某种仿真软件,按实验要求在计算机上求解该数学模型。简言之,就是利用计算机对模型做实验。

**数值稳定性, numerical stability** 数值分析中常用的术语,用于描述一种数值算法的能力。因为任何一种数值算法均存在截断误差,这种误差随着数值计算的推进而传播。如果该误差在传播过程中不发散,则称该算法具有数值稳定性。数值稳定性不仅与算法本身有关,也与计算时所采用的步长有关,一般用稳定域来描述。例如龙格-库塔法,一阶算法的稳定域是步长不大于系统最小时间常数,二阶算法则要求不大于系统最小时间常数的两倍,等等。

**数值稳定域, numerically-stable region** 在仿真中,指一种数值计算方法的数值解稳定的区域。一般说来,常用的数值计算方法只具有有限的稳定域,稳定域的大小与步长有关,例如二阶龙格-库塔法,数值稳定域指步长不大于系统最小时间常数的两倍。

**数字地形高程数据, digital terrain elevation data(DTED)** 数字地形模型

中用于描述地形起伏高低的数据。

**数字仿真, digital simulation**　在计算机上建立系统模型并进行仿真的过程。

**数字仿真计算机, digital simulation computer**　用于仿真过程、满足一定实时要求的数字计算机。

**数字高程模型, digital elevation model（DEM）**　定义在 $x$、$y$ 域离散点（规则或不规则）上以高程表达地面起伏形态的数字集合的一种模型。

**刷新速率, refresh rate**　图像、数据等的更新速度。

**双伽马函数, digamma function**　伽马函数的对数导数。参见"伽马函数"。

**双精度运算, double-precision arithmetic**　计算机运算所取字长是双精度的。双精度与单精度的区别主要是表示小数的位数不同，双精度运算时数据的范围是 2 的 63 次方，单精度运算时数据的范围是 2 的 31 次方。

**双向链表, doubly linked list**　亦称双链表，是链表的一种，它的每个数据结点中都有两个指针，分别指向直接后继和直接前驱。

**顺序处理, sequential processing**　按照规定顺序进行处理。

**顺序存储分配, sequential storage allocation**　用连续地址的内存顺序存放线性表的各元素，用这种存储形式存储的线性表称为顺序表。

**顺序多模型, sequential multimodel**　有一定顺序的多个模型。

**顺序仿真, sequential simulation**　按照规定的顺序进行仿真。

**顺序仿真器, sequential simulator**　能够按照规定顺序运行的仿真器。

**顺序仿真语言, sequential simulation language**　专门用于仿真研究的计算机高级语言，是一种面向问题的顺序性计算机语言。不要求用户深入掌握通用高级语言编程的细节和技巧，而把主要精力集中在仿真研究上。

**顺序统计, order statistic**　亦称次序统计，是统计推断中一类常用的统计。某一统计样本的第 $k$ 顺序统计等于它的第 $k$ 个最小值。与序统计（rank statistic）一起，是非参数统计与推断中的最重要的工具。

**顺序图, sequence diagram**　在概念模型中，用顺序图将交互关系转化为一个二维图，其纵轴是时间轴，时间沿竖线向下延伸，横轴代表在协作中独立的类元角色。

**顺序状态, sequential state**　按照物理模型或软件顺序执行时所达到的状态。

**瞬时相关事件, temporally related event**　只是在某一时刻才具有相关性的事件。

**瞬态变量, temporal variable** 用时间序列的观测时期所代表的时间作为模型的解释变量，用来表示被解释变量随时间推移的自发变化趋势。

**瞬态分布，transient distribution** （1）在离散事件系统中，描述一个过程中系统某些状态的概率分布，如排队过程中队长的瞬态分布。（2）在分布参数系统中，指系统从一种状态到另一种状态的动态过程的描述，如磁场变化时磁场力的瞬态分布。

**瞬态模型, temporal model** 反映系统从一个状态到另一个状态的过渡过程的模型。

**瞬态行为, temporal behavior** 在给定输入作用下，系统的输出从初始状态到稳定状态之间的变化。

**斯特奇斯规则，Sturges's rule** 在采用直方图描述数据时确定组距的一种原则。

**四元数法, quaternion method** 四元数是哈密顿于 1843 年建立的数学概念，是由一个实数和三个虚数单位组成的包含四个实元的超复数。

**似然函数, likelihood function** 设总体 $X$ 服从分布 $P(x; \theta)$（当 $X$ 是连续型随机变量时为概率密度，当 $X$ 为离散型随机变量时为概率质量），$\theta$ 为待估参数，$X_1, X_2, \cdots, X_n$ 是来自总体 $X$ 的样本，$x_1, x_2, \cdots, x_n$ 为样本 $X_1, X_2, \cdots, X_n$ 的一个观察值，则样本的联合分布

$$L(\theta)=L(x_1, x_2, \cdots, x_n; \theta)=\Pi P(x_i; \theta)$$

称为似然函数。

**松弛算法, relaxation algorithm** 优化技术中使用的一个术语。例如，在优化过程中，已经获得两个近似目标值 $F_0$ 与 $F_1$，为得到更好的近似值，可取两者的加权求和来近似：$F'=(1-w)F_0+wF_1=F_0+w(F_1-F_0)$，其中第二项称为校正量，适当选择 $w$ 就可以由 $F_0$ 得到更好的 $F'$。这种基于校正量的调整与松动称为松弛算法，$w$ 称为松弛因子。

**松耦合的, loosely coupled** 在仿真中，仿真实体间没有紧密的交互，此时一个实体的每一个动作没必要立即被其他实体考虑。例如，相聚五公里的两辆坦克可能就是松耦合的。

**松耦合的联邦化仿真, loosely coupled federated simulation** 具有松耦合特性的联邦仿真。参见"松耦合的"。

**松耦合模型，loosely-coupled model** 具有松耦合特性的模型。参见"松耦合的"。

**素元, primitive element** 设 $m$ 与 $a$ 为两个互素的正整数，$v$ 是使 $a^v-1$ 能被 $m$ 整除的最小正整数，称 $v$ 为 $a$ 对模 $m$ 的阶数。若 $a$ 对素数模 $m$ 的阶数 $v$ 满足 $v=m-1$，则称 $a$ 为 $m$ 的素元。在采用乘同余法构造的随机数发生器中，若模为 $m$，乘子为 $a$，则该随机数发生器的周期 $T$ 为 $a$ 对模 $m$ 的阶数 $v$。

**速度路径, velocity corridor**　在一定速度下对目标跟踪的路径。

**算法, algorithm**　精确地定义一串运算的规则集。在计算机领域，它本质上是计算机处理数据的过程，详细规定了为完成某一任务而必须执行指令。

**算法检查, algorithm check**　对算法的可行性进行检查，包括对算法中实现方法、参数设置等的可行性的检查。参见"算法"。

**随机, random**　在概率论中，表示事件发生的不确定。

**随机变量, random variable, stochastic variable**　定义在样本空间上的单值实值函数，这个函数的取值由试验结果来定，而由于试验结果无法预先确定，因此它是仅以一定的可能性（概率）取值的变量。随机变量根据其取值可能性的规律，呈现出不同的分布。

**随机变数, random variate（RV）**　仿真中需要生成各种不同分布的随机变量，在生成这些随机变量时，往往先利用随机数发生器生成[0,1]区间上的均匀分布随机变量 $U(0,1)$，再通过对其变换或处理得到其他分布的随机变量（例如正态分布、指数分布等）。习惯上，称 $U(0,1)$ 分布随机变量为随机数，称其他分布随机变量为随机变数。参见"随机数"。

**随机抽样, random sample（RS）**　按照保证总体中每个单位都有同等机会被抽中的原则抽取样本的方法。其优点是根据样本资料推论总体时，可用概率方式客观地测量推论值的可靠程度。常用的随机抽样方法有纯随机抽样、分层抽样、系统抽样、整群抽样等。

**随机的, stochastic**　参见"随机"。

**随机仿真, stochastic simulation**　对随机模型的仿真。

**随机仿真模型, stochastic simulation model**　按某种仿真策略将随机系统的模型转换成适于仿真的模型。

**随机仿真优化, stochastic simulation optimization**　基于仿真实现对随机系统的优化。优化本身是一个反复迭代过程，即使是非随机系统也非常费时。随机系统的每次仿真结果只是随机变量的一次抽样，为保证优化的有效性，每一步往往需要仿真运行多次，这就更影响仿真优化的效率。如何提高效率是随机仿真优化需要解决的突出问题。

**随机过程, stochastic process**　在数学上，随机过程的定义是：对于每个 $t \in T$（$T$ 是某个固定的实数集），$\xi(t)$ 是个随机变量，就将这样的随机变量族 $\{\xi(t), t \in T\}$ 称为随机过程。

**随机化, randomization**　一种引入随机因素使得结果呈现不确定性的系统化过程或方法。例如，在一组测定值中，使每个测定值都依一定的概率独立出现；在算法中使用随机函数，且随机函数的返回值直接或者间接地影响算法的执行流程或执行结果；在一个总体中随机地选取样本点；将一个已有序列打乱顺序、随机重排等。随机化并不是完全随意，而是一种系统化方法或过程，虽然不是以确定的模式产生结果，但能够在结果中体现一定的统计规律。通过随机化过程，往往能更好地描述现实世界。

**随机建模, stochastic modeling** 对具有随机特性的对象进行建模，一般主要是确定系统中随机变量的分布形式及其参数。

**随机可变性, stochastic variability** 变化的发生是随机的，一般用发生的概率分布来描述。

**随机佩特里网, stochastic Petri net** 佩特里网的一种。佩特里网是德国人Petri 在研究异步并发现象时提出的一种建模方法，以他的名字命名。佩特里网模型的基本元素是库所和变迁，如果变迁是以某个概率发生的，则称为随机佩特里网模型，简称随机佩特里网。

**随机迁移, stochastic transition** 系统由一种状态到另一种状态的迁移是随机发生的（往往指迁移时间长度是随机的），一般用随机变量及其分布来描述。

**随机迁移矩阵, stochastic transition matrix** 用矩阵元素表示研究对象的状态变迁规律，其中的某些元素是随机变量。

**随机事件, random event** 在一定条件下可能发生也可能不发生的事件，即发生与否具有随机性。随机事件有以下特征：（1）结果的随机性，即在相同的条件下做重复的试验时，如果试验结果不止一个，则在试验前无法预料哪一种结果将发生。（2）频率的稳定性，即大量重复试验时，任意结果（事件）出现的频率尽管是随机的，却稳定在某一个常数附近，这一常数就称为该事件发生的概率。

**随机数, random number** （1）从某种分布的总体中随机抽取的样本观测值。（2）用到各种不同分布的随机变量、随机向量和随机过程的抽样序列。计算机仿真中使用的随机数实际上是通过某种确定的算法在计算机上实施而产生的，由于算法的确定性和计算机表达数值的有限性，任何通过计算机算法产生的数字不可能是真正的随机数，在仿真上称为准随机数或伪随机数。

**随机数发生器, random number generator** 可生成在统计意义上服从[0,1]区间上均匀分布随机变量的装置或方法，如（投掷）骰子、刻度均匀的轮盘、随机抽取或生成某个数值的机械或电子装置、特定的数学模型及算法等。参见"伪随机数发生器"。

**随机数发生器的连续检验, serial test**

**for random-number generator** 将随机数发生器 $\chi^2$ 检验推广到高维的检验，做法是：如果 $U_i$ 是独立同分布 $U(0,1)$ 随机变量，则定义不重迭的 $d$ 元组 $\boldsymbol{U}_1 = (U_1, U_2, \cdots, U_d)$，$\boldsymbol{U}_2 = (U_{d+1}, U_{d+2}, \cdots, U_{2d})$，$\cdots$ 是均匀分布在 $d$ 维单位超立方体 $[0,1]^d$ 上的独立同分布随机向量。将 $[0,1]$ 分割成 $k$ 个等距的子区间，并产生 $\boldsymbol{U}_1, \boldsymbol{U}_2, \cdots, \boldsymbol{U}_n$（需要 $nd$ 个 $U_i$）。用 $f_{j_1 j_2 \cdots j_d}$ 表示 $U_i$ 的个数，它的第一个成分落在子区间 $j_1$ 中，第二个成分落在子区间 $j_2$ 中，等等。如果令

$$\chi^2(d) = \frac{k^d}{n} \sum_{j_1=1}^{k} \sum_{j_2=1}^{k} \cdots \sum_{j_d=1}^{k} \left( f_{j_1 j_2 \cdots j_d} - \frac{n}{k^d} \right)^2$$

则 $\chi^2(d)$ 将会近似服从自由度为 $k^d - 1$ 的 $\chi^2$ 分布。

**随机数流，random-number stream** 随机数发生器生成的随机数序列中的一个子序列。

**随机数同步，synchronization of random number** 一种用于离散事件系统仿真中两方案比较的方法。一个随机数在一种方案中被用于某一目的，则它在另一方案中也被用于完全相同的目的，这称之为不同方案之间的随机数匹配或者同步，这样在比较时可以减少方差。例如，如果在两个不同的排队配置中，一个特定的 $U_k$ 在第一个配置中被用作产生某一特定的服务时间，则它也应该在第二个配置中被用来产生同一个服务时间，而不是产生到达间隔时间或者某个其他服务时间。参见"方差缩减技术"。

**随机数种子，random number seed** 随机数发生器一般为数学递推公式，在产生随机数过程中需要给定初始值，该初始值称为随机数种子。

**随机微分方程，stochastic differential equation** 含有随机变量的微分方程。

**随机微分方程模型，stochastic differential equation model** 含有随机微分方程的模型。

**随机误差，random error** 误差的一种，是随机产生的，不可预计的，服从统计学上的正态分布或称高斯分布。它是不可消除的，在这个意义上，测量对象的真值是不可知的，只能通过多次测量，获取平均值来逼近真值。

**随机系统，stochastic system** 输入量、输出量以及干扰信号中存在随机性，或者系统内部有某种不确定性的系统。

**随机向量，random vector** 大小、方向均为随机变量的向量。

**所有权管理，ownership management** 亦称权属管理，一般泛指产权、产籍管理。在仿真领域，如高层体系结构，它定义联邦成员如何取消与获得注册对象的所有权。

# Tt

**太空环境数据，space environment**

**data** 特指外层空间的环境数据。

**态势感知, situational awareness** 仿真系统在特定的时间和空间下，对环境中各元素或对象的觉察、理解以及对未来状态的预测。态势感知提供对复杂系统决策和操作的基础，只有正确地感知环境状态，才能对操作对象提供下一个正确的决策依据。

**态势模型, situation model** 对计算机仿真系统场景中出现的人物、周围环境的描述，对人物与环境之间发生的事件活动过程的描述，以及对场景中暂时没有出现或即将出现的潜在的事物的描述。

**探索性多仿真, exploratory multisimulation** 基于探索性多模型进行的针对研究对象的多个方面、多个阶段的一系列探索性仿真的集合。

**探索性多仿真方法论, exploratory multisimulation methodology** 针对复杂不确定研究问题，基于探索性多模型进行探索性多仿真的相关建模、实验、分析等研究工作的有机总体。

**探索性多模型, exploratory multimodel** 为支持对研究对象的巨大不确定性空间进行探索而建立的由描述建模对象多阶段、多侧面、多分辨率的多个相互耦合且异质的子模型组成的模型。

**探索性仿真, exploratory simulation** 对各种不确定性要素所产生的结果进行整体研究，从而找到哪些参数对结果起作用，何时起作用。其基本思路是考察大量不确定性想定条件下各种方案的不同后果，理解和发现复杂现象背后数据变量之间重要的关系，广泛地试探各种可能的结果。通过探索性仿真，理解不确定性因素对于想定问题的影响，全面把握各种关键要素，探索可以完成相应任务需求的系统各种能力与策略，寻求满意解以及后续调整方案。

**探索性建模, exploratory modeling** 通过自底向上的模型聚合与抽象、自顶向下的模型分解与解释，在不同抽象层次建立研究问题的一致性描述。从本质上看，探索性建模与粒度计算是殊途同归的，二者都是由粗到细、不断求精的多粒度分析法，避免了计算复杂性。由于观察问题的角度和获取对象的特征信息的不同，对复杂对象可按分析问题的需要将其简练成若干个保留重要特征和性能的点，这种点就是不同粒度的代表。通过等价关系对问题论域进行划分的过程实际上是对问题论域进行简化，把性质相近的元素看成是等价的，把整体作为一个新的元素形成一个粒度较粗的论域，从而将原问题转化成较粗粒度层次上的新问题。

**探索性模型, exploratory model** 通过探索性分析得到的模型，模型描述的行为是系统所具有的能力和功能的整体体现，是系统的宏观整体行为，而不是系统中单个个体的具体行为。模型中的变量是问题中的抽象和聚合变量，是在一定聚合程度上的平均结果，变量之间的交互是在相对长的一段时间内的过程平均，反映的是一种期望值。

**陶斯沃特随机数发生器，Tausworthe random-number generator**　递推公式为 $a(k)=[c(p)a(k-p)+c(p-1)a(k-p+1)+\cdots+c(1)a(k-1)]\mathrm{mod}2(k=0,\ 1,\ 2,\cdots)$ 的一种反馈移位寄存器随机数发生器。

**特定平台建模，platform-specific modeling**　基于特定的技术平台（如特定操作系统、编程语言、数据库等）进行的建模活动，建立的模型称为特定平台模型，包含与问题域无关的平台特定技术实现内容。

**特定平台模型, platform-specific model**　源于软件工程领域的模型驱动架构理论，与平台无关模型相对。平台无关模型聚焦于系统内部细节但不涉及实现系统的具体平台，而特定平台模型将平台无关模型映射到平台相关模型，聚焦于系统落实于特定具体平台实现的细节。参见"平台无关模型"。

**梯度估计，gradient estimation**　多数优化方法在搜索改进解时，一般都需要目标函数的梯度信息。而对于仿真优化问题，由于无法得到目标函数的解析式，因此有关梯度的信息不能通过直接计算得到，需要采用适当方法加以估计。常用方法包括有限差分法、扰动分析法、似然率法、频域试验法等。

**梯形分布, trapezium distribution**　概率密度呈梯形形状的分布函数。

**体系，system-of-systems**　一组面向任务的或者专用的系统集合，通过将集合内部各个系统的资源和能力集中起来，从而创建一个相比简单叠加起来的系统能够提供更多功能和性能的更加复杂的系统。简单地说，体系组成元素数目很多，并且其间存在着强烈的耦合作用，因此面临着环境、对象和任务等方面的复杂性问题，具有不确定性、涌现性和自适应性等典型特征。

**体系结构，architecture**　在计算机科学领域，指一组部件及其之间的相互联系，通常用于描述设计某一类系统的活动。

**体系模型，system-of-systems model**　在仿真领域，体系指一组任务导向或专用系统的集合体，它们协同资源和功能组成一个新的、更复杂的系统，提供比系统简单组合在一起更多的功能和性能。对这类系统进行抽象所得到的描述称为体系模型。参见"体系"。

**体验式仿真，experience-aimed simulation**　操作者操作仿真设备，获得身临其境式体会，广泛应用于模拟驾驶、训练、演示、教学、培训，军事模拟、指挥、虚拟战场，建筑视景与城市规划等领域。

**替代模型，substitution model**　代替另一个模型的模型。按照某种原则，如计算量、计算效果、计算精度等，当前原有模型难以满足要求，用另外一个能满足要求的模型代替。可以是完全替代，也可以是局部替代。例如，在分布式仿真中，运动体（如飞机）的运动模型比较复杂，计算量大，难以保证联邦成员间的时空一致性，可用一个推算模型替代，只是在适当的时候加以校正。

**替换键, alternate key** 在数据库技术中，指非主键的候选键，它是二级键，亦称唯一性约束（unique constraint），用于数据表内不作为主键的其他任何列，只要该键对该数据表唯一即可。

**条件方差, conditional variance** 随机变量的条件概率分布的方差。

**条件分布, conditional distribution** 若 $X$ 与 $Y$ 为随机变量，考虑一个随机变量（比如 $X$）取某一（可能的）值的条件下另一随机变量 $Y$ 的概率分布。这样得到的 $Y$ 的概率分布叫作条件概率分布，简称条件分布。

**条件蒙特卡罗方法, conditional Monte Carlo method** 蒙特卡罗方法的一个变式。蒙特卡罗方法是通过概率密度函数估计目标函数的一种方法，其中可以引入中间变量以提高求解过程的可行性，条件蒙特卡罗方法则引入含有条件概率密度函数的中间变量，便于目标函数的估计。

**条件判别模型, conditional discriminative model** 在机器学习中简称判别模型或条件模型，用于未观测变量 $y$ 对已观测变量 $x$ 的依赖性建模，通过建立条件概率分布函数 $p(y|x)$，由 $x$ 来预测 $y$。例如，在计算机图形学的图像分类处理、计算机自动识别中，通过计算机对像元数值进行统计、运算、对比和归纳，从中找出分类参数、条件等，从而确定判别函数；或者根据数据自身的规律性总结出分类的参数、条件及确定判别函数。

**条件事件, conditional event** 当某种指定的条件满足后而触发的事件，比如当指定的某种资源可用后实体占用该资源，或者当所有的配件全部到达后开始组装等事件。由于条件事件的发生时间无法事先确定，因此通常把这类事件放置在未来事件表中等待，直到条件得到满足。在未来事件表中可能存在多个事件等待同一个条件，当条件满足时，通常需要采用某种规则来决定触发哪一个事件，比如先进先出和后进先出等。

**条形图, bar chart** 亦称直方图、柱状图，是一种在数据可视化过程中经常用到的图形表现形式。用一个单位长度表示一定的数量，根据数量的多少画成长短不同的直条，然后把这些直条按一定的顺序排列起来。从条形图中很容易看出各种数量的多少。

**调色板, color plate** （1）将各种色彩以系统有序方式排列的彩色图版，供使用者进行比对和选择。（2）在绘图、图像处理软件中普遍具有的一种调色功能。

**停止准则, stopping rule**　终止仿真运行的依据。通常采用的准则有两种，一是规定仿真运行时间长度，当仿真时钟推进到该时间，则仿真运行终止；二是规定某个未来事件，若该事件发生，则仿真运行终止。

**通信安全, communications security（COMSEC）**　以可理解方式阻止通过未授权的电信设备的侵入，并可同时保证正常传递信息给接收者。这一领域包含保密措施、发送安全、释放安全、交通流安全以及物理安全。

**通用仿真软件包, general-purpose simulation package**　用于仿真程序编制的基础函数库。

**同步, synchronization**　两个信号在频率和相位上取得一致，如时钟同步、载波同步、帧同步等。现在泛指有关事件的起始时间保持一致。

**同步建模, synchronized modeling**　一种分布协同建模与仿真工作方法，目的是使得多个设计人员可以同时通过客户端调用服务器中建模程序，进行同步协同建模工作。与传统建模方法相比，同步建模对提高产品设计效率和降低设计成本具有重要作用。

**同步模型, synchronous model**　在仿真系统运行过程中，实现仿真系统各节点（对象）仿真时间协调统一，在正确的时间将正确的消息发送给正确的节点（对象）的模型。

**同构仿真器网络, homogeneous simulator network**　由结构相同的仿真器通过网络连接而构成的仿真器群。

**同构模型, isomorphic model**　当两个模型具有映射关系时，如果其中的描述元素一一对应，则称两个模型同构。

**同构网络, homogeneous network**　网络上的网络部件是遵从相同网络协议的兼容设备，它们运行在同一个操作系统或者是网络操作系统下。

**同时仿真, simultaneous simulation**　在一个仿真过程中，同一时刻出现的两个或多个仿真，而每个仿真由一个独立的功能部件来处理。需要合理调度仿真资源保证每个仿真正确地执行。

**同时控制, simultaneous control**　在同一时刻发生，通过一个或多个控制器实现的并发控制行为。

**同态模型, homomorphic model**　模型与模型之间或模型与原型之间，部分模块或组件的状态保持一致。

**统计/统计学, statistics**　（1）统计是人们认识客观世界总体数量变动关系和变动规律的活动的总称。（2）统计学是研究如何测定、收集、整理、归纳和分析，以显示总体数量特征和规律的学科。

**统计变量, statistical variable**　说明随机现象某种特征的概念，统计数据就是统计变量的具体表现。

**统计抽样, statistical sampling** 抽样调查和抽样推断的总称，即按照随机原理从总体中随机抽取部分单位进行调查，利用这部分单位的调查资料推算总体的数量特征的一种统计分析方法。

**统计过程控制，statistical process control** 应用统计分析技术对生产过程进行实时监控，科学地区分出生产过程中产品质量的随机波动与异常波动，从而对生产过程的异常趋势提出预警，以便生产管理人员及时采取措施，消除异常，恢复过程的稳定，从而达到提高和控制质量的目的。

**统计计数器, statistical counter** 仿真中完成一系列统计功能对象，系统通过读取这些对象的值得到当前的统计结果。统计计数器保存在各种类型的存储器中，仿真中执行的主要操作包括读取计数器值、更新计数器值等。

**统计检验, statistical test** 根据样本信息决定某个统计假设应该被拒绝或不被拒绝的方法和过程。

**统计建模, statistical modeling** 利用各种统计分析方法为观测到的数据寻求合适的统计模型，并对其探索处理的过程，用于揭示数据背后的规律。

**统计模型, statistical model** 对于随机变量，一般无法使用确定性模型表示其相互关系。此时，以概率论为基础，可通过数理统计方法确定随机变量之间的一种函数关系，称之为统计模型。常用的统计模型有回归模型、极大似然估计模型等。

**统计显著, statistically significant** 在不同总体之间的差异比较研究中，由于各个总体存在内在的变异性，只有当两个总体之间的差异性超过单个总体内部这类变异性时，它们之间的差异才具有统计上的显著性，此时称两个总体的差异是统计显著的。否则，当单个总体内部变异性超过两个总体之间的差异性时，就称两个总体的差异是统计不显著的。

**统计验证, statistical validation** 确定仿真模型是否能准确描述所研究的现实系统。常见有三步法：直观考察模型有效性；检验模型假设；对模型输出数据与实际数据进行统计分析与比较。

**统计有效性, statistical validity** 采用基于数据统计分析方法研究变量之间的关系时，所得相关结论正确或可靠的程度。要保证统计有效性，需要确保使用恰当的抽样过程、合适的统计检验方法、可靠的测量方法等。

**统一建模语言, unified modeling language, uniform modeling language（UML）** 一种面向对象软件工程领域中的标准通用建模语言，包括一套图形标记技术建立的软件系统面向对象的形象化模型。该标准由对象管理组提出并进行管理，1997 年第一次被列入对象管理组运用技术中，并且从此成为软件系统建模的行业标准。

**透明盒模型, glass box model** 亦称白盒模型，是一种内部实现为已知并且完全可视的模型，如卫星姿态动力学方程和姿态传感器方程组成的姿态受控模型。

**突变多模型，mutational multimodel** 系统内部状态的整体性"突跃"称为突变，其特点是过程连续而结果不连续。这种突变可能存在多种描述形式，从而获得突变多模型。

**突变模型, mutational model, catastrophic model** 描述对象系统发生质的改变的模型。

**图标模型, iconic model** 图标的物理和数学表达及其在计算机中进行储存和加工时所采用的表示方式。

**图解模型, graph model, graphical model** 概率理论与图形理论的结合，提供处理不确定性与复杂度的工具，在工程问题中扮演重要的角色。其基本概念在于一个复杂的系统可以由简单的零件组成，概率理论用来描述这些零件的数学及相互依赖的特性，而图形理论用于指定零件之间的联系。

**图灵测试, Turing test** 一种判断机器人是否具备人类智能的方法，由图灵提出。测试人通过一些装置（如键盘）向被测试者（人与机器）提问，如果测试人不能区分出被测试者中谁是人谁是机器，那么机器就通过图灵测试，

反之亦然。该方法可被应用于仿真模型的验证过程，也即将仿真输出数据与实际系统运行数据不加标志地送给深刻了解该系统的专家进行鉴别，若不能区分，则表明模型有效；若能够区分，则其差异可用于修改模型。参见"统计验证"。

**图像匹配装置模拟器, image matching simulator** 模拟光电耦合器或雷达所摄取的地面图像信息，并能与基准信息进行比较的装置。

**图形管线, graphics pipeline** 计算机图形学中，图形管线表示采用图形硬件进行光栅化绘制的一系列步骤，是以三维图元（点、线、面等）作为管线起始输入，经过多个坐标系转换，最终以二维光栅化图像作为管线输出的流水线系统。

**图形规约, graphical specification** 通过图形化表达的方式对仿真硬件规格、仿真软件使用方法等进行详细说明和展示，描述软硬件组成部分的功能及其之间的静态依赖关系，以及各个组成部分之间的动态交互过程。

**图形模型, graphical model** 一种将不同随机变量之间的依赖关系、有序性等以图形方式进行表示的离散模型，广泛应用于概率理论、统计以及机器学习领域。

**图形显示, graphics display** 将文字、图片、三维模型等图形信息通过计算机进行显示的过程。

**推理仿真, reasoning simulation** 一种用于专家系统的推理方法，是人工智能与仿真的结合，亦称基于模型的推理，即将研究对象模型仿真的结果（模型知识）与观测数据结合起来导出诸如诊断或预测的结论。

**推理模型, deduction model** 一种包含经验知识和分析知识以及经验推理机和分析推理机的模型，这种模型能根据已有的知识库对输入进行推理以得到理想的输出结果。

**拓扑建模, topological modeling** 基于拓扑网络结构进行建模。

# Ww

**外部变量, external variable** 在计算机程序设计中，指在函数外部定义的全局变量，它的作用域是从变量的定义处开始，到本程序文件的结尾。在此作用域内，全局变量可为各个函数所引用。编译时将外部变量分配在静态存储区。

**外部模式, external schema** 特指Simulink 提供的一种仿真模式，它定义并实现一种主机和目标机之间的通信机制。

**外部模型, external model** 相对于内部模型而言。模型是系统的抽象表示，一个系统总会存在一个范围或边界，描述范围或边界内活动的模型称为内部模型，描述范围或边界以外的活动、作用的模型则称为外部模型。

**外观合成, synthesize appearance** 在计算机图形学中，指利用计算机辅助设计实现对象外观图像（例如人物表情）绘制的技术，可分为基于二维模型与基于三维模型两类。

**外观验证, face validation** 基于模型的外部性能判断模型或仿真是否合理的过程。

**外观有效性, face validity** 用来衡量（估计）事物的测试（检验）方法的特性。假如一个测试的执行与所期很相似的话，那么这个测试就被称作具有外观有效性。

**外生变量, exogenous variable** 任何一个系统或模型都存在许多变量，其中自变量和因变量统称为内生变量，而作为给定条件存在的变量称为外生变量，意指不受自变量影响而受外部条件支配的变量。参见"内生变量"。

**外推法, extrapolation method** 根据变量过去和现在的值推断未来值的一类方法的总称。

**网格, grid** 通过集成或共享地理上分布的各种资源（包括计算机系统、存储系统、通信系统、文件、数据库、程序等），使之成为有机的整体，以协同完成各种所需任务的资源集合。

**网格与集群计算, grid and cluster computing** （1）网格计算就是通过互联网来共享强大的计算和数据储存能力，实现各种资源的全面共享，其目标是将跨地域的多台高性能计算机、大型数据库、贵重科研设备、通信设备、可视化设备和各种传感器等整合成一个巨大的超级计算机系统，为解决大规模的计算问题提供一个模型。网格计算的焦点放在支持跨管理域计算的能力，能提供一个多用户环境。（2）集群计算是使用多个计算机（个人计算机或工作站）、多个存储设备、冗余互联来组成一个对用户来说单一的、高可用性的系统进行计算。集群计算能够被用来实现负载均衡和进行低廉的并行计算。

**网关, gateway** 亦称网间连接器、协议转换器。一种实现转换功能的计算机系统或设备，在使用不同的通信协议、数据格式或语言，甚至体系结构完全不同的两种系统之间，实现翻译与转换的功能。与网桥只是简单地传达信息不同，网关对收到的信息要重新打包，以适应目的系统的需求。同时，网关也可以提供过滤与安全功能。

**网络仿真, network simulation** 通过仿真的方法对网络信息传递机制、规律进行模拟。

**网络节点, network node** （1）在计算机网络中，拥有唯一网络地址的设备，如电脑、路由器等。（2）在网络图模型中，在箭线的出发和交汇处画上圆圈，用以标志该圆圈前面一项或若干项工作的结束和允许后面一项或若干项工作的开始的时间，称为节点。

**网络使能的仿真, Web-enabled simulation** 可以兼容 Web 协议族的计算机仿真。与基于网络的仿真不同，网络使能的仿真并非必须基于 Web 协议族完成仿真任务。

**网络延迟, network latency** 信息在网络传输中所花费的时间。

**网络中心仿真, net-centric simulation** 在仿真系统中，以网络为中心，重点描述网络资源应用、网络通信协议等的仿真。

**威布尔分布, Weibull distribution** 亦称韦伯分布或韦氏分布，由瑞典物理学家 Weibull 于 1939 年提出的一种连续随机分布。其密度函数是

$$f(x) = \begin{cases} \alpha\beta^{-\alpha}x^{\alpha-1}\mathrm{e}^{-(x/\beta)^{\alpha}}, & x \geqslant 0 \\ 0, & \text{其他} \end{cases}$$

分布函数为

$$F(x) = \begin{cases} 1 - \mathrm{e}^{-(x/\beta)^{\alpha}}, & x \geqslant 0 \\ 0, & \text{其他} \end{cases}$$

可用于完成某项任务的时间、一台设备的故障时间，以及在缺少数据的情况下的建模。

**微分代数, differential algebraic** 设 $K$ 为一域，$K$ 上的 $K$ 代数 $A$ 称为微分代数，如果其微分算子 $\partial$ 和域是可交换的，即对所有 $k \in K, a \in A$，式 $\partial(ka) = k\partial a$ 均成立。在数学中，微分代数是代数装备的微分算子，一个满足莱布尼兹乘积法则的一元函数。微分域的

一个自然例子是复数域上的单变元有理函数 $C(t)$，其微分算子是关于 $t$ 的微分。

**微分代数方程，differential-algebraic equation（DAE）** 一类特殊的微分方程，它的某些变量满足某些代数方程的约束。或者说，由几个微分方程和纯代数方程（没有导数）组成的一个系统。

**微分方程，differential equation** 含自变量、未知函数和它的导数的方程。

**微分方程模型，differential equation model** 采用微分方程的形式对系统（对象）进行建模所得到的模型。参见"微分方程"。

**微观仿真，micro simulation** 在计算机上对某一过程进行全程仿真，并记录该过程中的主要数据和参数。

**微观分析仿真，micro analytic simulation** 以微观个体为描述和模拟单元，用计算机模型模拟复杂系统并进行分析的过程和结果。

**微观模型，micro model** 以微观个体为对象建立的模型。参见"宏观模型"。

**韦尔奇置信区间，Welch confidence interval** 用于在离散事件系统仿真中比较两个系统的优劣时构造均值随机变量的差值的置信区间的一种方法，以 Welch 命名。该方法用于方差未知或者不相同的两个系统比较问题，它要求两个均值随机变量相互独立，但样本个数可以不等。

**伪代码，pseudocode** 亦称虚拟代码，是高层次描述算法的一种方法，结构清晰，代码简单，可读性好。

**伪随机数发生器，pseudo random number generator** 可生成在统计意义上服从[0,1]区间均匀分布的随机变量的数学算法及相应的计算机程序。通常为递推算法，也即根据当前的数值计算下一个数值。由于给定初始数值（称为"种子"）后，整个序列将是确定的，因此所生成的序列并不是严格意义上的随机数序列；但通过适当的模型与参数设计，可使得所生成的序列具有[0,1]区间均匀分布随机变量的统计特征，故称为伪随机数，相应的算法和程序被称为伪随机数发生器。在现代仿真中，所采用的随机数发生器一般均为伪随机数发生器，因此在不引起混淆的情况下，通常将伪随机数发生器直接称为随机数发生器。参见"随机数发生器"。

**伪微分，pseudo-derivative** 一般特指没有进行微分过程却起到了微分效果的做法，如伪微分反馈控制。

**伪装，guise** 为隐蔽己方和欺骗、迷惑敌方所采取的各种隐真示假的措施，包括隐蔽真目标、设置假目标、实施佯动、散布假情报和封锁消息等措施。目的是使敌方对己方军队的行动、配置、作战企图和各种目标的位置、状况等产生错觉，指挥失误，降低敌方侦察器材的侦察效果和火器的命中率，增强己方部队的战斗力和生存力。在军事系统中，常利用仿真研究伪装战术的作用和效果。

**位置参数，location parameter**　表征随机变量取值范围（在横坐标轴上的位置）及概率分布集中趋势的度量。例如，正态分布的均值是正态分布的位置参数，均值越大，其概率密度曲线就越靠近横轴右方，表明取得较大值（均值附近）的可能性较大；反之，均值越小，其概率密度曲线就越靠近横轴左方，表明取得较小值（均值附近）的可能性就较大。

**文件管理，file management**　一般泛指文档管理。在计算机技术领域，是操作系统五大职能之一，它是实现文件统一管理的一组软件、被管理的文件以及为实施文件管理所需要的一些数据结构的总称。

**稳定积分算法，stable integration algorithm**　在数值积分中，积分算法总会存在误差，该误差随数值计算的推进而传播，如果传播过程中误差能控制在规定的范围内，则称为稳定的积分算法。参见"数值积分法"。

**稳定解，stable solution**　当某一系统的初始值与当前情况足够接近时，对应的解与当前解的差异也非常小，则称当前解为系统的一个稳定解。即输入有微小扰动时，解的变化也在可控范围内变化。

**稳定系统，stable system**　输入有界，输出必有界的系统，即有界输入有界输出（bounded input bounded output，BIBO）系统。有界激励产生有界响应的系统是稳定系统；反之，如果有界的激励产生无限增长的响应则系统是不稳定的。在信号处理领域，特别是控制论方面，一列信号是有界的充要条件是存在一个有限的值，使得信号的强度始终不会超越这个值。

**稳定性，stability**　一个系统受到扰动后能够回复到原来状态的能力。

**稳定性条件，stability condition**　系统保持稳定所需要的条件，即系统受到环境扰动后能回复到原来状态的自变量所需满足的条件。

**稳定域，stability region**　系统保持稳定时，自变量的取值范围，即在该区域内系统受到扰动后能回复到原来状态的自变量的取值范围。

**稳定状态，stable state**　通常针对某一系统而言，如果系统中的若干属性不随时间的变化而改变，那么称该系统此时所处的状态为稳定状态。在稳定状态下，对于一个系统中的任意属性，它关于时间的偏微分函数恒等于零。

**稳态，steady state**　系统在输入作用下，输出变量由初始状态经过渡过程后达到的稳定输出响应状态。

**稳态参数，steady-state parameter**　固定不变或随时间变化非常缓慢的参数。

**稳态仿真, steady-state simulation** 通过长时间仿真运行来对某些系统性能指标加以估计的仿真形式。理论上，这种仿真不受初始条件限制。由于稳态仿真的必要条件是运行无限长的时间，因此应设法保证仿真运行足够长的时间后停止，以满足应用条件。稳态仿真主要用于预测一定条件下系统稳定运行时所表现出来的性能，反映了各要素之间的协同与耦合特性。

**稳态分布, steady-state distribution** 对于有限状态的马尔可夫链，当满足条件 $p_{ij}^{(n)} > 0$（$i$，$j$ 为任何状态），经过一段时间转移后，过程将达到平稳状态，也即 $\lim_{n \to \infty} p_{ij}^{(n)} = \pi_j = \lim_{n \to \infty} p\{\xi_n = j\}$，各状态概率趋于稳定，与起始分布无关，称 $\pi_1, \pi_2, \cdots, \pi_j, \cdots$ 为该链的稳态分布。

**稳态期, steady-state period** 在稳态仿真中，理论上系统运行时间无限长，其输出性能与初始条件无关。但在实际操作中，由于仿真运行时间有限，因此初始状态会对系统性能产生一定影响（称之为初始瞬态问题）。为满足稳态仿真应用条件，需要对仿真模型预运行一段时间，在达到稳定状态后再开始收集数据。预运行完成之后进入的仿真时段称为稳态期。

**稳态误差, stable error** 当系统从一个稳态过渡到新的稳态，或系统受扰动作用又重新平衡后，系统可能会出现偏差，这种偏差称为稳态误差。

**稳态周期参数，steady-state cycle parameter** 假设非终态仿真的随机过程 $Y_1, Y_2, \cdots$ 没有稳态分布，将时间轴划分为等长相邻区间（称为周期），假设 $Y_i^c$ 为定义在第 $i$ 个区间上的随机变量，且 $Y_1^c, Y_2^c, \cdots$ 是可比较的。假设 $Y_1^c, Y_2^c, \cdots$ 具有稳态分布 $F^c$，也即 $Y^c \sim F^c$，则 $Y^c$ 的特征参数如均值等称为稳态周期参数。

**问题求解, problem solving** 早期人工智能学科的专用术语，指在给定条件下，寻求一个能解决某类问题且能在有限步骤内完成的算法。

**问题求解范式，problem solving paradigm** 解决某一问题可以仿效的模式。

**无范围限制空战训练系统, air combat rangeless training system** 在空间范围上不设限制的空战训练系统。

**无缝性, seamless** 不同类型仿真（如构造、虚拟、实况仿真等）集成所希望达到的完全一致性和透明性。

**无记忆的量化, memoryless quantization** 量化是数据压缩重要的一个组成部分。按照记忆性可以分为无记忆量化器和有记忆量化器。有记忆量化器就是自适应量化器。无记忆量化，即当前的量化与以前量化的情况无关。

**无记忆模型, memoryless model** 不具备对处理器和内存运行状态进行记录能力的模型。

**无记忆性，memoryless property**
（1）在马尔可夫过程的应用中，随机变量未来取值只与当前的取值有关而与过去的取值无关。（2）在概率与数理统计中，有两类无记忆性。①离散型无记忆特性：假定 $X$ 是离散随机变量，其值分布于集合 $\{0,1,2,\cdots\}$，则如果对于该集合中的任意 $m$ 和 $n$ 有 $P_r(X>m+n\,|\,X\geq m)=P_r(X>n)$，则称 $X$ 的概率分布具有无记忆性。②连续型无记忆特性：假定 $X$ 是连续随机变量，其值分布于非负实数区间$[0,\infty)$，则如果对于该集合中的任意实数 $t$ 和 $s$ 有 $P_r(X>t+s\,|\,X>t)=P_r(X>s)$，则称 $X$ 的概率分布具有无记忆性。其中 $P_r$ 表示随机变量发生的概率。

**无偏估计量，unbiased estimator**　当估计值的数学期望等于参数真值时，参数估计就是无偏估计，据此设计的估计量称为无偏估计量。

**无偏误差，unbiased error**　如果从样本估计的总体误差量的期望与误差的真实值一致，那么该系统的误差就称为无偏误差。

**无限状态系统，infinite-state system**　系统状态没有边界的系统。

**无源系统，passive system**　亦称被动式系统，指无能量从外界输入的动态系统。

**武器射击仿真器，weapon firing simulator**　模仿武器系统执行射击任务时的射击状态、射击环境和射击条件，并为射击人员提供相似的操纵负荷、视觉、听觉、运动感觉的试验和训练装置，通常由模拟座舱、运动系统、视景系统、计算机系统及教员控制台等五大部分组成。

**武器系统效能评估仿真，effectiveness evaluation simulation of weapon system**　对武器系统在一定作战环境下达到预定目标的能力程度进行仿真评估的过程。

**武器效果仿真器，weapon effect simulator**　通过仿真，直接给出武器各种作战效果的仿真器，包括通信、机动、射击、防护、侦察等行为的效果。

**物理逼真度，physical fidelity**　仿真模型与被仿真对象之间的物理相似程度。

**物理沉浸，physical immersion**　在物理仿真环境中，通过辅助传感设备，使人可以直接观察仿真对象的内在变化，并与仿真对象发生相互作用，给人一种身临其境的真实感。

**物理仿真，physical simulation**　用物理模型对实际系统的物理特性进行研究的过程。

**物理环境，physical environment**　研究对象周围的环境，包括有生命的和无生命的物质体系。

**物理建模，physics-based modeling，physical modeling**　根据物理变化进行建模，模型能够描述系统的物理属性及其变化情况。

**物理接口, physical interface**　系统中不同设备与部件之间的硬件接口。

**物理模型, physical model**　用理想化的方法将实际系统进行简化, 可以描述实际系统物理特征的一类模型, 如用于水洞、风洞试验的各种缩比实物模型, 以及各种物理效应设备等。

**物理时间, physical time**　观测者应用计时指示仪器实地测得的事件发生的时间示数。

**物理实现, physical realization**　在现实环境中实现特定的功能。

**物理实验, physical experiment**　以直接测量和间接测量为基础的实验。直接测量指无需对被测的量与其他实测的量进行函数关系的辅助计算而可直接得到被测量值的测量。间接测量指利用直接测量的量与被测量之间的已知函数关系经过计算而得到被测量值的测量。

**物理属性, physical attribute**　物质不需要经过化学变化就表现出来的性质, 包含密度、比热容、硬度、透明度、导电性、导热性、弹性、磁性等。

**物理数据模型, physical data model**　面向计算机物理表示的数据模型, 描述了数据在存储介质上的组织结构, 它不但与具体的数据库管理系统有关, 而且还与操作系统和硬件有关。

**物理系统, physical system**　由提供特定功能的物理单元相互连接所构成的系统。

**物理系统仿真, physical system simulation**　利用物理模型复现实际物理系统演化的本质过程。

**物理原型, mock-up**　用于试验、演示, 且具有和实际系统相同或相近功能的物理系统。

**物料搬运系统, material handling system（MHS）**　实现物料流动和存储活动的系统, 主要由传送带、运输车辆、托盘、仓库设备、控制设备和计算机、传感器等硬件以及专门的软件系统组成。

**误差建模, modeling error**　建立描述误差的模型。在仿真过程中, 需要处理多种误差, 如测量误差、截断误差、模型假设误差等。在某些情况下, 利用误差模型来估计活动的准确程度, 就需要误差建模, 所建立的模型称为误差模型。参见“误差模型”。

**误差模型, error model**　误差数据的统计模型, 与变量误差（errors-in-variable, EV）相同, 常见的有线性EV模型、非线性EV模型、半参数EV模型等。

# Xx

**吸收马尔可夫链模型, absorbing Markov chain model**　基于吸收马尔

可夫链的模型。吸收马尔可夫链是指任意状态都可到达一个吸收状态的马尔可夫链，包括两点：至少包含一个吸收状态；可从任意状态以有限步到达至少一个吸收状态。设 $\{X_n, n \geq 0\}$ 为一个马尔可夫链，如果该马尔可夫链的一个状态 $i$ 的状态转移概率满足 $p_{ii}=1$，以及 $p_{ij}=0$，$i \neq j$，那么，称该马尔可夫链为一个吸收马尔可夫链。

**吸收状态, absorbing state**　自身构成闭集的状态，即一旦到达某个状态就再也不能离开，也即吸收状态的转移概率 $p_{ii}=1$，以及 $p_{ij}=0$，$i \neq j$。

**稀疏, thinning**　仿真中特指对大量数据，尽可能地减少数值点而不影响结论分析的数据优化方法。例如，对连续随机过程，可以时间片对其加以稀疏，即用某一个值代替该时间片上的任意一点的值。

**洗牌式发生器, shuffling generator**　一类随机数发生器，随机洗扑克牌，顺序有 52! 种即将近有 $8 \times 10^{67}$ 种。因此，在一次仿真运行时不可能产生相同的随机数。

**系统边界, system boundary**　系统的范围。系统是研究的对象，客观世界是相互影响的，系统的边界定义了研究范围，这样就可区分哪些是系统内的行为特性，哪些是系统外的行为特性，继而就可观察内外相互作用的情况。

**系统变量, system variable**　在仿真中，描述系统内部状态变化的变量，相对于输入变量、输出变量而言。

**系统辨识, system identification**　在控制工程领域，采用统计方法由测量数据建立动态系统或过程的数学模型。也包括实验的优化设计，以便有效地产生信息和数据，从而更有效地进行模型拟合以及模型简化。

**系统辨识建模, system identification modeling**　以系统辨识为目的的模型建立过程。参见"系统辨识"。

**系统动力学, system dynamics（SD）**　美国麻省理工学院的 Forrester 教授于 1956 年为分析生产管理及库存管理等企业问题而提出的系统仿真方法，现已广泛应用于其他领域。

**系统动力学模型, system dynamic model**　基于系统动力学的理论和方法所建立的研究对象的模型。系统动力学将产生行为变化的因果关系称为结构，用一组环环相扣的行动或决策规则将结构连接起来构成网络，所含的主要元件有流（flow）、积量（level）、率量（rate）、辅助变量（auxiliary）等，可通过运行该网络模型来发现系统行为与内在机制间的相互关系。

**系统仿真, system simulation**　根据系统分析的目的，在分析系统各要素性质及其相互关系的基础上，建立能描述系统结构和行为过程的且具有一定逻辑关系或数量关系的仿真模型，据此进行试验或定量分析，以获得正确决策所需的各种信息。

**系统仿真技术，system simulation technique** 一门多学科交叉的技术，以控制论、系统论、相似原理和信息技术为基础，以计算机和专用设备为工具，利用系统模型对实际的或设想的系统进行动态试验。

**系统分类, system classification** 按照某种准则、标准或目标，对系统的概念、对象加以辨认、区分以及理解的过程。例如，控制系统按调节器的控制规律准则可划分为比例控制、积分控制、微分控制、比例积分控制、比例微分控制、比例积分微分控制等。

**系统复杂性, system complexity** 呈现复杂系统特征的程度，包括非线性、不确定性、自组织性、涌现性等。复杂系统是兴起于 20 世纪 80 年代的复杂性科学中的重要概念，指具有中等数目基于局部信息做出行动的智能性、自适应性主体的系统。

**系统工程生命周期, system engineering life cycle** 系统工程发起到实施结束的全过程，通常包含论证、设计、实施以及维护等各阶段。

**系统规范的层次，level of system specification** 层次化系统规范中所定义的层次。

**系统集成, system integration** 根据应用需要将不同的系统有机地组合成一个一体化的、功能更加强大的新型系

统的过程和方法。

**系统建模, system modeling** 一个实际系统模型化的过程，一般采用某种方法对真实系统进行抽象。对于同一个实际系统，人们可以根据不同的用途和目的建立不同的模型。在系统仿真领域，指对实际系统或假想系统建立适于仿真的模型，包括数学形式、物理形式的模型。

**系统建模语言，system modeling language** 一种用于系统建模的计算机可以识别、翻译、解析与执行的程序语言。

**系统交互, system interaction** 通过一致的结构、标准和协议，人和系统之间、系统和系统之间、系统和环境之间的互操作。

**系统结构, system architecture** 系统内部各组成要素之间相互联系、相互作用的方式或秩序，即各要素在时间和空间上排列和组合的具体形式。

**系统类型, system type** 根据某种准则对系统进行分类的结果。在仿真领域，按照仿真建模的方法不同一般可分为三类：连续系统、离散事件系统与混合系统。

**系统模型, system model** 以某种确定的形式，如文字、符号、图表、实物、数学公式等，对系统某些本质属性的描述。研究目的不同，同一系统可建立不同的系统模型。

**系统生命周期, system life cycle** 系统从产生、构思、设计、生产、使用一直到不再使用为止的整个生命过程。

**系统视图, system view** 视图是在系统工程、软件工程与企业工程中使用的一个术语,它是一类框架,该框架定义一组一致的视角,以定义系统、软件或企业的架构。系统视图就是从整个系统的角度给出的描述。

**系统响应, system response** 系统对输入或请求作出反应。系统响应要考虑到输入的数目,输入数目越多,响应时间必须越快,不然就难以保证每一个输入都有可以接受的响应。

**系统效能指标, measure of system effectiveness（MOSE）** 度量系统在给定条件下达到一组特定任务预期要求的可能程度,如导弹武器系统对目标的毁伤概率。

**系统行为, system behavior** 系统与其环境联系时发生的动作或方式的范围,它是系统对各种激励或输入的响应,这种激励或输入是内部的或外部的,有意识的或潜意识的,公开的或隐蔽的,自愿的或非自愿的。

**系统性误差, systematic error** 导致许多次独立测量的均值明显不同于被测属性的实际值的测量偏差。系统性误差的均值一般不是随机变化的,而有随时间变化的趋势。

**系统中的等待时间, waiting time in system** 系统执行某一指令或进行某一操作过程所需要等待的时间。

**系统状态, system state** 通俗意义上指系统内部当前的情况。在控制科学中,一般称为系统状态变量,即状态是用变量来描述的。内部状态变量是系统状态变量的一个最小可能的子集。

**细节等级, level of detail（LOD）** 相同对象的一系列模式中的一种特定分辨率模式。当物体在屏幕上占有很少的像素或不在重要区域内时,使用较低的细节等级可以获得很高的图形性能。

**细粒度模型, high-granularity model** 详尽程度高的模型。例如,在军事仿真中,根据需要,可以将单兵、班、排、连、团分别视为实体建立模型,则称以单兵为实体单元的模型比以连为实体单元的模型粒度要细。参见"粒度"。

**下界, lower bound** 时间最迟或数量最小的限度,与上界相对。参见"上界"。

**下一事件时间推进, next-event time advance** 一种仿真时间推进机制,根据未来事件表中下一事件的发生时间来更新仿真时钟,即将当前仿真时间变量推进到下一个事件发生的时间。参见"时间推进机制"。

**先到先服务, first-come first-served（FCFS）** 在计算机领域中,有时被用以描述数据结构中的队列性质,类似于先进先出。参见"先进先出"。

**先进仿真, advanced simulation** 以相似原理、信息技术、系统技术及其应用领域有关的专业技术为基础，以计算机和各种物理效应设备为工具，利用系统模型对实际的或设想的系统进行试验研究的一门综合性技术。它综合集成了计算机、网络、图形图像、多媒体、软件工程、信息处理、自动控制等多个高新技术领域的知识。它不仅应用于产品或系统生产集成后的性能测试试验，而且已扩展应用于产品型号研制的全过程，包括方案论证、战术技术指标论证、设计分析、生产制造、试验、维护、训练等各个阶段，并可应用于由多个系统综合构成的复杂系统。分布式仿真、虚拟现实等都属于先进仿真技术。

**先进分布式仿真, advanced distributed simulation（ADS）** 由美国国防部在 20 世纪 80 年代早期提出，一般具有如下特点：能够对复杂大系统仿真建模、运行和结果处理提供全过程支撑，能进行仿真全过程管理与全系统监控，能支持多种软硬件平台的仿真系统集成，还能在广域网上实现大规模分布仿真的互联互通互操作，达到资源共享与复杂大系统仿真的时空一致性，可用于装备发展论证、作战训练模拟、战法研究等分布仿真应用系统的开发与集成，是一个高层体系结构仿真支撑下的平台。

**先进数值仿真, advanced numerical simulation** 数值仿真也叫计算机仿真，它以计算机为手段，通过数值计算和图像显示的方法，达到对工程问题和物理问题乃至自然界各类问题研究的目的。先进数值仿真包括计算机图形学、动画仿真等方面的应用。

**先进先出, first-in first-out（FIFO）** 等待制排队系统的一种排队规则，即顾客按照到达先后次序排列，按先到先出的顺序接受服务。

**先验知识, priori knowledge** 先于经验的知识，指与一切具体经验无关的知识，与从经验得来的后天知识相对立。在模式识别和图像处理中广泛使用，如图像识别、图像分割等问题。

**显式单步法, explicit single-step method** 微分方程数值积分计算中常用的方法之一。显式单步意味着为计算下一步的系统状态值只需使用当前步的系统状态及其导数的已知值。典型的是显式龙格-库塔法。参见"龙格-库塔法"。

**显式积分算法, explicit integration algorithm** 微分方程数值积分计算中常用的方法。显式意味着为计算下一步的系统状态值只需使用当前与（或）以前若干步的系统状态的已知值。若只使用当前步的值，称为显式单步法，若用到多步的值，则称为显式多步法。与其相对的是隐式，它还需要系统下一步的状态值。

**显式算法, explicit algorithm** 可以从

当前步或前面几步的已知结果求得下一步的结果的算法。在数值积分中就是显式积分算法。

**显式亚当斯-贝士弗斯法，explicit Adams-Bashforth method** 一种数值求解常微分方程的线性多步法。

**现场仪器，field instrumentation** 用于特定现场或场合的仪器设备。

**线性插值，linear interpolation** 在两点之间用直线代替原始函数的插值方法。

**线性反馈移位寄存器随机数生成器，linear feedback shift register random-number generator** 亦称陶斯沃特（Tausworthe）发生器，可以在二进制计算机上利用线性反馈移位寄存器（linear feedback shift register，LFSR）的开关电路来实现。它对若干二进制位的数进行移位，譬如说每次向左移一位，向左移出的那一位与其他位结合形成新的最右一位。在数据加密、数字通信和集成电路测试等领域有着广泛的应用。

**线性规划，linear programming** 一种研究线性约束条件下线性目标函数的极值问题的数学理论和方法，是运筹学中研究较早、发展较快、应用广泛、方法较成熟的一个重要分支，是辅助人们进行科学管理的一种数学方法。

**线性模型，linear model** 模型所描述对象的各个变量之间满足线性关系，这类模型中所有变量都是一次的。

**线性时不变连续系统，linear time-invariant continuous-time system** 满足线性关系的、参数不随时间而变化的系统。

**线性同余式随机数生成器，linear congruential random-number generator** 采用递归关系式 $X_{n+1}=(aX_n+c)(\bmod\ m)$ 产生伪随机数序列 $\{X_{n+1}\equiv(aX_n+c)(\bmod m)\}$，其中 $m$（$m>0$）称为模，$a$（$0<a<m$）称为乘子，$c$（$0<c<m$）称为残量，$X_0$（$0<X_0<m$）称为种子或起始值，均为正整数。

**线性系统，linear system** 系统的输出与输入之间满足线性关系，即齐次性和叠加性的一类系统。

**线性系统仿真，linear system simulation** 对线性系统进行的仿真。

**相对时戳，relative timestamp** 时戳是对时间的一种标记。相对时戳指从某个标准时刻计算的相对时间的标记。

**相对误差，relative error** （1）测量误差与其相应的观测值之比。（2）绝对误差与被测量（约定）真值之比。（3）绝对误差与比对值的比。

**相关变量，correlated variate** 存在相关关系的一组变量。这种相关关系分为函数关系与统计关系两类，前者表示变量之间数量上的确定性关系，即一个或一组变量在数量上的变化通过函数式完全确定另一个变量在数量上的变化；后者表示变量之间的相随变动的某种数量的统计规律性，是在进行了大量的观测或试验以后建立起来的一种经验关系，一个变量只是大体上按照某种趋势随另一个或一组变量而变化。

**相关采样，correlated sampling** 离散事件仿真中一种有效的方差减小技术，主要适应于分析系统参数发生的微小改变对输出结果变化的影响。

**相关函数，correlation function** 描述随机信号在任意两个不同时刻的取值之间的相关程度。

**相关图，correlation plot** 用来反映两个变量之间的相互关系的图，亦称散布图、散点图。相关图将两种有关的数据成对地以点的形式描绘在直角坐标图上，以观察与分析两种因素之间的关系。相关图的观察与分析主要是查看点的分布状态，判断变量之间有无相关关系，若存在相关关系，再进一步分析属于何种相关关系，如线性相关、非线性相关、不相关等。

**相关系数，correlation** 亦称线性相关系数、皮氏积矩相关系数，由皮尔逊（Pearson）于19世纪80年代提出，是衡量变量之间线性相关程度的指标，反映两个现象之间相关关系的密切程度。样本相关系数用$r$表示，总体相关系数用$\rho$表示，$r$的取值范围为[−1, 1]。$|r|$值越大，误差$Q$越小，变量之间的

线性相关程度越高；$|r|$值越接近0，$Q$越大，变量之间的线性相关程度越低。

**相关性检验，correlation test** 基于相关性分析检验随机变量之间的相关性是否显著。相关性分析研究现象之间是否存在某种依存关系，并对具体有依存关系的现象探讨其相关方向以及相关程度，是研究随机变量之间的相关关系的一种统计方法。主要有三类分析方法：二元相关分析、偏相关分析和距离相关分析。

**相似度，similarity degree** 两个对象之间的相似程度。仿真系统的相似度，是由仿真系统与被仿对象系统的相似单元数量、相似元数量以及每个相似元对系统相似度影响权系数等因素决定的。某一仿真系统的相似度可用于描述该系统的可信度，通过计算该仿真系统与被仿对象系统的相似度，最终得到系统的可信度。

**响应函数，response function** 系统的输出信号与输入信号之间的对应关系。

**响应空间，response space** 系统在激励作用下所引起的反应的部分。

**响应曲面，response surface** 在一个实验中，设实验影响因子为$k$维（$x_1$, $x_2$, $\cdots$, $x_k$），则响应曲面就是所有试验点（$x_{1i}$, $x_{2i}$, $\cdots$, $x_{ki}$, $i=1,2,\cdots$）与其对应的性能指标值一起构成的超曲面。

**响应曲面法，response surface method**

一种基于响应曲面的统计试验优化设计方法。用该法可建立连续变量曲面模型，对影响因子及其交互作用进行评价，确定最佳水平范围，而且所需要的试验组数相对较少，可节省人力物力。

**响应曲线, response curve**　系统的输出信号随时间或频率变化而形成的轨迹。

**响应特性, response characteristic**　确定条件下激励与对应响应之间的关系。将频率不同的正弦信号输入传感器，相应的输出信号的幅度和相位与频率之间的关系称为频率响应特性。频率响应特性可由频率响应函数表示，它由幅频特性和相频特性组成。参见"响应函数"。

**响应图, response diagram**　用于表示系统的输出响应的一种图形。

**想定, scenario**　在军事演习前对敌我双方的基本态势、战斗企图及发展情景的设想。它是根据训练目的、敌我编制与战斗特点以及实际地形拟制的重要事件的初始条件和时间序列，是组织战术演习和作业的基本文本。

**想定工具集和生成环境, scenario toolkit and generation environment**　特指加拿大 VPI 公司开发的仿真软件集，由仿真想定生成工具、态势显示工具、仿真运行管理工具等系列化仿真软件组成，可完整地支持仿真系统开发和运行显示过程。

**想定开发, scenario development**　依据仿真运行目的，设计想定、编制文档的过程，是仿真系统开发的一个必要阶段。想定应确保仿真系统开发或运行能达到所确定的研究目标。想定文档的格式类型（如图形、表格、文字等）应力求标准化，以便于重用。

**想定模型, scenario model**　基于领域知识，根据仿真目的建立的仿真系统运行过程模型，如军事概念模型。

**想定生成器, scenario generator**　一类仿真软件，可通过人机交互等输入接口，定义仿真场景，包括环境设置、部队编成部署、初始作战计划拟制等要素，从而自动生成军事想定方案，作为仿真系统运行的初始输入。

**想定专用数据, scenario-specific data**　参战双方的兵力编成、部署、作战时间、环境配置等想定所需的数据。

**向后插值算法, back interpolation algorithm**　一种用多项式来近似被求未知函数的插值方法，即用当前的函数值与前一点的函数值的差分来近似函数的高阶导数值，典型的有牛顿向后插值公式。参见"向前插值算法"。

**向量, vector**　亦称矢量，指既有大小又有方向且遵循平行四边形法则的量。

**向量自回归模型, vector-autoregressive-to-anything process**　基于数据的统计性质建立模型，用系统中每一个内生变量作为系统中所有内生变量的滞后值的函数来构造模型，从而将单变量自回归模型推广到由多元时间序列变量组成的向量自回归模型。

**向前插值算法, forward interpolation algorithm** 一种用多项式来近似被求未知函数的插值方法，即用当前的函数值与后一点的函数值的差分来近似函数的高阶导数值。参见"向后插值算法"。

**向前欧拉算法, forward Euler algorithm** 常微分方程初值问题数值求解最简单的显式单步算法，它利用待求变量当前离散点的值和右端函数值得出在下一离散点的近似值，具有一阶精度。

**像素, pixel** 计算机屏幕上所能显示的最小单位，是计算数码影像的一种单位。

**消息传递, message delivery** 泛指人们通过声音、文字、图像或者动作相互沟通消息。在高层体系结构中，特指运行支撑环境通知一个联邦成员某一事件发生时，对相应服务的调用过程。参见"高层体系结构"。

**小波谱法, wavelet-based spectral method** 表征信号的局部时-频能量的大小的一种信号处理方法，不仅能够刻画出信号的频率特性，而且具有时频定位的能力，进而能够更好地分析信号的特征，进行信号特征提取。

**小回路仿真, small loop simulation** 在电路中指某条小回路形成闭合回路的仿真，也称副回路的仿真。

**效应混杂, confounding of effect** 不同效应在影响效果上的叠加与混合，如在进行企业供应链仿真时可能出现的牛尾效应和马太效应的叠加。

**协方差, covariance** 在概率与统计中，描述两个变量的总体误差。两个具有有限二阶矩的联合分布的实值随机变量 $X$ 与 $Y$ 之间的协方差的表达式是 $\sigma(X,Y) = E[XY] - E[X]E[Y]$，其中 $E[\cdot]$ 是 $[\cdot]$ 的期望值，也即均值。

**协方差矩阵, covariance matrix** 矩阵的每个元素表示各个随机向量元素之间的协方差，它是从标量随机变量到高维度随机向量的自然推广。

**协方差平稳过程, covariance-stationary process** 对于随机过程 $\{X(t), t \in T\}$，若对任意 $t$ 和 $\tau$，$t + \tau \in T$，满足：方差 $D[X(t)]$ 存在；$E[X(t)]$ 为常数；互相关函数 $\mathrm{cov}[X(t), X(t + \tau)] = K(\tau)$ 仅依赖 $\tau$，则称 $\{X(t), t \in T\}$ 为协方差平稳过程。

**协调的时间推进, coordinated time advancement** 在仿真时间推进过程中，所发生的事件在逻辑上是正确的，所发送的消息在逻辑上是有序的。

**协调模型, coordination model** 正确处理两个或者两个以上虚拟世界模型、现实世界模型、数据来源、硬件设施及软件构件等系统要素之间关系的模型，具有使各个要素之间协同一致地完成某一目标的能力。

**协调系统, coordination system**　采用协调模型进行建模而生成的系统。通过协调模型,系统中的数据来源、硬件设施及软件构件等系统要素之间具备能够协同一致地完成某一目标的能力。

**协同环境, collaborative environment**　一个多用户的环境,其中用户间能自由和谐地进行信息交流,且用户的操作对其他用户是可见的,同时用户可期待其他用户参与。在该环境中,多个用户可以协同地完成某项任务。此环境通常对操作的响应时间和操作的自由性有着较高的要求。只有充分考虑用户间的交互性和协同感,才能提高协同工作效率。

**协同建模与仿真, collaborative M&S**　在数值计算领域求解大型常微分方程组时通常采用分解算法。类似地,在协同建模与仿真中,系统模型往往被拆分成多个子模型并采用多个求解器进行求解与仿真。

**协议, protocol**　仿真应用中,定义仿真应用通信行为的一组规则和格式(语义和语法)。

**协议实体, protocol entity**　在分布式交互仿真中,按所建立的协议,通过协议数据单元与网络中其他协议实体交换信息的对象。协议实体的关键属性是其状态。按照所建立的协议,给定的协议实体在如下情况下会出现状态转移:从其他协议实体接受协议数据单元;表现外部事件,如时间输出计数器的溢出。

**协议数据单元, protocol data unit**　分布式交互仿真的术语,为实现不同类型的仿真器、仿真系统和模型间的通信所规定的数据和结构标准。

**协议数据单元标准, protocol data unit standard**　对分布式交互仿真综合环境中表示的若干主要功能类所建立的数据交换标准,如机动、武器、射击效果、碰撞等。

**协议转换器, protocol converter**　用于将一种标准或私有协议转换为另一种协议以实现互操作的设备或模块。

**心理模型, psychological model**　相互关联的言语或表象的命题集合,是人们做出推论和预测的深层知识基础。

**信息安全, information assurance (security)(IA)**　保护信息财产,以防止偶然的或未授权者有意的对信息的恶意泄露、修改和破坏,从而导致信息不可靠或无法处理。

**信息模型, information model**　系统中的实体及其行为以及实体之间(系统间)数据关系及流动方式的一种描述。信息模型通常采用某种通用方法来描述,以便进行更有效的交流。例如,在企业建模中分别有功能模型、信息模型、组织模型、资源模型等。

**信息企业, information enterprise**

（1）由美国国防部提出的一个概念，以面对大量多变而且复杂的信息共享挑战，使得在需要的时间、地点以及所选设备上能安全地访问信息与服务。最初美国国防部将其称为联合信息环境（joint information environment，JIE）。美国国防部提出一种信息企业体系结构（information enterprise architecture，IEA），其2.0版本（DOD IEA v2.0）描述规范 DOD IE 演进的优先领域、原则、规则以及活动。其目的是提供一种清晰、简明的描述，规定 DOD IE 及其成员应该如何协同完成这种转换并提供有效的信息与共享服务。（2）以收集、加工、组织和传播信息资源为主要业务的企业，如各种计算机公司、网络公司、信息咨询公司、数据库公司等。

**信息系统, information system（IS）** 由人、计算机及其他外围设备等组成的能进行信息的收集、传递、存储、加工、维护和使用的系统。一般说来，信息系统着重于组织内，特别是企业内的信息处理，并与现代社会分享利益。

**星光导航仿真, celestial simulation** 利用星光模拟设备产生满足特定要求的星体信息，以模拟星光导航设备所能观测到的目标以及背景信息，对星光导航系统进行动态研究的过程。

**行为, behavior** 人在生活中表现出来的工作（或生活）态度及具体的工作（或生活）方式，是在一定的物质条件下，不同的个人或群体，在社会文化制度、个人价值观念的影响下，在工作（或生活）中表现出来的基本特征，或对内外环境因素刺激所做出的能动反应。

**行为抽象, behavior abstraction** （1）在面向对象的设计中，指将不同的行为对象化，并可以在运行时交换这些对象以实现不同行为的方法。（2）在建模领域，指采用行为法（behavioral approach）对建模对象建模，亦称行为建模。参见"行为建模"。

**行为建模, behavioral modeling** 采用行为法对建模对象建模，其特点是并不先验地区分输入变量和输出变量，而是行为设置与系统一致，从而建立起一个通用的框架。

**行为模型, behavior model** 在行为科学中，指复制原系统中所需要的行为特性的模型，如两者的行为一一对应。在计算机科学中，行为模型常用状态转换图（简称状态图）来描述，亦称状态机模型，通过描述系统的状态以及引起系统状态转换的事件来表示系统的行为。

**形变模型, deformable model** 描述形状发生变化的模型，在不同的领域有不同的描述形式。在物理学与材料科学中，指可描述弹性体或塑性体对外加作用力的响应的模型，典型的是有限元模型。在计算机图形学中，有基于图像的二维和三维的形变模型。

**形式化建模, modeling formalism** 以

形式化的方式建模，即将数学和逻辑的陈述表示成一串具有一定操作规则的字符的陈述。使用形式化方法可以应用严格的符号来说明、开发和验证模型，从而能够更容易地发现和改正诸如歧义性、不完整、不一致等问题。

**形式化模型, formal model**　采用规范化的形式语言，对系统进行精确的抽象建模而形成的模型。

**形式体系, formalism**　采用规范化的形式语言对动态系统进行抽象描述。

**形状参数, shape parameter**　概率分布函数中决定分布形状特征的参数。

**形状仿真, shape simulation**　依据对象的输入输出等外部特征进行拟合建模，以开展系统仿真。

**形状建模, shape modeling**　依据对象的输入输出等外部特征进行拟合的建模行为，如雷达建模中威力、发现概率等。

**性能模型, performance model**　表征研究对象性能的模型。

**性能指标, performance measure**　度量系统性能的测度，用于评价系统的性能或进行方案比较。在系统优化时，常选取一个或多个性能指标作为优化的目标函数。在仿真中，常见的性能指标包括实体在系统中的逗留时间、排队等待时间、队长、设备利用率、系统的处理能力等。

**修改编辑器, modifier**　在仿真中，一种通过键盘或鼠标进行计算机屏幕操作，对对象（包括字符、图形、颜色等）进行添加、删除、改变等操作的软件工具。

**虚拟的, virtual**　不是真实的但却是本质上的。目前使用在众多领域，如虚拟网络、虚拟企业、虚拟人等。

**虚拟仿真, virtual simulation**　仿真回路中接入虚拟样机的数字仿真。虚拟样机是真实世界中的实体、人和环境的模型，如产品的虚拟原型、功能化虚拟样机、计算机生成兵力、逻辑靶场、虚拟战场、虚拟人、软件人、虚拟环境等。

**虚拟仿真器, virtual simulator**　一种可创建和体验特定虚拟世界的计算机系统。

**虚拟环境, virtual environment**　通过图形、图像等技术模拟构建的仿真环境，包括自然环境和人文环境。

**虚拟人标记语言, virtual human markup language（VHML）**　一种用于描述人机交互各方面内容的语言，它使交互式会话的头部可以通过遵循XML标准进行标注的文本来定向。

**虚拟时间, virtual time**　虚拟世界中的时间，支持仿真系统中实体运动过程或事件的描述。

**虚拟实验, virtual experiment**　借助多媒体、仿真和虚拟现实等技术，在计算机上营造可部分甚至全部替代传统实验各操作环节的相关软硬件操作环境，实验者可以像在真实环境中一样完成各种实验项目，所取得的实验效果等价于在真实环境中所取得的效果。

**虚拟世界, virtual world** 运用电脑技术、互联网技术、卫星技术和人类的意识潜能开发而形成的独立于现实世界、与现实世界有联系的世界，人们可以通过头盔和营养舱以意识的形式进入，类似于地球或宇宙的世界。

**虚拟现实, virtual reality** 亦称灵境技术或人工环境，是近年来出现的高新技术。虚拟现实是利用电脑模拟产生一个三维空间的虚拟世界，给使用者提供视觉、听觉、触觉等感官的模拟，让使用者如同身历其境一般实时地观察、体验三维空间内的事物。

**虚拟现实建模语言, virtual reality modeling language（VRML）** 一种用于建立真实世界或虚构三维世界的场景模型的场景建模语言，具有平台无关性，是目前因特网上基于 WWW 的三维互动网站制作的主流语言。虚拟现实建模语言本质上是一种面向 Web、面向对象的三维造型语言，是一种解释性语言。

**虚拟样机, virtual prototype** 建立在计算机上的原型系统或子系统模型，在一定程度上具有与物理原型相当的功能真实度，能够反映实际产品的特性，包括外观、空间关系以及运动学和动力学特性等。设计人员通常在计算机上建立机械系统模型，伴之以三维可视化处理，模拟在真实环境下系统的运动和动力特性，并根据仿真结果精简和优化系统。

**虚拟战场环境, virtual battlefield environment** 通过仿真技术模拟构建的战场环境，包括地理环境、气象环境、电磁环境、武器装备实体等。

**虚拟战斗空间, virtual battle space（VBS）** （1）采用仿真技术构建的战斗实体活动的空间，可作为虚拟战场环境的一部分。（2）波希米亚互动工作室为军事训练及教导指挥而开发的一款战术训练用三维软件，用以支持当今美军及许多北约国家正规部队及军事组织的专业军事训练。

**需求分析, requirement analysis** 在新建或完善一个系统时，对用户的业务活动和要解决的问题进行详细的分析，明确在用户的业务环境中系统的功能需求和非功能需求，并与用户达成一致的过程。从广义上理解，需求分析包括需求获取、分析与综合、撰写规格说明、验证等过程；从狭义上理解，需求分析指需求的分析、定义过程。需求分析的任务就是要解决"做什么"的问题，要全面理解用户的各项要求，并准确地表达所接受的用户需求。

**需求规格说明, requirement specification** 以文档的形式提供的，通过需求获取和分析而得到，并经过用户和系统开发者双方共同认可的需求陈述。需求规格说明是描述需求的文档，是开发人员开发符合用户需求系统的基础，是整个系统开发过程的指南。需求规格说明是需求分析阶段的成果，通常有符合相关标准规范的标准模板，在实际撰写过程中可根据系统规模和所涉及的内容对其做适当剪裁。

**需求验证, requirement validation**　以需求规格说明为输入，通过评审、测试等一系列方法和途径，分析需求规格说明的正确性和可行性，包括有效性、一致性、可行性检查和确认可验证性等，以此来判断是否以正确的方式建立需求的过程。需求验证只验证已写入需求规格说明中的需求内容，对存在于用户或开发者思维中的没有表露的、含蓄的需求则不予验证。

**序贯抽样法, sequential sampling**　根据初步调查结果，利用已有的样本信息，在一定的置信度要求范围内，确定实际取样所需样本数的方法。

**叙述式模型, narrative model**　以口头或书面的语言叙述方式描述的模型。例如，SIMSCRIPT Ⅱ.5 软件采用近似英语的自然式句法定义模型。这类模型易于表达且便于阅读，并可以文件的形式加以保存。

**选择器, selector**　数字计算机存储设备的一种早期形式。

**学生 $t$ 分布, Student's $t$ distribution**　由统计学家威廉·戈塞于 1908 年首次提出，但被禁止以个人名义发表，因此根据其笔名"学生"命名。其定义为：假设 $X$ 服从标准正态分布 $N(0,1)$，$Y$ 服从 $\chi^2(n)$ 分布，那么 $Z = X / \sqrt{Y/n}$ 的分布称为自由度为 $n$ 的学生 $t$ 分布，记为 $Z \sim t(n)$，简称 $t$ 分布。

**学生 $t$ 检验, Student's $t$ test**　两随机数总体方差未知但相同，用于其平均数之间差异显著性的检验，简称 $t$ 检验。主要用于样本含量较小（如 $n<30$），总体标准差 $\sigma$ 未知的正态分布数据，分为单总体检验和双总体检验两类。

**学术型仿真, academic simulation**　以学术研究为主要目的的仿真类型，仿真对象可以完全是假想的（当然也不排除是现有的或设计的），也不一定是需要进行模型确认的。例如，模拟联合国（model united nations，MUN）就是一种学术型仿真，它模仿联合国及相关的国际机构，依据其运作方式和议事原则，围绕国际上的热点问题召开的会议。在会议主席团的主持下，参与者扮演不同国家的代表，遵循大会规则，演讲阐述"自己国家"的观点；为了"自己国家"的利益进行辩论、游说；与友好的国家沟通协作，解决冲突；讨论决议草案，促进国际合作等。

**训练仿真系统, training simulation system**　为达到培养某种技能、提高操作水平、熟悉工艺流程、训练协同程度等目的而设计的仿真系统。

**训练仿真装备, training simulation equipment** 对操作技能等进行训练的模拟装备或设备。

# Yy

**亚当斯-贝士弗斯法, Adams-Bashforth method** 一种典型的显式线性多步法，通过基于多项式插值的数值积分方法构造。

**亚当斯-莫尔顿算法, Adams-Moulton algorithm** 一种用于数值积分的隐式线性多步法，适用于求解刚性常微分方程。其中 0 级公式称为隐式欧拉法，表达式为 $y_n = y_{n-1} + hf(t_n, y_n)$；1 级公式称为梯形法，表达式为 $y_{n+1} = y_n + 0.5h[f(t_{n+1}, y_{n+1}) + f(t_n, y_n)]$ 等。

**亚实时仿真, hypo-real-time simulation** 亦称欠实时仿真，仿真运行的速率略低于实际系统运行速率的仿真。

**延迟变量, lag variable** 亦称滞后变量。在系统状态方程中，采用该变量与不采用该变量相比，系统状态变量或状态曲线在时间上具有滞后效应。

**严格平稳的, strictly stationary** 设 $\{\xi(t), t \in T\}$ 为一随机过程，如果它的有限维分布对时间推移不变，即如果对任意 $n$ 和任意选定的 $t_1, t_2, \cdots, t_n \in T$，以及任意的实数 $\tau$，当 $t_{1+\tau}, t_{2+\tau}, \cdots, t_{n+\tau} \in T$ 且 $x_1, x_2, \cdots, x_n \in \mathbf{R}$ 时，有

$$F_\zeta(x_1, x_2, \cdots, x_n; t_{1+\tau}, t_{2+\tau}, \cdots, t_{n+\tau})$$
$$= F_\zeta(x_1, x_2, \cdots, x_n; t_1, t_2, \cdots, t_n)$$

则称该过程为严格平稳的或严格平稳过程。其中 $F_\zeta$ 为 $n$ 维分布函数，$\mathbf{R}$ 为实数集。

**演化博弈, evolutionary game** 在传统博弈中引入动态演化过程，假设参与人是非完全理性的和具有非完全信息的条件，强调动态的均衡。演化博弈与博弈非常近似，但更强调动态过程和长期演化。参见"博弈"。

**演化多模型, evolutionary multimodel** （1）在工程领域，指支持软件（或产品）一致性开发的各阶段的模型集合，是开发各阶段对象演化过程及演化结果表示。（2）在科学研究领域，指不同尺度或不同视角下的模型转化、映射的结果。

**演化模型, evolutionary model** （1）一种全局的软件（或产品）生存周期模型，属于迭代开发方法。（2）用于描述演化行为的模型，如复杂网络的演化模型。

**演练, exercise** 分布式交互仿真中某个仿真的执行，该仿真具有特定的参数、特征数据、初始条件、工作人员和外部系统，用来表示某个特殊或普遍的想定。

**演练管理器, exercise manager** 在计算机网络工作条件下，管理仿真演习的建立、控制和反馈的试验过程的系统或人员。

**演绎法, deductive method** 从普遍性

结论或一般性事理推导出个别性结论的论证方法，也指从一些假设的命题出发，运用公理、定理导出另一命题的过程。

**演绎建模, deductive modeling**　基于演绎法建立模型，包括演绎法所依据的公理、定理等，也包括建模过程的管理与控制。参见"演绎法"。

**演绎逻辑错误，deductive logical fallacy**　演绎推理过程中，产生不符合形式逻辑的规则或要求的一种思维错误。演绎推理是一种从一般到特殊的逻辑推理方法，也是具有必然性与形式有效性的推理，前提的真能够确保结论的真，也常被称为必然性推理，或保真性推理。

**演绎模型, deductive model**　（1）支持演绎推理的模型。（2）基于演绎法建立的模型。

**演绎误差, deductive error**　亦称推演误差，指根据已知事实推演出的结论与实际结论之间的误差。

**验收指南, accreditation recommendation**　亦称认定指南，指判别是否符合确认标准的方法。

**验证, validation**　检查是否"做了正确的事情"，以保证一个产品、服务或系统满足客户与利益相关者的要求，遵循规定、规范说明或强制的条件，往往包括可接受性与适合性。参见"校核"。

**验证方法, validation method**　使用一定的方式和策略判断模型的输出和观察值是否相符。

**验证计划, validation plan**　实现验证任务的目标、活动、步骤、时间及形成的文档等的安排。验证是保证正确完成仿真任务的关键，一般较大型的仿真均应制定验证计划。

**验证技术, validation technique**　支持验证活动的技术。例如，在仿真中将仿真结果与实际试验结果进行比较或与理论模型的结果进行比较等技术。

**样本点, sample point**　随机实验中每一个可能的结果。

**样本方差, sample variance**　一种常用的统计量，用于描述一组样本数据变异程度或分散程度的大小。假设 $X_1$, $X_2$, $\cdots$, $X_n$ 为给定样本点，其样本均值为 $\overline{X}$，则样本方差 $S^2$ 的计算公式为

$$S^2 = \frac{1}{n-1}\sum_{i=1}^{n}(X_i - \overline{X})^2 \text{。}$$

**样本均值, sample mean**　一种常用的统计量，反映样本集所处的中心位置。假设 $X_1$, $X_2$, $\cdots$, $X_n$ 为给定样本点，则其样本均值 $\overline{X}$ 的计算公式为 $\overline{X} = \frac{1}{n}\sum_{i=1}^{n}X_1$。

**样本空间, sample space**　随机试验的所有样本点组成的集合。

**遥测接收仿真器, telemetry receiving simulator**　遥测信息接收设备的模拟

装置。

**一阶显式算法, first-order explicit algorithm** 数值积分方法中截断误差为一阶的显式算法。参见"龙格-库塔法"。

**一致性, consistency** 事物的基本特征或特性相同,其他特征或特性相类似。例如,在控制领域,多智能体系统的一致性指随着时间的推移,智能体的状态趋于一致的情况。

**一致性测试, compliance testing** 亦称遵循性测试、符合性测试。按所要求的特征对待测产品进行测试,以便确定该产品一致性实现的程度。

**一致性模型, consistent model** 一种以一致性为基础的问题解决方法。在计算机科学中,用于保证程序在执行过程中的操作正确性,能够迅速而准确地确定存在问题的根本原因。特别是,在诸如分布式共享内存或分布式数据存储等分布式系统中,它定义了一组规则以确定数据更新的顺序和可视化。例如,数据一致性模型规定程序员与系统之间的约定,在何处系统保证:如果程序员遵循该规则,内存就会是一致的,内存操作的结果将是可预测的。

**仪表指示型仿真, instrument indication simulation** 用仪表图形的显示方式指示被测量值或其相关值进行的仿真。指示可以是模拟式的,也可以是数字式的。模拟式指示仪表又有单针与多针之分,单针指示仪表只能指示一个输入信号,多针指示仪表可同时指示多个输入信号。

**遗传算法, genetic algorithm(GA)** 模拟达尔文生物进化论的自然选择和遗传学机理的生物进化过程的计算模型,是一种通过模拟自然进化过程搜索最优解的方法。

**遗传算法仿真, genetic algorithm simulation** 通过计算机模拟实现遗传算法优化的数值分析过程。参见"遗传算法"。

**遗留仿真系统, legacy simulation system** 以前开发的、仍然在用的仿真系统。

**遗留系统仿真, legacy simulation** 对遗留系统进行的仿真,其仿真过程通常需要考虑对遗留系统产生过影响的诸多因素。

**遗留系统模型, legacy model** 以前建立的、仍然在用的系统的模型。

**已校核的模型, verified model** 经过校核表明遵循了规定、规范说明或强制条件的模型。

**以模型为中心, model-centered** 与基于模型同义。例如,由 Andrew S. Gibbons 开发的以模型为中心的教学(model-centered instruction)设计了因果系统、环境与专家演示三类模型,基于这三类模型的灵活组合,可以对各类不同水平的人员进行教学。仿真也发展到以模型为中心的阶段，典型的有模型驱动的体系架构。参见"模型驱动的体系架构"。

**以人为中心的仿真, human-centered simulation**　在仿真过程中考虑人的形体、思考和行为特点，以提高仿真的有效性。

**异步传输, asynchronous transmission**　参见"异步传输模式"。

**异步传输模式, asynchronous transfer mode**　在信息传输中，信息按固定长度的信元进行组织的传输、复接和交换，相对于同步传输模式。

**异步仿真, asynchronous simulation**　多个仿真任务由各自独立的仿真钟来驱动，只在某些必不可少的时间点处理任务间的时间同步问题。

**异构仿真, heterogeneous simulation**　基于异构环境的仿真。仿真运行能够屏蔽异构网络节点之间的交互复杂性，支持不同的通信网络、软硬件平台、应用软件之间的互操作。

**异构仿真网络, heterogeneous simulation network**　由异构网络、分布式交互仿真组件、仿真管理中间件等组成，由仿真管理中间件负责实现异构网络节点上的分布式交互仿真组件之间的互操作和协同。

**异构环境, heterogeneous condition**　在仿真领域，支撑仿真运行的软硬件设备存在差异，例如操作系统、网络协议、计算软件等可能各不相同。

**异构网络, heterogeneous network**　由多个不同协议的通信网络以及分布在网络中的节点组成，这些网络节点建立在不同类型的硬件平台架构上，运行不同的操作系统、通信协议、应用软件等。

**异或运算, exclusive-or operation**　一种数学运算，应用于逻辑运算，符号为"^"。两个值相异时其异或运算结果为真。例如，真异或假的结果是真，假异或真的结果是真，真异或真的结果是假，假异或假的结果是假。

**易处理的模型, tractable model**　易于建立、修改、变换、组合、编译、运行监控等操作的模型。例如，用结构图描述的动态系统模型，易于将其转换成微分方程组的形式，从模型变换角度来看，结构图是一种易处理模型。

**易处理仿真, tractable simulation**　仿真过程的各项活动易于处理。例如，对于蒙特卡罗仿真，如果仿真产生的样本足够多，其结果易于处理；离散事件仿真时考虑一个预热期，则易于处理初始状态对仿真结果的影响；等等。

**易腐库存, perishable inventory**　研究易变质商品的储存问题。易腐库存系统属于典型的耗散结构，不断地从外界引入负熵以抵消系统内正熵的增加，消除或缓解系统内各种矛盾的因素。变质库存系统的开放和流动决定了系统要素之间具有非线性相干作用。引起易腐库存中涨落现象的因素有两个：时间因素和经济因素。

**溢出，overflow** 广泛使用的一个术语。在仿真编程中，常见的溢出有：（1）缓冲区溢出，指向程序的缓冲区写入的内容超出其长度。（2）内存溢出，指输入到一个域的数据超过了它的定义。（3）数据溢出，指要表示的数据超出计算机所使用数据的表示范围。（4）堆栈溢出，指计算机程序调用了太多的子程序而引起调用堆栈运行空间超出。

**因变量，dependent variable** 在函数关系式中，某特定的变量会随一个或几个其他变量（自变量）的变动而变动，该变量称为因变量。参见"自变量"。

**因果方程，consality equation** 描述系统各变量之间的相互关系或因果关系的方程，可以是定量方程，也可以是定性方程。

**因果模型，causal model** 用来描述一个系统的因果机理的抽象模型。因果模型描述的不仅仅是原因和结果的相互关系，因为相互关系并不能包含因果关系的含义。

**因果系统，causal system** 亦称物理系统或非预报系统，指输出依赖过去和当前的输入，而不依赖将来的输入的系统。

**因果序，causal order** 基于"因果性先于（→）"关系的消息的偏序。对一个消息发送服务而言，任意两条消息 $M_1$ 和 $M_2$（分别包含事件 $E_1$ 和 $E_2$ 的说明）被交付到满足 $E_1 \rightarrow E_2$ 的一个单个成员时，如果 $M_1$ 在 $M_2$ 之前被交付，则称该服务是因果序的。

**因果循环图，causal loop diagram** 亦称环路图，指一个使相关变量的相互影响可视化的图。在该图中，一组节点代表相互有联系的变量，变量之间的关系由箭头表示，这些箭头可以代表对某些变量产生积极或消极的影响。

**因子筛选，factor screening** 亦称因素筛选，指识别评价对象的影响因素并从多个影响因子中筛选重点因子的方法。

**因子设计，factorial design** 亦称析因设计，是一种试验设计方法。利用该法，试验者能够找出每个因子（因素）对于其余各个因子（因素）各种状况的影响程度。仿真模型中，从多个输入变量中识别重要变量，从而简化模型并使其更高效和便于分析。

**隐身浏览器，stealth viewer** 运行后看不到运行界面的浏览器，或者浏览器的主窗口直接"镶嵌"到当前活动窗口之中，看起来具有隐蔽性。

**隐式积分算法，implicit integration algorithm** 一类在微分方程数值积分计算中常用的方法。隐式的含义是：为计算下一步值不但需使用当前与（或）以前若干步的值，还需要下一步值本身。为能实现，一般先用显式算法预报，用该预报值代替下一步值，然后用隐式校正。参见"显式积分算法"。

**隐式马尔可夫链模型, hidden Markov model（HMM）**　一种双重随机过程的描述，由两部分组成：（1）马尔可夫链模型：用转移概率描述状态的转移。（2）一般随机过程：用观察值概率描述状态与观察序列间的关系。

**隐性变量, latent variable, hidden variable**　亦称潜变量，指不能被直接精确观测或虽能被观测但尚需通过其他方法加以综合的变量。或者说，它与观测变量相反，不能直接观测但可通过模型从直接测量（观测）的变量推断出来。参见"观测变量"。

**隐性模型, latent model**　亦称隐性变量模型，是一种将一组显性变量与一组隐性变量关联起来的统计学模型。隐性模型可用于描述社会、教育、管理、医学与心理等研究领域中无法直接测量的指标，隐性变量分析以其独特的思路发展成为现代统计学中重要的统计方法。

**应用层, application layer**　计算机网络体系结构的最上层，提供应用程序接口和常用的网络应用服务。

**应用程序接口, application program interface（API）**　一组定义、程序及协议的集合，通过应用程序接口实现计算机软件之间的相互通信，实现应用程序与计算机网络体系不同层次之间通信功能。

**应用开发框架, application development framework**　针对某应用领域的应用程序骨架，一般包含完备的底层通用服务和标准规范。

**硬件在回路的仿真集成, hardware-in-the-loop simulation integration**　将数学与物理模型甚至实物联合起来进行试验。对系统中比较简单的部分或对其规律比较清楚的部分建立数学模型，并在计算机上加以实现；而对比较复杂的部分或对其规律尚不十分清楚的部分，其数学模型的建立比较困难，则采用物理模型或实物。仿真时将两者连接起来完成整个系统的试验。

**硬件在回路仿真, hardware-in-the-loop simulation**　亦称半物理仿真或半实物仿真，指在仿真试验系统的仿真回路中接入部分实物的实时仿真，既用一部分物理模型（含一部分实物）和一部分数学模型相结合来研究实物系统特性的仿真方法。硬件在回路仿真系统一般由五部分组成：仿真设备、参试设备、接口设备、试验控制台、支持服务系统。试验的关键在于实时性和环境模拟，即除在计算机上实现数学模型的实时解算外，关键在于根据相似理论为参与仿真试验的人或实物部件构建物理环境，即进行物理效应模拟。

**拥有的属性, owned attribute** 实体或对象自己所拥有的属性。在高层体系结构中，对象属性除了拥有的属性外，还有复制的（ghosted）属性，它是来自其他联邦成员对象拥有的属性。属性的拥有对象只能更新自己拥有的属性的值，而不能更新复制的属性的值。

**涌现, emergence** 在建模与仿真领域，指作为整体的系统呈现出其部分或部分之和所没有的性质的行为，是复杂系统的首要特征，来自于系统的非线性作用，且系统的部分受到系统整体的约束和限制，某些性质被屏蔽。

**涌现系统, emerging system** 具有涌现行为的系统。对此类系统来说，整体具有其组成部分不具有的性质或关系。参见"涌现"。

**用户接口, user interface** 使用者与使用对象交互界面，可以分为硬件接口与软件接口，是为方便用户使用操作对象而建立的。

**用户接口测试, user interface testing** 亦称用户界面测试，简称 UI 测试，是对用户界面的功能、性能、适应性等进行测试，如功能是否齐全，操作是否方便，标识是否正确和美观等。

**用户接口分析, user interface analysis** 对用户界面的功能、性能、适应性等进行分析，如功能是否齐全，操作是否方便，标识是否正确和美观等。

**用户接口设计, user interface design** 根据用户的要求，对用户界面的功能、性能、适应性等进行设计。

**用户模型, model of user** 用户与外部世界联系的知识模型，是人对外部世界的认知以及人与外部世界交互的描述。

**用户域, user domain** 使用者可访问、操作的范围，如在计算机系统网络中用户使用的逻辑组织单元。用户域可以重叠，即一个对象可从属于多个域。

**优化, optimization** 应用数学的一个分支，主要研究以下形式的问题：给定一个函数 $f: A \rightarrow R$，求解一个元素 $x' \in A$，使得对于所有 $A$ 中的 $x$，$f(x') \leqslant f(x)$（最小化），或者 $f(x') \geqslant f(x)$（最大化）。

**优先队列规则, priority queue discipline** 实体按照优先权或值的高低顺序离开队列。在最小优先队列中，具有最小优先权值的实体最先离开队列；在最大优先队列中，具有最大优先权值的实体最先离开队列。

**游戏, game** 为满足内心或感官体验需要而有主体参与交互的活动，主要包括智力游戏和活动游戏，现在多指电子游戏。游戏是一个结构性的玩耍，通常用于进行休闲享受，有时也被用来作为一种教育工具。参见"博弈"。

**游戏理论, game theory** 研究游戏的产生、设计、开发和参与游戏活动的主体的游戏目的、行为方式等各个方面的学说，如 Piaget、Schiller、Spencer、Gross 和 Freud 等人的关于游戏的理论研究。参见"博弈论"。

**游戏模拟，gaming simulation**
（1）亦称比赛模拟、对抗模拟，指对游戏或比赛、对抗类（博弈）活动的情景进行仿真，可在纸上或计算机上进行决策的操作，被试者可以及时得到反馈信息，以便了解自己的决策效果。（2）泛指对游戏进行模拟，包括迷你飞行和模拟家用游戏掌机等。

**有偏估计器，biased estimator**　估计量的期望值偏离真值。

**有限差分法，finite difference method**
一种求偏微分方程和方程组定解问题的数值解的方法，是偏微分方程仿真的经典方法，简称差分方法。其原理是：在空间和时间两个方面将系统离散化，从而将偏微分方程化为差分方程，然后从初值或边值出发，逐层推进。该法具有高度的通用性，易于程序实现，有些文献也称为差分格式。

**有限差分模型，finite-difference model**
基于有限差分法建立的模型。参见"有限差分法"。

**有限元法，finite-element method**　一种求偏微分方程和方程组定解问题的数值解的方法，是偏微分方程仿真的现代方法。其基本思想是：将求解域看成是由许多称为有限元的小的互连子域组成，对每一单元假定一个合适的（较简单的）近似解，然后推导求

解这个域总的满足条件（如结构的平衡条件），从而得到问题的解。

**有限元模型，finite-element model**　基于有限元法建立的模型。其基本思想是：将连续的求解域离散为一组单元的组合体，用在每个单元内假设的近似函数来分片地表示求解域上待求的未知场函数，近似函数通常由未知场函数及其导数在单元各节点的数值插值函数来表达。从而使一个连续的无限自由度问题变成离散的有限自由度问题。参见"有限元法"。

**有限状态机，finite state machine（FSM）**　亦称有限状态自动机，简称状态机，是一种表示有限个状态以及在这些状态之间的转移和动作等行为的数学模型。在实际应用中，根据是否使用输入信号，分为两种类型：（1）Moore 型有限状态机：输出信号仅与当前状态有关，即状态的输出只是当前状态的函数。（2）Mealy 型有限状态机：输出信号不仅与当前状态有关，而且还与输入信号有关，即状态的输出是当前状态和输入信号的函数。

**有效范围，validity range**　有效性覆盖的范围，在指明范围内其效用是有保证的。

**有效期，validity period**　有效性覆盖的时间区间，在指明时间区间内其效用是有保证的。

**有效性，validity**　一个广泛使用的概念。在仿真中，称将经过验证的仿

模型用于对应实际系统的研究具有有效性。

**有效性等级, level of validity** 根据仿真模型与真实世界的接近程度而划分的不同级别，用于仿真模型的表示能力的相对度量。

**娱乐游戏中的仿真, simulation in entertainment game** 在数字娱乐游戏中，用电脑模拟真实世界中的环境与事件，提供给使用者一个直观的、近似于现实的情境。

**娱乐中的仿真, simulation in entertainment** 以文化娱乐产业为主要应用对象的仿真技术或系统。现有技术多用于电影制片、游戏开发、游乐设施和仿真训练等领域。现代电影中大量使用的视觉特效和动画片段均来自计算机仿真。"模拟飞行""模拟城市""铁路大亨"等系列仿真游戏具有较大的市场潜力。

**与最佳组的多重比较法, multiple comparisons with the best（MCB）** 多个独立等方差正态总体均值的比较方法。该法常需比较若干对平均数的差异，如果这种比较是与最佳组进行比较，则称为与最佳组的多重比较法。

**语义错误, syntactical error** 在语义验证过程中，校验发现模型语义与模型实现之间存在的不一致性。

**语义互操作性, semantic interoperability** 亦称语义协同工作能力或者语义互用性，指两个或多个系统或组成部分之间交换信息以及对已经交换的信息加以使用的能力，是互操作性的一种层次。

**语义记忆模型, semantic memory model** 语义记忆是由概念之间或概念与特征之间的相互联系组成的一个庞大的知识网络，这些语义记忆的组织形式构成了语义记忆模型。

**语义建模, semantic modeling** 设计一组相应的符号对象来表示语义模型以及语义模型之间的联系。对试图表示语义的所有行为的一个恰当描述。

**语义模型, semantic model** 利用实体、联系和约束描述现实世界的静态、动态和时态特征。不注重数据的物理组织结构，着重表示数据模拟的语义，使数据模型更接近现实世界，便于用户理解，它是现实世界的第一层抽象。通常，语义模型提供预定义语义的标准联系，包括相应的操作和约束，并提供访问和存储策略，用户只需选择并结合这些联系，就能描述现实世界。

**语义数据模型, semantic data model** 包含语义信息的概念数据模型，通过丰富的语义和大量的模型描述结构，定义一个真实对象的语义特性，不涉及信息在计算机中的具体表示，只描述概念模型。

**语义学, semantics** 研究自然语言中词语意义的学科，也可以指对逻辑形式系统中符号解释的研究。计算机科学相关的语义学研究在于机器对自然语言意义的理解，其本质和逻辑学的语义学一样，都是对一个形式语言系统的解释。

**语义语用模型，semantic-pragmatic model**　在关系模型基础上增加数据构造器和数据处理原语，用来表达复杂的结构和丰富的语义语用的一类数据模型。

**语音置标语言, speech markup language**　将语音以及语音相关的其他信息结合起来，展现出关于语音结构和数据处理细节的计算机文字编码。

**语用互操作性, pragmatic interoperability**　通过一致性的语法描述规范，在服务的提供者和请求者之间实现通信和工作协同。

**预测仿真, predictive simulation**　以预测为目标的仿真，如天气预报、市场预测等。仿真可用于不同的目标，预测是仿真技术的优势之一。

**预测建模, predictive modeling**　以预测为目标的建模，建模对象可能是已经存在的，也可能是目前尚未存在但计划实现的，甚至是完全假想的。

**预测模型, predictive model**　能够获取研究对象未来状态的模型，如根据不同地理位置的温度、湿度、风速等的当前值预测天气形势的模型。

**预测模型有效性, predictive model validity**　模型替代实际系统的可用性，一般可用实际系统数据和模型产生的数据之间的符合程度来度量。

**预处理步, preprocessing step**　在仿真运行前进行的与仿真相关的处理工作，如初始状态设置、驱动模型的数据格式定义等。

**预处理插值法，interpolation with preprocess**　先对数据进行处理，产生出用于插值算法的数据，再进行插值的方法。

**预仿真阶段，pre-simulation phase**　仿真前的准备阶段，即仿真的第一个阶段，模拟前对问题的特性进行研究和定义。

**预期模型, anticipative model**　用于估计和预测行为主体对于与决策有关的变量未来值的模型。例如，在经济学中，指用于经济行为主体对于与决策有关的经济变量未来值的估计和预测的模型，典型的有理性预期模型。

**预期系统，anticipative system**　（1）一般指一种包含系统本身与其环境的预测模型的系统，它允许依据模型对以后某一时刻的预测在某一时刻改变状态。（2）在控制领域，特指系统时域的状态模型 $\dot{x} = A(\otimes)x + B(\otimes)u$，若记预期的状态矩阵为 $A^*$，$A^*$ 与 $A$ 之差阵为 $A_\delta$，即 $A_\delta(\otimes) = A^*(\otimes) - A(\otimes)$，则原系统可作转化 $\dot{x} = A^*(\otimes)x + B(\otimes)u - A_\delta(\otimes)x$，其中 $\dot{x}^* = A^*(\otimes)x + B(\otimes)u$ 称为预期系统。

**预热时段, warm up period**　为估计稳

态仿真输出性能指标，在正式收集仿真数据之前需要先对系统进行一段时间的预备仿真运行，以便达到稳定状态后再采集数据，这一预备仿真运行的时段称为预热时段。

**元胞, cell** 在生物学科，指生命的功能基本单元，在元胞自动机理论中又可称为单元或基元。参见"元胞自动机"。

**元胞模型, cellular model** 基于元胞自动机理论建立的一种时间和空间都离散的模型，利用简单编码与仿细胞繁殖机制的非数值算法空间分析模式构建。参见"元胞自动机"。

**元胞自动机, cellular automaton（CA）** 亦称细胞自动机、点格自动机、分子自动机或单元自动机，指由分布在规则网格中的元胞通过简单相同的相互作用而构成的时间和空间皆离散的动力系统。其中，每个元胞的离散状态是有限的。

**元模型, metamodel** 模型的模型，是另一个描述性模型的简化或近似。

**元启发式算法, metaheuristic algorithm** 在计算机科学和数学最优化中使用的一类通用启发式策略。启发式算法有两个不足：没办法证明不会得到较坏的解，也没办法知道是否每次都可在合理时间解出答案。针对此，元启发式算法采用随机算法与局部搜索算法相结合，典型的有遗传算法、模拟退火、微正则退火、群体智能算法等。

**元数据, metadata** 通常用"数据的数据"来描述元数据，也是最小的数据单位，用于描述要素、数据集或数据集系列的内容、覆盖范围、质量、管理方式、数据的所有者、数据的提供方式等有关的信息。

**元知识, metaknowledge** 指"关于知识的知识"，是更高层次的知识，研究知识的客观性、全面性、深刻性、严密性等问题。

**原始数据, original data** 亦称源数据，指未经加工的数据。

**原型, prototype** 系统的一个初步形式、形态或实例，用以作为系统以后阶段或最终完成型式的模型。

**原型仿真语言, prototype simulation language** 用于描述系统原型的仿真语言。

**原型模型, prototypical model** 亦称样品模型，指借用已有系统建立的初始模型。

**原子模型, atomic model** 在对现实问题进行逻辑抽象时建立的复合或组合模型由多个子模型组成，而子模型本身又可分为多个更小的模型，这些模型又可分为更加小的模型。而原子模型即为小得不能再分的模型。原子模型描述系统的基本行为。

**原子型离散事件系统规约模型, atomic DEVS model** 用于基于离散事件系统规约构建模型的一种组件。离散事件系统规约定义一种可以描述离散事件状态系统的形式化机制，支持两种模型的描述：一种是原子模型，描述基本系统的行为；另一种是复合模型，支持通过连接原子模型，与其他的复合模型建立更为复杂的模型。

**远程实体近似，remote entity approximation（REA）**　与航位推算法同义。根据一实体的最近已知状态，外推和内插其任何状态的过程，包括航迹推算法和平滑。参见"航位推算法"。

**约翰逊 SB 分布，Johnson SB distribution**　在概率与统计中，概率密度函数为

$$f(x) = \begin{cases} \dfrac{\alpha_2(b-a)}{(x-a)(b-x)\sqrt{2\pi}} e^{-\frac{1}{2}\left[\alpha_1+\alpha_2\ln\frac{x-a}{b-x}\right]^2}, \\ \qquad\qquad\qquad\qquad a < x < b \\ 0, \qquad\qquad\qquad \text{其他} \end{cases}$$

的随机变量所具有的分布，其中 $a \in (-\infty, +\infty)$ 是位置参数，$b-a$（$b > a$）为比例参数，$a_1 \in (-\infty, +\infty)$ 为形状参数，且 $a_2 > 0$。

**约翰逊 SU 分布，Johnson SU distribution**　在概率与统计中，概率密度函数为

$$f(x) = \frac{\alpha_2}{\sqrt{2\pi}\sqrt{(x-\gamma)^2+\beta^2}}$$
$$\cdot e^{-\frac{1}{2}\left\{\alpha_1+\alpha_2\ln\left[\frac{x-\gamma}{\beta}+\sqrt{\left(\frac{x-\gamma}{\beta}\right)^2+1}\right]\right\}^2}$$

的随机变量所具有的分布，其中 $a \in (-\infty, +\infty)$ 是位置参数，$b-a$（$b > a$）

为比例参数，$a_1 \in (-\infty, +\infty)$ 为形状参数，且 $a_2 > 0$。

**约束仿真，constrained simulation**　基于某种约束条件进行的仿真。例如，以实际观测的范围及其取值作为模型描述的范围和初始条件或状态取值。

**约束模型，constraint model**　施加于系统的约束的描述，定义为满足一定约束关系集的特征集合。

**云仿真，cloud simulation**　一种基于泛在网络、以人为中心、面向服务的智慧化仿真新模式。将各类仿真资源和仿真能力虚拟化、服务化，构成仿真资源和仿真能力的服务云池，并进行统一的、集中的智慧管理和经营。用户通过网络和云仿真平台就能随时随地按需获取仿真资源与能力服务，以优质、高效、低耗、柔性、绿色地完成其仿真全生命周期的各类活动。

**运动感觉仿真，motion sensation simulation**　着重于运动感觉的仿真，这里的运动感觉指感知（视觉、听觉、味觉、嗅觉、触觉）和行动。

**运动估计，motion estimation**　在仿真中，指寻找运动向量的过程。例如，在帧间预测编码中，由于活动图像邻近帧中的景物存在着一定的相关性，因此，可将活动图像分成若干块或宏块，并设法搜索出每个块或宏块在邻近帧图像中的位置，并得出两者之间的空间位置的相对偏移量，得到的相

对偏移量就是运动矢量，得到运动矢量的过程称为运动估计。

**运动约束, kinematic constraint** 在仿真中，指对实体的运动（位置与速度）有限制的作用或条件（规则），与其相关的有动力学约束，还包括加速度（力）的限制。

**运行环境, runtime environment** （1）支撑与影响仿真系统运行的所有条件、因素，包括地形、大气、海洋、文化信息等的总称。（2）与仿真环境同义，指支持仿真开发与应用的整个仿真框架，包括硬件系统（计算机、网络等）、软件系统（运行支撑软件、开发支撑软件等）、系统结构、基础设施与接口等。

**运行联邦成员互操作, runtime federate interoperation** 基于高层体系结构的分布式仿真系统在运行时，各联邦成员按照高层体系结构接口规范进行信息交互。

**运行联邦成员实例化, runtime federate instantiation** 基于高层体系结构的分布式仿真系统在运行时，一个新联邦成员按照高层体系结构接口规范申请加入联邦并被接受后，达到可以作为联邦成员运行的状态。

**运行时, runtime** （1）在程序的生命周期中，指一个程序在执行的状态，从开始执行到终止执行。（2）运行时系统（run-time system）有时简写为运行时，一种软件组件，用以支持某种计算机语言编写的程序的执行。（3）指运行时库（runtime library），是一种由编译器决定，面向编程语言的内置函数库，用以提供该语言程序运行时（执行）支持。

**运行时仿真更新, runtime simulation update** 在仿真系统运行过程中，在不停止运行的情况下，对其中的模型模块或者仿真配置进行替换更新。

**运行时仿真重构, runtime simulation reconfiguration** 在仿真运行过程中，根据需要对仿真模型结构或参数进行重新配置，以满足新的需要。

**运行时活动, runtime activity** 在仿真系统运行过程中实施的仿真时间协同、信息交互、模型解算等活动。

**运行时可扩展性, runtime extensibility** 在分布式仿真系统运行过程中，系统的规模、互操作能力和可管理能力等所具有的可伸缩性。

**运行时联邦成员, runtime federate** 基于高层体系结构的分布式仿真系统在运行时，按照高层体系结构接口规范申请加入联邦并被接受后，处于正常运行状态、可调用高层体系结构管理服务的联邦成员。

**运行时联邦成员发现, runtime federate discovery** 分布式仿真系统在运行时，新加入的联邦成员首次注册对象实例，或首次更新对象实例状态时，其他联邦成员调用发现对象实例回调函数的过程。

**运行时联邦成员组合，runtime federate composition** 分布式仿真系统在运行时，联邦成员通过高层体系结构声明管理服务构成"发布-订购"关系的组合体的过程。

**运行时模型更新，runtime model update** 亦称动态模型更新，指在仿真系统运行过程中，在不停止运行的情况下，对其中的某一模型模块进行替换更新。

**运行时模型切换，runtime model switching** 亦称动态模型切换，指为同一模型规范准备多个版本（一般粒度或分辨率不同）的实现，在运行时刻根据不同的需求，动态切换相应的模型版本。不同版本的模型一般功能（输入输出语法语义）相同、性能（如算法复杂性）不同。例如，视景仿真中通过细节等级实现不同细节模型的显示。

**运行时模型校验，runtime model qualification** 亦称动态模型校验，指将模型动态加入设计的运行环境中，通过检查模型的输入输出行为来判定模型是否有效，即是否符合设计目标。这里的模型指可执行的仿真模型。

**运行时耦合，runtime coupling** （1）数据并行处理程序中的运行时动态数据交互。（2）任一面向对象系统，其软件维护条件中都蕴含着的一种能力，即其元级结构运行时的动态连接。

**运行时输出，runtime output** 亦称动态输出，指在运行过程中的模型输出。对于终态系统，指模型的状态数据变化；对于稳态系统，则指性能指标的样本值序列。

**运行时执行程序，runtime executive** 在分布式仿真系统运行时，提供管理服务发现、运行调度、信息监控、信息交互等行为的软件执行体。

**运行支撑环境，runtime infrastructure（RTI）** 亦称运行时基础设施，是高层体系结构接口规范的具体实现，包括服务器实现部分和客户端组件部分，是高层体系结构为支持多种类型仿真应用互操作和可重用而提供的一种软总线和软构件技术框架。运行支撑环境提供了高层体系结构接口规范定义的六类服务：联邦管理、声明管理、对象管理、时间管理、所有权管理和数据分发管理。

# Zz

**再生法，regenerative method** 稳态仿真输出分析的一种方法。该方法的基本思路是识别一些随机时间点，在这些点上输出过程从概率意义上可看作"重新开始"（即再生），因而可认为以某个再生点开始的子序列独立于前一个子序列，从而利用这些再生点可获得独立的随机样本，在此基础上可应用经典的统计分析方法建立仿真输出的点估计与区间估计。

**在线仿真，online simulation** 与真实

系统一起融合、交互运行的一类仿真。仿真系统可以嵌入真实系统或与真实系统并行运行。

**在线仿真更新，online simulation update** 可以在线更新仿真系统的当前状态，通常与离线更新相对应，一般需要数据库支持。

**在线仿真语言，online simulation language** 一类专门用于仿真研究的具备在线更新仿真场景状态和后台数据库的计算机高级仿真语言。用户无需深入掌握通用高级语言编程的细节和技巧，即可描述仿真模型，使得用户得以将仿真软件的开发集中在仿真场景的构建和仿真功能的实现上。

**在线模型文件，online model documentation** 基于网络的，能够实时浏览、更新、下载的模型文档。

**增量仿真，incremental simulation** 亦称增量模拟，指在模型仿真的过程中，将已经获得的模型及其仿真结果加以存储，在进一步的仿真中只改变需要的部分即可继续进行的仿真方法。

**增强现实，augmented reality** 亦称扩增现实，是一种在真实环境基础上叠加计算机虚拟三维图像的增强显示技术。在增强现实中，虚拟景物和真实景物无缝地融为一体，用户的体验与原本物理环境中的体验是一致、自然的，用户几乎观察不到什么区别。增强现实可广泛应用于医疗、教育、娱乐、旅游、制造、军事等领域。实现

增强现实首先要获取实际环境信息，对真实环境和虚拟景物的位置进行配准分析，将生成的虚拟景物与真实环境进行合成显示，最后通过一定的设备与用户交互。

**增强现实仿真，augmented reality simulation** 使用增强现实的技术和方法，通过传感器捕获真实环境的连续信号并转换为计算机得以识别的离散信号，继而输入目标系统，与目标系统中的虚拟环境进行叠加，对原型事物进行模仿。

**展弦比，aspect ratio** 横向尺寸与纵向尺寸的比。

**战场环境，battlefield environment** 影响武器系统作战的整个战场空间，包括地理环境、气象环境、电磁环境等。

**战场环境模型，battlefield environment model** 为支持作战仿真，建立战场环境的仿真模型，可以与各种实体进行交互，影响指挥、机动、侦察、射击等作战行动。

**战场视图，battlefield view** 从战场的角度，抽取的战场空间、敌我双方作战系统的数据，用以支持战场环境建模、仿真、分析、评估等活动。

**战斗空间，battle space** 空间是与时间相对的一种物质存在形式，表现为长度、宽度、高度。战斗空间是指可以实施战斗的空间，包括地面、海洋、天空、太空等层次。

**战斗空间实体，battle space entity（BSE）** 亦称战场空间实体，指组成作战体系的各类基本单元，主要包括部队的编制单位、武器平台等。战斗空间实体包括静态和动态属性，静态属性表示不随时间变化的值，如一个作战单元的初始兵力；动态属性可以随时间变化，如作战单元的兵力和位置情况。战斗空间实体数据也包括战斗空间实体之间以及战斗空间实体和自然环境之间的交互行为，所有的战斗空间实体应该具有一定的指挥和控制能力，以反映战斗空间实体的智能性和自主性。

**战斗空间数据库，battle space database** 在计算机物理存储介质上存储的与仿真应用相关的战场空间各种数据资源的总和，一般包括地理空间数据、战场设施数据等。

**战术仿真，tactical simulation** 对战斗规则、战斗部署、战斗行动、战斗指挥、战斗保障等进行的模拟，以优化作战战术，评估战术指挥技术和作战效能等。

**战争游戏，war game** 亦称兵棋，指一个或多个玩家模拟一场战役或战斗的游戏。参见"兵棋"。

**遮挡，occlusion** 可以遮蔽拦挡的东西。在仿真领域，指三维仿真模型在绘制过程中前面的图元区域遮蔽住后面的区域。因此，绘制仿真模型要充分考虑到遮挡的影响。

**帧，frame** 用来描述平面上的一个图案或者图形，如一帧画，就是指一幅画。（1）在视频技术中，表示一幅完整的图像。（2）在数据通信中，一般来说都采用串行收发，是一维的，对应的帧结构就相当于一个方阵。串行传输时，在发送端先是传送第一排第一个元素，然后这一排的元素逐个传送，第一排传送之后进行第二排传送。在接收端按照同样的方式组合成帧。数据通信中"帧"这个概念主要用在数据链路层。（3）仿真系统中，指某一时刻由相应递推处理给出的数据集，是构成仿真输出数据序列的基本单位。

**帧比，frame ratio** （1）通常指视频播放频率，主要在描述帧频变化时使用。（2）多帧仿真中，快帧速率与慢帧速率之比，亦即慢帧时间与快帧时间之比，这个速比一般是常数。

**帧频，frame rate** 在视频播放过程中，每秒钟放映或显示的图像数量。在电影、电视等领域对帧频设定了各自的标准，例如电影的专业帧频是 24 帧每秒。

**帧时间，frame time** 仿真系统中离散时间递推处理的计算周期。

**帧溢出，frame overrun** 实时仿真中，仿真计算机不能在容许的帧时间内完成一帧的计算和实施 I/O 操作的情况。它表明仿真达到了计算机的极限。帧溢出发生的帧度和大小影响仿真的实时性，严重时可使帧溢出后面的仿真结果失去意义。

**真实世界，real-world** 人们所生活的现实世界，包括看到、听到以及接触到的客观存在。

**真实世界时间，real-world time** 通常指格林尼治时间，它与仿真时钟、时区、测量误差无关，是时间度量的真实值。

**真实系统，real system** 现实存在的系统。

**真实战场，real battlefield** 现实存在的战场。

**诊断建模，modeling for diagnosis** 为识别某类现象性质和成因进行的模型建立活动。使用模型溯因推理是进行诊断的有效途径。诊断系统对模型进行仿真，将仿真结果与实际的观察进行比较，进而进行溯因推理。

**诊断模型，diagnostic model** 能对系统故障进行分析的模型。它以诊断知识为基础，不同的诊断模型以不同的方式处理诊断问题。

**整体式模型，monolithic model** 把所有的功能都整合于一个整体，其中分不出明显的模块或者说很难将其分割。

**正态到任意随机向量，normal-to-anything random vector（NORTA）** 将多变量正态随机向量变换到一组具有任意给定边际分布的随机向量。

**正态分布，normal distribution** 概率论中一种最常见的连续随机变量的概率分布。该分布有两个主要参数：均值 $\mu$ 和方差 $\sigma$，记为 $N(\mu, \sigma^2)$。概率密度函数曲线以均值为对称中线，方差越小，分布越集中在均值附近。

**正相关随机变量，positively correlated random variable** 相关系数大于 0 的两个随机变量。相关系数是变量之间相关程度的指标，相关系数的取值一般介于−1 到 1 之间。概念上，正相关的两个随机变量若同时在一定范围内以一定概率分布随机取值，两者变动方向相同，即一个变量由大到小或由小到大变化时，另一个变量亦由大到小或由小到大变化。

**正则模型，canonical model** 语义学概念，多见于证明模态逻辑具有语义完全性。设 $L$ 为一语言 $L$ 上的逻辑，一个正则模型指的是一个三元组($W$, $R$, $V$)，其中 $W$ 是任意非空集，$R$ 是 $W$ 上的二元关系，$V$ 是与 $W$ 有关的赋值。

**政治军事对抗模拟，political-military gaming** 在军事仿真领域，对包含政治、军事、社会、经济和其他元素的情境及其元素之间的交互进行仿真，模拟系统中各方用户做出各种决策后带来的结果。

**知识库，knowledge base** 知识工程中结构化、易操作、易利用、全面有组织的知识集群，是针对某一（或某些）

领域问题求解的需要，采用某种（或若干）知识表示方式在计算机存储器中存储、组织、管理和使用的互相联系的知识片集合。这些知识片包括与领域相关的理论知识、事实数据，由专家经验得到的启发式知识，如某领域内有关的定义、定理和运算法则以及常识性知识等。

**执行机构仿真, actuating mechanism simulation**　对系统中的执行机构的性能进行的测试、仿真与验证的过程。

**执行机构负载力矩发生器, actuator load moment generator**　一种用于模拟被驱动对象作用在执行机构输出杆（轴）上阻止其动作的力矩的装置。

**执行可视化, execution visualization**　将可执行程序用视觉可视化的方法绘制成图像进行显示，即通过绘制为图像、图形、动画等方式可以多视角、全方位地对目标对象进行观察和分析，具有清晰直观、动态实时、可交互的特点。

**执行模型, execution model**　软件执行时对软件安全性、鲁棒性、内存使用、运行效率等要素性能指标进行监控和管理的模型系统。

**直方图, histogram**　随机变量观测值分布状况的一种图形表示。将观测值取值范围划分为若干等距的区间，在横轴上以各区间作为矩形的底边，而将各区间内观测值出现的（相对）频数作为矩形的高，由此画出一系列矩形的柱状图，称为直方图。

**直接法, direct method**　从问题的已知直接得出结论的一种方法，区别于间接法。例如，在离散事件系统仿真中，产生随机变量的方法分为两类：一类是反变换法，直接由分布函数进行反变换得到所需要的随机变量；另一类是间接法，先对分布函数进行一些变换，即不直接由给定的分布函数产生随机变量，如舍选法。

**指导性模型, prescriptive model**　在描述性模型的基础上，通过设计一些方法加以引导，避免或减少决策偏差，使实际思维与决策的结果更符合规范性模型所要求的最优标准。

**指挥协同训练器, command team trainer**　供战斗成员进行指挥、侦察、武器控制以及数据链运用训练的综合模拟训练器材。

**指示函数, indicator function**　用来表征随机事件的函数。设$(\Omega, F, P)$是概率空间，$A$是随机事件，即$A \in F$，称$\Omega$上函数为事件$A$的指示函数。

**指数自回归过程, exponential autoregressive process**　一种非线性的时间序列模型，用以描述非线性随机振动的一些特征，由Ozaki和Haggan于1978年提出。

**质量保证, quality assurance（QA）**旨在为数据在其全生命周期内的完整性和准确度提供和保持一定可信度而在一个企业中建立的政策、步骤和系统的活动。为确保组件、模块或系统与所建立的技术需求一致，有计划的系统活动是必要的。

**质量函数, mass function**  在概率论中，是概率质量函数的简称，指离散随机变量在各特定取值上的概率。

**智慧系统, smart system**  将传感、致动与控制等功能组合起来，以便描述和分析某个环境，以及基于可用数据以预测或自适应方式做出决策，从而完成智慧动作的系统。智慧系统包括多种部件，典型的有：获取信号的传感器、将信息传送到命令与控制单元的元件、基于有效信息进行决策并发出指令的命令与控制单元、传送决策与指令的部件、完成或触发所需动作的致动器等。在大多数情况下，系统的"智慧"归因于基于闭环控制、低能耗以及联网能力的自治运行。

**智能代理, intelligent agent**  具有一定独立性或自主性、代表用户执行一组操作的软件实体，软件实体为此要使用用户目标或要求的知识或表示。

**智能仿真, intelligent simulation**  一类具有智能特征的仿真新模式。它借助仿真科学技术、信息科学技术、智能科学技术及仿真应用领域技术等深度融合的数字化、网络化、智能化技术手段，对仿真全系统、全生命周期活动中的人、机、物、环境、信息进行智能的感知、互联、协同、分析、

预测、控制与执行，使仿真全系统、全生命周期活动中的要素及流程集成优化，旨在高效、优质、低耗、绿色地实现系统仿真。

**智能模型, intelligent model**  基于知识的软件开发模型。它与专家系统结合在一起，应用基于规则的系统，采用归纳和推理机制，帮助软件人员完成开发工作。

**智能体, agent**  在建模与仿真领域，目前没有统一的定义，一般指能自主活动的软件或者硬件实体，任何独立的能够思想并可以同环境交互的实体。主要分为弱定义和强定义。（1）弱定义：具有自治性、反应性、社会性和主动性的硬件系统或基于软件的计算机系统。（2）强定义：除包括弱定义的四个特性外，智能体还具有知识和信念、意图与义务、诚实和理性等特性。

**智能体导向的仿真, agent-directed simulation**  将智能体作为系统的基本抽象单位，赋予智能体一定的智能，然后在多个智能体之间设置具体的交互方式，从而得到相应系统的模型。它是一种由底向上的仿真方法，它把智能体作为系统的基本抽象单位，采用合适的多智能体系统体系结构来组装这些个体智能体，最终建立整个系统的系统模型。

**智能体交互, agent interaction**  多智能体系统中各智能体之间通过通信以达到互

操作目的的行为，通常遵循特定的智能体协议，按照协议所规定的智能体角色、角色之间的消息序列，以及智能体的生命周期等相关约定进行智能体间交互。

**智能体建模，agent modeling** 用智能体的方式和思想进行建模，通过对智能体的行为及其之间的交互关系、社会性进行刻画，来描述系统的行为。与传统建模技术相比，这种建模技术在建模的灵活性、层次性和直观性方面具有优势，适合于对生态系统、经济系统以及社会系统等的建模与仿真。参见"智能体""基于智能体的建模"。

**智能体框架，agent framework** 多智能体系统的基本结构，主要包含层次化分级结构（如 Swarm 软件中的智能体群-智能体结构）、网状结构（如分布式移动智能体间的网络结构）以及混合结构。由于智能体框架的不同，多智能体系统中智能体间的通信协议、交互方式都有所区别。

**智能体模型，agent model（AM）** 将研究对象看作智能体，采用智能体的特性和特征来描述所建立的模型。常用的有慎思型智能体、反应型智能体以及混合型智能体等。参见"智能体""基于智能体的建模"。

**智能系统，intelligent system, intelligence system** 具有人工智能的系统，人工智能指机器或软件具有智能性。智能是人类大脑的较高级活动的体现，具备自动地获取和应用知识的能力、思维与推理的能力、问题求解的能力和自动学习的能力。因此，表示、获取、存取和处理知识的能力是智能系统与传统系统的主要区别之一。智能系统往往采用人工智能的问题求解模式来获得结果，问题求解方法大致分为搜索、推理和规划三类。智能系统具有现场感应（环境适应）的能力，包括感知、学习、推理、判断并做出相应的动作。

**智能系统仿真，intelligent system simulation** 对各类智能技术和系统的仿真，如人工智能仿真、智能通信仿真、智能计算机仿真、智能控制系统仿真、数据挖掘与知识发现、智能体、认知和模式识别系统仿真等。

**滞后量化，quantization with hysteresis** 将一个连续变化的变量取值分片量化（不是对时间进行离散化），在每一个片区间，变量取值为常数，片区间大小称为滞后窗。是由 Kofman 提出的一种用于将连续系统的变量进行分片量化变成离散事件系统的方法。

**置信区间，confidence interval** 在统计学中，一个置信区间是关于随机变量统计性能的一类区间估计，表示一种估计的可靠性。置信区间展现这个参数的真实值有一定概率落在测量结果的周围的程度。置信区间给出被测量参数的测量值的可信程度，即所要求的一定概率，这个概率被称为置信水平。参见"置信水平"。

**置信区间的半长，half-length of confidence interval** 置信区间的大小亦称置信区间的长度。举例来说，如果在一次大选中某人的支持率为55%，而置信水平 0.95 上的置信区间是(50%, 60%)，那么他的真实支持率有95%的概率落在 50%到 60%之间，则称该置信区间的长度为 10%，半长即为 5%。参见"置信区间"。

**置信水平，confidence level** 在利用样本数据对总体的未知参数$\theta$加以估计时，由于样本的随机性，所以需要建立$\theta$的区间估计，也即针对预先给定的足够小的概率值$\alpha$，利用样本数据确定一个区间$[\theta_1, \theta_2]$，使得该区间包含$\theta$的概率为$1-\alpha$，即 $P(\theta_1 \leqslant \theta \leqslant \theta_2) = 1-\alpha$。该区间称为总体参数$\theta$的置信区间，概率值$1-\alpha$称为相应的置信水平。

**中间模型，intermediate model** 亦称过渡模型，指为使模型建立方便和简化，在建立最终模型前引入的处于过渡阶段的模型。

**中位数，median** （1）对于统计样本而言，中位数是反映样本观测值集合所处位置的一个统计量，可将观测值集合划分为相等的上下两部分：把所有观测值按由小到大排序，若样本观测值为奇数个，则位于正中间的观测值即为中位数；若样本观测值为偶数个，则通常取位于正中间的两个观测值的平均数作为中位数。（2）对于概率分布而言，中位数是随机变量的某个取值，随机变量不小于该值的概率

与不大于该值的概率均为 50%。

**中心极限定理，central limit theorem** 概率论中讨论随机变量和的分布以正态分布为极限的一组定理。这组定理是数理统计和误差分析的理论基础，指出大量随机变量之和近似服从正态分布的条件。常见的有林德伯格-列维（Lindeberg-Levy）定理，其表述如下：设随机变量 $X_1, X_2, \cdots, X_n$ 独立同分布，且具有有限的数学期望和方差，即 $E(X_i) = \mu, \mathrm{var}(X_i) = \sigma \neq 0 (i = 1, 2, \cdots, n)$。记 $\overline{X} = \sum_{i=1}^{n} X_i$，$\zeta_n = \dfrac{\overline{X} - \mu}{\sigma/\sqrt{n}}$，则有 $\lim_{n \to \infty} P(\zeta_n \leqslant z) = \Phi(z)$，其中 $\Phi(z)$ 是标准正态分布的分布函数。

**中心组合设计，central composite design** 统计学中的一种试验方法，通常用于响应面法中，它可以为相应变量建立二阶模型，从而避免进行三级析因实验。响应面法指通过一系列确定性实验，用多项式函数来近似隐式极限状态函数。通过合理地选取试验点和迭代策略，来保证多项式函数能够在失效概率上收敛于真实的隐式极限状态函数的失效概率。当真实的极限状态函数非线性程度不大时，线性响应面具有较高的近似精度。

**终态，final state** 最终达到的状态。

**终止条件，final condition** 相对于初始条件而言，指一个过程或活动结束的条件。

**终止型仿真，terminating simulation**

一种系统性能测度与仿真时间区间[0, $T_E$]有关的仿真方式，其中 $T_E$ 是仿真前规定的终止事件 $E$ 发生的时刻。例如，在一个混合现实的场景中，仿真的开始即为初始化完毕并进入第一帧的时刻，仿真的结束即为终止事件结束最后一帧的时刻。

**重要性抽样，importance sampling** 亦称重要性采样法或偏倚抽样法。它利用测度变换增大所研究的行为出现的概率，利用新的分布进行抽样并对样本进行调整，进而得到指标的无偏的和更有效的估计。

**周期，period** 某些特征多次重复出现，其连续两次出现所经过的时间。在仿真中常指计算步长。

**主仿真计算机，host simulation computer** 在仿真过程中，承担数学模型实时解算，具备与各分系统连接的接口，负责仿真进程控制与调度的仿真计算机。

**主仿真系统，host simulation system** 包括主仿真计算机及仿真软件系统。例如，SNA 主仿真系统（SNAsim™）基于个人电脑环境使用系统生命周期（系统生存周期）、令牌与以太网连接，用于对 IBM 主机产生 3270 与 5250 数据流的仿真。

**主效应，main effect** 反映一因素某水平平均响应的度量。一个因素第 $i$ 个水平上的所有响应的平均，与全部响应的平均之差，称为该因素第 $i$ 个水平的主效应。当研究设计被呈现为一个矩阵，并且第一个因素定义行，第二个因素定义列的时候，行之间的平均数差异描述的是第一个因素的主效应，列之间的平均数差异描述的是第二个因素的主效应。

**专家系统，expert system（ES）** 根据人们在某一领域内的知识、经验和技术而建立的解决问题和辅助决策的计算机软件系统，它能对复杂问题给出专家水平的解答。

**专业模型，speciality model** 具体应用领域的模型。

**专用仿真语言，special purpose simulation language** 专门用于仿真研究的计算机语言，通常由模型与试验描述语言、翻译程序、实用程序、算法库以及运行控制程序组成。

**转台频率特性测试，table frequency characteristic testing** 检查转台角位置、角速度、角加速度等动态特性指标是否满足规定要求的一项测试活动。

**转向负载模拟系统，steering load simulation system** 一种在地面半实物仿真实验中模拟舵机所受到的各种力矩作用，以判断其性能是否满足飞行器系统的整体指标要求的仿真系统。

**状态，state** 一个广泛使用的概念，指物质系统所处的状况，由一组物理量来表征。例如，质点的机械运动状态由质点的位置和动量来确定；由一定质量的气体组成的系统的热学状态可由系统的温度、压强和体积来描述。该词亦指各种物态，如物质的固态、液态和气态等。

**状态变量, state variable** 足以完全表征系统运动状态的最小个数的一组变量。

**状态变量辨识, state-variable identification** 分析和确定状态变量的过程，其原则是一组最小状态变量集合能够完全描述系统的动态关系。

**状态反馈, state feedback** 以系统状态为反馈变量的一类反馈形式。状态变量能够全面地反映系统的内部特性，因此状态反馈比传统的输出反馈能更有效地改善系统的性能。但是状态变量往往不能从系统外部直接测量得到，这就使得状态反馈的技术实现往往比输出反馈复杂。

**状态方程, state equation** 描述系统状态变量与输入变量之间关系的一阶向量微分或差分方程，它不含输入的微积分项。

**状态机, state machine** 有限状态机的简称，是一类表示有限个状态以及在这些状态之间的转移和动作等行为的数学模型，由一组节点和一组相应的转移函数组成状态转移图。在计算机科学中，状态机被广泛用于研究应用行为、硬件电路系统设计、软件工程、编译器、网络协议和计算与语言的建模。

**状态空间, state space** 所有状态的集合。不同的学科有不同定义。在控制工程学科，状态指在系统中决定系统状态的最小数目的变量的有序集合，状态空间则指该系统的全部可能状态的集合。在离散动态系统理论中，状态空间则指过程所能取的一组值。参见"状态"。

**状态流, state flow** 一种图形化的设计开发工具，是有限状态机的图形实现，主要用于 Simulink 中的控制和逻辑关系的检测。在进行 Simulink 仿真时，可以使用这种图形化的工具实现各个状态之间的转换，解决复杂的监控逻辑问题，使 Simulink 更具有事件驱动控制能力。

**状态模型, state model** 一种状态及其转移以及与其他状态之间的关系的描述。不同的对象，其状态描述不尽相同。例如，产品状态模型可以将产品按设计、开发、生产、入库、销售、售后等阶段来定义其状态、从某一阶段到另一阶段的转移条件与时间，以及各个状态之间的关系。又如，控制工程中系统通过状态空间来描述，则状态方程就是该系统的状态模型。

**状态事件, state event** 如果某个连续状态变量越过设定阈值时会触发某个事件，则该事件称为状态事件。

**状态图, state chart diagram** 描述一个实体基于事件反应的动态行为，显示该实体如何根据当前所处的状态对不同的时间做出反应。

**状态向量, state vector** 以向量的形式描述的一组状态变量，如在测量学中用于表示天体运动状态的位置和速度的向量，在控制工程中定义为向量的一组状态空间变量。

**状态转移, state transition** 由一种状态转移到另一种状态。

**状态转移模型, state-transition model** 系统从一个状态到另一个状态的变换过程描述，如在运筹学的动态规划中的状态转移方程，在现代控制理论中的线性系统的状态转移矩阵。

**状态转移系统, state transition system** 能从一种状态变更为另一状态的系统。

**准确度, accuracy** 模型或仿真系统的准确程度，表示仿真结果的质量，准确度高表示误差低。准确度与精度（precision）不同，精度表示误差相对于平均误差的聚集程度，与导致结果的操作质量有关，需要重复多遍才能确定。

**准确度级别, level of accuracy** 一种准确度的描述方法。

**准确模型, perfect model** 输出与原系统完全相同的模型。

**资源库, resource repository** 一个可供使用的各种资源的有序集合。

**资源模型, resource model** 对可用资源内容进行识别、分类、存储、定位、管理的数据模型。例如，针对网格资源，由于其具有资源分布广、资源类型和数量巨大，而且要求协同工作等特点，因此需要对网格计算中的资源建立模型，实现对网格环境中的计算资源进行有效的描述、组织和管理，使用户可以高效地为计算任务寻找合适的资源。

**子模型, submodel** （1）在有限元法中常用的概念，指满足与最初模型同样关系，且是由更小的模型组合而成的模型。（2）在仿真软件中也使用这一名词，指代将一组具有相同或相似性质的单元组合为一个单元（也称为超单元，super-element），组合成的单元可以与其他任何一种类型的单元一样使用。（3）在数学模型论中，某个其他模型的子模型是满足与最初模型同样关系的更小的模型。

**子模型测试, submodel testing** 对子模型功能、性能和接口等进行的测试。

**子模型激活, submodel activation** 使子模型由非活动状态转入活动状态的过程，即子模型可以对外部输入进行响应。

**子模型失活, submodel deactivation** 使子模型由活动状态转入非活动（失活）状态的过程，即子模型不再对外部输入进行响应。

**子模型有效性, submodel validity** 子

模型的表示能力足够准确，能满足特定的应用。

**子耦合, sub-coupling** 两个或两个以上的独立子系统的输入与输出之间存在紧密配合与相互影响，它们之间存在一定的相互关联。

**子事件, subevent** （1）在某些事件（父事件）的发生被捕获的情况下，才产生相应的响应的事件，可以用于构成不同的仿真逻辑。（2）组成一个完整事件的一系列基本事件。

**子帧, subframe** 在仿真的过程的两帧之间插入的仿真过程，用以提供细粒度的仿真效果。插入的子帧是执行一个用户自定义帧数的仿真过程，该过程一般是已经预先完成且粒度更细的。借助子帧来执行仿真过程，可以显著提高稳定性至期望水平。

**自变量, independent variable** 在一组变量中，能够影响其他变量（因变量）发生变化，而又不受其他变量影响的变量。例如，函数 $y=f(x)$ 中，$x$ 称为自变量，它可以影响因变量 $y$ 的变化，而又不受 $y$ 的影响。参见"因变量"。

**自顶向下构建, top-down construction** 一种先整体后局部的设计过程。设计者首先从整体上规划整个系统的功能和性能，然后对系统进行划分，分解为规模较小、功能较为简单的局部模块，并确立它们之间的相互关系，这种划分过程可以不断地进行下去，直到划分得到的单元可以映射到物理实现。

**自动仿真模型生成, automatic simulation model generation** 利用特定的仿真建模软件工具，自动生成仿真模型代码的过程。

**自动化兵力, automated force( AFOR )** 军事训练中为了真实模拟反方的作战原则及技巧而又避免因培训人员所带来的消耗，在综合作战环境中受训一方的作战对手通常由一个计算机系统提供，这个计算机系统可以生成和控制一个或多个对抗仿真实体，像这样的系统称为自动化兵力，类似计算机生成兵力。参见"计算机生成兵力""半自动化兵力"。

**自动化合成兵力, synthetic-automated force** 一种自动化程度最高的计算机生成兵力，它完成使命无需或者只需少量的人工交互，采用计算机与通信网络以及其他各种自动化设备进行分布式虚拟战场环境的仿真。参见"计算机生成兵力"。

**自动化信息系统, automated information system（AIS）** 集计算机软件、硬件为一体，较少需要人交互的系统。它能够完成一系列特定的信息处理操作，如互相通信、计算数据、传播消息、处理并存储信息等。管理信息系统就是常见的一类自动化信息系统。

**自动机模型, automata model, automatic model** 由输入信息、输出

信息、状态集合、状态转移函数以及输出函数等组成，是在时间、空间和状态上都离散的数学模型。自动机模型可将系统及其行为抽象为外部事件触发和内部状态转移的集合，通过形式化的方法描述仿真对象。

**自动误差检测，automatic error detection**　在仿真领域，在每个仿真计算步自动对计算误差进行计算，判断是否超出规定范围，常用于步长控制。

**自回归到任意，autoregressive-to-anything（ARTA）**　自回归到具有任意边缘分布以及有限滞后自相关结构的时间序列。参见"自回归过程"。

**自回归方法，autoregressive method**　利用观测值与以前时刻的观测值之间的关系来预测真值的一种多元回归方法。

**自回归过程，autoregressive process**　利用前期若干时刻的随机变量的线性组合来描述以后某时刻随机变量的线性回归模型。

**自回归滑动平均，autoregressive moving average（ARMA）**　由自回归模型与滑动平均模型综合而成的模型，可在最小方差意义下对平稳时间序列进行逼近预报和控制。

**自举，bootstrapping**　（1）通常用于描述元器件、电路和计算机系统具有的自我激活属性。例如，在计算机系统中，自举功能包括加电自检和磁盘引导，在加电自检过程中，判断所有元件正常工作；在磁盘引导过程中，查找安装操作系统的磁盘，进而由操作系统完成整个自举功能。（2）在统计学方面，自举是对原始样本进行重采样从而对均值、方差等进行估计的一种统计方法，可用于构造假设试验。

**自然变量，natural variable**　（1）在热力学势（thermodynamic potential）研究中，表示某一过程中保持恒定的势变量。（2）在人口学研究中，描述因自然规律引起人口变化的变量。

**自然模型，natural model**　把各学科建立的模型与自然界的事物进行一系列的比较，形成的自然界规律的具体表现形式。可分为两类：自然存在物模型（如金字塔模型、山脉模型等）和这些存在物之间的联系与发展模型（如阴阳模型、汇入式模型、滚雪球模型等）。

**自身模型，model of self**　按照现实生活中的概念、概念间的关系、概念所具有的特征（即属性）以及概念的实例抽象出现实的模型。

**自适应系统，adaptive system**　在环境变化的影响下，通过对系统的监测，自动调整系统的参数，使系统具有适应环境变化，获得与事先给定目标相一致的最优性能的控制系统。

**自下而上测试，bottom-up testing**　实现综合测试的一种方法。先进行最低级组件的测试，然后利用低级组件对高级组件进行测试,这个过程循环往复直到最高层的组件被测试完成为止。

**自相关, auto-correlated** 亦称序列相关,指总体回归模型的随机误差项之间存在的相关关系。更一般地,自相关指某一随机变量在时间上与其滞后项之间的相关。

**自由度, degree-of-freedom** 当以样本的统计量来估计总体的参数时,样本中独立或能自由变化的数据的个数,称为该统计量的自由度。

**自治的, autonomous** 自行管理或处理。例如,行政上相对独立,自己有权处理自己的事务。

**自治仿真模式, autonomous simulation mode** 高层体系结构中联邦成员的一种仿真模式。每个参与仿真的联邦成员自主控制属于自己的进程,如自己的武器发射,当自己的一个对象损毁时,可进行局部的损坏评估等。

**自治模型, autonomous model** 导数不明显地依赖于自变量或时间的模型。

**自治系统, autonomous system** (1)在数学上,指不依赖于自变量的常微分方程的系统。(2)在互联网领域,指在一个实体控制下的一组 IP 网络与路由器。(3)在控制工程领域,指没有输入且不受外界影响的一类动态系统。

**自治智能体, autonomous agent** 亦称自治代理,指能根据外界环境的变化,自动地对自己的行为和状态进行调整,而不是仅仅被动地接受外界的刺激,具有自我管理和自我调节的能力的智能体。

**自主建模, autonomy-oriented modeling** 以自我为主体的建模,指行业自身不受建模语言、环境等专业知识的限制而实现的建模。

**自组织仿真, self-organizing simulation** 仿真过程中,各子系统按照预设的规则,无人工干预下协调有序地实现仿真的过程。

**自组织系统, self-organizing system** 在无外部指令情况下,系统中所包含的各个运动变化子过程之间按照相互默契的某种规则,各尽其责而又协调地使过程从无序演化为有序,自动地形成有序结构的系统。

**自组织系统仿真, self-organizing system simulation** 以自组织系统为对象所进行的仿真方法与活动,如基于元胞自动机方法。参见"自组织系统"。

**综合测试仿真器, integrated test simulator** 对飞行控制及其相关系统进行功能检查和性能测试的模拟设备。

**综合的模型, synthesized model** 分系统模型通过统一的标准规范组合而成的系统模型。

**综合环境数据表示与交换规范, synthetic environment data representation**

and interchange specification（SEDRIS）
一种使用接口规范，指无歧义地可靠
共享和交换所描述环境的数据的规范
和机制。它可以完整地、可靠地、无
歧义地表示环境数据，提供一种强大
的机制来建立数据元素之间以及数据
元素和环境之间的信息交流和传递；
它还提供一种标准的交换机制，在异
构应用中实现环境数据的预先分布及
促进数据库的重用，可应用于支持所
有环境场所（地形、海洋、大气和空
间等）的所有应用领域（计算机图像、
可视系统生成、传感器仿真、电子地
图、游戏等）的仿真应用，如动态地
形仿真研究等。

**综合环境下的采办, synthetic environment-
based acquisition（SEBA）**　　在包括自
然和人文特征的综合环境下的数据获
取，是建模、仿真和综合环境科技的
一致与合作，贯穿采集阶段和方案，
促进更快捷、更便宜、更良好的智能
采集目标的实现。参见"基于仿真的
采办"。

**综合自然环境, synthetic natural
environment**　　对军事系统模型所在的
物理世界综合环境（如气候、天气、地
形、海洋、太空等）及其相互间影响的
描述。它包括描述自然环境元素的数据
和模型、自然环境元素对军事系统的影
响模型以及军事系统对自然环境变化
的影响模型（如飞机或导弹在战斗飞行
中产生的凝结尾流、尘云）。

**综合自然环境建模, synthetic natural**

**environment modeling**　　对大气、海
洋、空间、地形等自然环境因素建立
数学模型的过程的统称。

**走样, aliasing**　　在计算机仿真领域，
针对某种已知的概率分布函数，将连
续的随机变量采样得到离散的随机
变量，在此过程中所产生的离散信号
与连续信号之间的误差，称为走样。
例如自然风景在空域是一种连续信
号，当被数码相机采样为离散的像素
时，人眼将发现像素之间的颜色值不
连续。

**阻行, balking**　　在马尔可夫链理论和
排队系统理论中指急躁顾客放弃服务
或未能加入队列。在排队系统的队列
前面加一个控制机制，该机制根据当
前队列长度，对每一个（一批）到达
的顾客，按一定的概率决定是否允许
他（们）加入等待队列；也可以等价
地认为每一个（一批）到达的顾客，
根据当前队列的长度，按照一定的概
率决定是否加入或离开排队系统且不
再返回。称具有这种机制的排队系统
为具有阻行机制的排队系统。

**组播, multicast**　　在单个发送者和多
个接收者之间实现单点对多点网络连
接的一种通信模式。网络中的交换机
和路由器只向同组的主机复制并转发
其所需数据，而组外的主机无法接收
到这些数据。该方法通过向多个接收
方传送单信息流的方法，提高数据传
送效率。在并行与分布式仿真中，各
个子系统之间需要发送大量的状态和

交互信息，采用组播技术可以有效减少通信量，提高数据传输效率，从而提高仿真运行速度。

**组合仿真，combined simulation** 亦称混合仿真，指模型中同时包含离散事件和连续过程逻辑的仿真。Pritsker 给出了离散变化与连续变化的状态变量的三种基本交互类型：（1）一个离散事件引发连续状态变量的值发生一次跃变。（2）一个离散事件引发连续状态变量的控制关系在某一时刻发生变化。（3）一个连续状态变量的值达到某一阈值时引起一个离散事件发生或将其安排进未来事件表。

**组合式多重递归随机数发生器，combined multiple recursive random-number generator** 将多重递归随机数发生器组合而成的一种新的随机数发生器。多重递归随机数发生器是线性同余发生器的一种扩展，其递推公式是 $Z_i = g(Z_{i-1}, Z_{i-2}, \cdots) = a_1 Z_{i-1} + a_2 Z_{i-2} + \cdots + a_q Z_{i-q}$，$Z_i$ 不仅取决于 $Z_{i-1}$，而且与更早的 $Z_j$ 有关，但仍保留线性关系。

**组合属性，composite attribute** 由一组专门的可标识的信息组成的单一属性，如由经度、纬度和高程组成的实体位置属性。

**组合随机数发生器，composite random-number generator** 多个随机数发生器组合而成的更有效的随机数发生器。

**组件，component** 系统结构或实现的一个子集，且系统的功能也分配到该子集上。组件可与硬件、软件、人员、设施或它们的组合进行集成。

**组件模型，component model** 基于组件开发方法构建的仿真模型。参见"组件"。

**组群筛选设计，group-screening design** 一种对影响因子进行组群划分考察从而高效筛选重要影响因子的试验设计方法。将系统的 $k$ 个输入因子分成 $g$ 组，每组 $f$ 个因子；每一小组视作一个单独的影响因子，称作组群因子。当发现一个组群因子为重要因子时，则进而对其组内各因子进行单独考察。

**组装模型，assembled model** 各种不同属性和功能的模型按照一定规则组合或装配而成一定功能的模型。

**最不利配置，least favorable configuration（LFC）** 统计学术语。对于某一给定参数空间 $Q$ 下的决策规则 $d$，如果子空间 $q*(d)$ 使得所有决策 $d$ 比其他任何子参数空间 $q$ 下的决策风险更大，则称该子空间 $q*(d)$ 为最不利构形，即最不利配置。

**最短作业优先排队原则，shortest-job-first queue discipline** 以进入系统的作业所需求的 CPU 时间为标准，总选取估计完成时间最短的作业排在等待作业队首并优先执行的排队原则。

**最速下降，steepest descent** 求解优化问题的数值优化方法中最早的算法之一。该算法直观、简单，不需求解函数的二阶导数矩阵，一些更有效的数值优化方法都是在最速下降法的启发下获得的。它的基本思想是选取目标函数的负梯度方向（最速下降方向）作为每步迭代的搜索方向，逐步逼近函数的极小值点。最速下降法早于 1847 年由法国著名数学家考奇提出，后由柯里等学者进一步的研究和完善。

**最小二乘估值器，least-squares estimator**　亦称最小二乘法则，是以观测数据误差的平方和最小为准则的一种参数估计方法。

**最小模型, minimal model**　在具备基本条件的情况下，描述某一事物所需的最简单最紧致的模型。

**最小值函数, minorizing function**　取最小所有可能值的函数。

**作业车间模型, job-shop model**　研究作业车间调度与优化问题求解的数学模型。作业车间调度问题可以描述为，给定一组作业，要求在一组机器上加工完成，要满足以下的约束条件：（1）每个作业在机器上的加工次序给定。（2）每台机器在任何时刻最多只能加工一个作业；一个作业在一台机器上的加工称为一道工序，工序加工的时间是固定的，且工序一旦开始不能被中断。要找使所有作业加工完成的时间最短的调度。

**作用范围, scope**　仿真系统的作用领域。

**作战仿真, war simulation, war fighting simulation, warfare simulation**　亦称作战模拟，指利用模型复现实际作战系统中发生的本质过程，通过对系统模型的仿真实验来研究作战。这里所指的模型包括物理的和数学的、静态的和动态的、连续的和离散的各种模型。作战仿真与兵棋推演的区别是后者通过回合制进行一场战争模拟。参见"兵棋推演"。

**作战模型, war fighting model, battle model, combat model**　对作战行动从本质上进行抽象，然后用物理实体或逻辑思维或数学表达对作战过程进行模仿复现或描述的一种形式。作战模型要显示作战双方兵力兵器、战斗行动的规律性，以及它们之间的物理和信息联系。模型按基本原理分为逻辑模型、数学模型、物理模型（或实物模型）、混合模型等。对复杂的问题，必须根据问题的需要，构建一个整体的混合模型或组合模型。

**作战试验与评估, operational test and evaluation（OT&E）**　有代表性的使用者在实际条件下对武器设备或必需品的任何项目（或关键组成部分）进行现场试验，以确定武器设备及必需品在作战使用中的效能和适用性，并对这种试验结果做出评估。

**作战行动训练仿真, training simulation for warfighting operation**　为部队（分队）进行战术对抗、战术运用而进行

的模拟训练。

**作战指挥训练仿真, training simulation for warfighting command** 为提高作战指挥能力而进行的模拟训练。

**坐标变换, coordinate transformation** 采用一定的数学方法将一种坐标系的坐标变换为另一种坐标系的坐标的过程，用以表示不同坐标系之间的相互关系。

# 英-中

## Aa

absolute error, 绝对误差

absolute orientation, 绝对定向

absolute positioning, 绝对定位

absolute stability, 绝对稳定性

absolute timestamp, 绝对时戳

absolute validity, 绝对有效性

absorbing Markov chain model, 吸收马尔可夫链模型

absorbing state, 吸收状态

abstract DEVS simulator, 抽象离散事件系统仿真器

abstract layer, 抽象层

abstract model, 抽象模型

abstract sequential simulator, 抽象顺序仿真器

abstract simulation, 抽象仿真

abstract simulator, 抽象仿真器

abstract system model, 抽象系统模型

abstract threaded simulator, 抽象线程仿真器

abstracting in simulation, 仿真中的抽象化

abstraction, 抽象

abstraction criterion, 抽象准则

abstraction refinement, 抽象精化

abstraction technique, 抽象技术

academic simulation, 学术型仿真

acceptability, 可接受性

acceptability assessment, 可接受性评估

acceptability criterion, 可接受性准则

acceptability of design, 设计的可接受性

acceptability of experimental frame, 实验框架的可接受性

acceptability of simulation study, 仿真研究的可容许性

acceptance-complement, 接受-互补法

acceptance-rejection method, 舍选法

accessibility, 可访问性

accreditation, 确认

accreditation agent, 确认机构

accreditation authority, 评审机构

accreditation plan, 确认计划

accreditation process, 确认过程

accreditation recommendation, 验收指南

accumulated value, 累加值

accuracy, 准确度

accurate model, 精确模型

accurate simulation, 精确仿真

acoustics simulation system, 声学仿真系统

activation model, 激活模型

activation value, 激活值

activation variable, 激活变量

active multi-model, 活动多模型

activity, 活动

activity model, 活动模型

activity simulation language, 活动仿真语言

activity-based model, 基于活动的模型

activity-based modeling, 基于活动的建模

activity-based simulation, 基于活动的仿真

actor model, 角色模型

actor-based simulation engine, 基于角色的仿真引擎

actuating mechanism simulation, 执行机构仿真

actuator load moment generator, 执行机构负载力矩发生器

Adams-Bashforth method, 亚当斯-贝士弗斯法

Adams-Moulton algorithm, 亚当斯-莫尔顿算法

adaptive interface, 适应性界面

adaptive model, 适应性模型

adaptive simulation, 适应性仿真

adaptive simulation infrastructure, 适应性仿真基础设施

adaptive system, 自适应系统

adequate model, 合适的模型

advanced distributed simulation, 先进分布式仿真

advanced numerical simulation, 先进数值仿真

advanced simulation, 先进仿真

agent, 智能体

agent framework, 智能体框架

agent interaction, 智能体交互

agent model, 智能体模型

agent modeling, 智能体建模

agent-based model, 基于智能体的模型

agent-based modeling, 基于智能体的建模

agent-based simulation, 基于智能体的仿真

agent-directed simulation, 智能体导向的仿真

aggregate level simulation protocol, 聚合级仿真协议

aggregate model, 聚合模型

aggregation, 聚合

aggregative level simulation protocol compliant, 聚合级仿真协议兼容

AI model, 人工智能模型

AI-directed simulation, 人工智能导向仿真

air combat rangeless training system, 无范围限制空战训练系统

air target motion simulator, 空中目标运动仿真器

algebraic expression-oriented simulation language, 面向代数表达式的仿真语言

algorithm, 算法

algorithm check, 算法检查

aliasing, 走样

all-digital simulation, 全数字仿真

ALSP-compliant simulation system, 聚合级仿真协议兼容的仿真系统

alternate key, 替换键

alternative simulation model, 备选仿真模型

analog model, 模拟模型

analog simulation, 模拟仿真

analysis of alternative, 备选方案分析

analysis of variance, 方差分析

analysis-synthesis, 分析-综合法

analytic model, 解析模型

analytic simulation, 解析仿真

analytic warfare simulation, 分析型作战仿真

analytical modeling, 解析建模

Anderson-Darling test, 安德森-达林检验

angle of field, 视场角

angular acceleration table, 角加速度转台

angular-position table, 角位置转台

animation, 动画

animation markup language, 动画标记语言

animation model, 动画模型

anthropometric dimension, 人体测量尺寸

anticipative model, 预期模型

anticipative system, 预期系统

applicability detection, 适用性检测

applicable experimental frame, 适用的实验框架

application development framework, 应用开发框架

application layer, 应用层

application program interface, 应用程序接口

approximate morphism, 近似态射

approximate simulation, 近似仿真

architecture, 体系结构

area of interest display, 关注区域显示

areal feature, 区域特征

areal object, 区域对象

arrival process, 到达过程

arrival rate, 到达速率

artificial intelligence, 人工智能

as-fast-as-possible simulation, 尽快仿真

aspect ratio, 展弦比

aspect-oriented modeling, 面向方面的建模

assembled model, 组装模型

assertion, 断言

assertional model, 断言模型

assessment, 评估

associative entity, 关联实体

associative model, 关联模型

assumptions document, 假设文档

asymmetric simulation, 非对称仿真

asymmetrical function, 非对称函数

asymmetrical war-game, 非对称作战

asynchronous simulation, 异步仿真

asynchronous transfer mode, 异步传输模式

asynchronous transmission, 异步传输

atomic DEVS model, 原子型离散事件系统规约模型

atomic model, 原子模型

attribute, 属性

attribute overloading, 属性重载

attribute ownership, 属性所有权

attributive entity, 带属性的实体

augmented reality, 增强现实

augmented reality simulation, 增强现实仿真

authoring system, 授权系统

authoritative data source, 权威数据源

auto-correlated, 自相关

automata model, 自动机模型

automated force, 自动化兵力

automated information system, 自动化信息系统

automatic error detection, 自动误差检测

automatic simulation model generation, 自动仿真模型生成

autonomous, 自治的

autonomous agent, 自治智能体

autonomous model, 自治模型

autonomous simulation mode, 自治仿真模式

autonomous system, 自治系统

autonomy-oriented modeling, 自主建模

autoregressive method, 自回归方法

autoregressive moving average, 自回归滑动平均

autoregressive process, 自回归过程

autoregressive-to-anything, 自回归到任意

azimuth angle, 方位角

# Bb

back interpolation algorithm, 向后插值算法

backward Runge-Kutta algorithm, 后向龙格-库塔算法

backward-reasoning model, 反向推理模型

balking, 阻行

band-structured matrix, 带状矩阵

bar chart, 条形图

batch arrival process, 批到达过程

batch-mean method, 批均值法

battle model, 作战模型

battle space, 战斗空间

battle space database, 战斗空间数据库

battle space entity, 战斗空间实体

battlefield environment, 战场环境

battlefield environment model, 战场环境模型

battlefield view, 战场视图

Bayesian method, 贝叶斯方法

behavior, 行为

behavior abstraction, 行为抽象

behavior model, 行为模型

behavioral modeling, 行为建模

benchmarking, 基准

Bernoulli distribution, 伯努利分布

Bernoulli trial, 伯努利试验

Beta distribution, 贝塔分布

Beta function, 贝塔函数

Bézier distribution, 贝塞尔分布

biased estimator, 有偏估值器

binomial distribution, 二项分布

black box model, 黑箱模型

black box testing, 黑箱测试

block-oriented simulation language, 面向模块的仿真语言

bond graph, 键合图

bootstrapping, 自举

bottom-up testing, 自下而上测试

boundary condition, 边界条件

broadcast, 广播

built-in simulator, 内建式仿真器

# Cc

calculation error, 计算误差

calibration, 校准

calibration model, 校准模型

candidate model, 候选模型

canonical model, 正则模型

car simulator, 汽车仿真器

Cartesian coordinate, 笛卡尔坐标

Cauchy distribution, 柯西分布

causal loop diagram, 因果循环图

causal model, 因果模型

causal order, 因果序

causal system, 因果系统

causality equation, 因果方程

celestial simulation, 星光导航仿真

cell, 元胞

cellular automaton, 元胞自动机

cellular model, 元胞模型

central composite design, 中心组合设计

central limit theorem, 中心极限定理

certification, 认证

Chi-square distribution, 卡方分布

Chi-square goodness-of-fit test, 卡方检验

Chi-square test, 卡方检验

class, 类

class word, 类词

classification, 分类

clock synchronization, 时钟同步

closed loop simulation, 闭环仿真

closed-form solution, 闭式解

cloud simulation, 云仿真

cluster, 集群

code reusability, 代码重用性

code verification, 代码校核

coefficient of variation, 变异系数

cognition, 认知

cognitive model, 认知模型

cognitive simulator, 认知仿真器

cohesion, 内聚性

collaborative environment, 协同环境

collaborative M&S, 协同建模与仿真

color plate, 调色板

combat model, 作战模型

combined continuous/discrete model, 连续/离散组合模型

combined multiple recursive random-number generator, 组合式多重递归随机数发生器

combined simulation, 组合仿真

command team trainer, 指挥协同训练器

common federation functionality, 公共联邦功能

common random number, 公共随机数

communications security, 通信安全

competition game, 竞争博弈

complex data, 复杂数据

complex system simulation, 复杂系统仿真

compliance testing, 一致性测试

component, 组件

component model, 组件模型

component-based modeling, 基于组件的建模

composability, 可组合性

composable simulation, 可组合仿真

composite attribute, 组合属性

composite model, 复合模型

composite random-number generator, 组合随机数发生器

composite simulation, 复合仿真

compound Poisson process, 复合泊松过程

computation complexity, 计算复杂性

computational model, 计算模型

computational stability, 计算稳定性

computer aided design, 计算机辅助设计

computer aided manufacturing, 计算机辅助制造

computer aided modeling, 计算机辅助建模

computer graphics, 计算机图形学

computer network, 计算机网络

computer simulation, 计算机仿真

computer war game, 计算机兵棋

computer-generated force, 计算机生成兵力

conceptual analysis, 概念分析

conceptual model, 概念模型

conceptual model of the mission space, 任务空间概念模型

conceptual model validation, 概念模型验证

conceptual modeling language, 概念建模语言

conceptual schema, 概念模式

concrete model, 具体模型

concurrent engineering, 并行工程

concurrent simulation, 并发仿真

conditional discriminative model, 条件判别模型

conditional distribution, 条件分布

conditional event, 条件事件

conditional Monte Carlo method, 条件蒙特卡罗方法

conditional variance, 条件方差

conditioning for variance reduction, 方差缩减调节

confidence interval, 置信区间

confidence level, 置信水平

configuration, 配置

configuration management, 配置管理

confounding of effect, 效应混杂

conjoint simulation, 结合仿真

conservation equation, 守恒方程

conservative synchronization, 保守同步

consistency, 一致性

consistent model, 一致性模型

constrained simulation, 约束仿真

constraint model, 约束模型

constructive model, 构造实体模型

constructive simulation, 构造仿真

contextual knowledge, 上下文知识

continuous distribution, 连续分布

continuous model, 连续模型

continuous simulation, 连续仿真

continuous system, 连续系统

continuous system model, 连续系统模型

continuous system simulation, 连续系统仿真

continuous variable, 连续变量

continuous-time model, 连续时间模型

continuous-time statistic, 连续时间统计

contour plot, 轮廓图

control accuracy, 控制精度

control simulation software, 控制仿真软件

control station, 控制站

control variate, 控制变量法

controllability, 可控性

cooperative game, 合作博弈

coordinate transformation, 坐标变换

coordinated time advancement, 协调的时间推进

coordination model, 协调模型

coordination system, 协调系统

correctness of the model, 模型正确性

correlated sampling, 相关采样

correlated variate, 相关变量

correlation, 相关系数

correlation function, 相关函数

correlation plot, 相关图

correlation test, 相关性检验

cost function, 代价函数

coupled model, 耦合模型

covariance, 协方差

covariance matrix, 协方差矩阵

covariance-stationary process, 协方差平稳过程

coverage, 覆盖

credibility, 可信性

credibility determination, 可信度确定

credible model, 可信模型

credible simulation, 可信的仿真

criterion for acceptability, 可接受性准则

critical event simulation, 关键事件仿真

critical stability, 临界稳定性

critical stable result, 临界稳定结果

critical stable system, 临界稳定系统

critical stiff system, 临界刚性系统

cross-functional integration, 跨功能集成

cumulative distribution function, 累积分布函数

cybernetics, 控制论

# Dd

data acceptability, 数据可用性

data acquisition, 数据采集

data administrator, 数据管理员

data architecture, 数据架构

data attribute, 数据属性

data bank, 数据库

data base, 数据库

data center, 数据中心

data certification, 数据认证

data collection, 数据收集

data dictionary, 数据字典

data dictionary system, 数据字典系统

data distribution management, 数据分发管理

data element, 数据元

data element standardization, 数据元标准化

data entity, 数据实体

data exchange format, 数据交换格式

data exchange standard, 数据交换标准

data integration, 数据集成

data model, 数据模型

data quality, 数据质量

data recorder, 数据记录器

data repository, 数据库

data security, 数据安全

data source, 数据源

data standardization, 数据标准化

data structure, 数据结构

data synchronization, 数据同步

data validation, 数据验证

data verification, 数据校核

database directory, 数据库目录

data-based model, 基于数据的模型

data-driven simulation, 数据驱动的仿真

dead reckoning, 航位推算法

decision game, 决策博弈

decision variable, 决策变量

declarative approach, 陈述式方法

declarative simulation language, 陈述式仿真语言

deduction model, 推理模型

deductive error, 演绎误差

deductive logical fallacy, 演绎逻辑错误

deductive method, 演绎法

deductive model, 演绎模型

deductive modeling, 演绎建模

deformable model, 形变模型

deformable superquadric, 可变型超二次曲面

degree-of-freedom, 自由度

delay in queue, 排队延滞

delta model, 金三角模型

density function, 密度函数

density-histogram plot, 密度直方图

dependent variable, 因变量

descriptive model, 描述模型

descriptive simulation, 描述仿真

descriptive variable, 描述变量

deterministic algorithm, 确定性算法

deterministic model, 确定性模型

deterministic simulation model, 确定性仿真模型

deterministic system, 确定性系统

DEVS coordinator, 离散事件系统规约协调器

DEVS coupling, 离散事件系统规约耦合

DEVS experimental frame realization, 离散事件系统规约实验框架实现

DEVS external transition function, 离散事件系统规约外部转移函数

DEVS formalism, 离散事件系统规约形式体系

DEVS generator, 离散事件系统规约发生器

DEVS global state transition function, 离散事件系统规约全局状态转移函数

DEVS hierarchical form, 离散事件系统规约层次形式

DEVS internal transition function, 离散事件系统规约内部转移函数

DEVS model, 离散事件系统规约模型

DEVS parameter morphism, 离散事件系统规约参数同型

DEVS root-coordinator, 离散事件系统规约根协调器

DEVS simulation protocol, 离散事件系统规约仿真协议

DEVS simulator, 离散事件系统规约仿真器

DEVS system entity structure, 离散事件系统规约系统实体结构

DEVS system morphism, 离散事件系统规约系统同型

DEVS time advance function, 离散事件系统规约时间推进函数

DEVS transducer, 离散事件系统规约转换器

diagnostic model, 诊断模型

difference equation, 差分方程

differential algebraic, 微分代数

differential equation, 微分方程

differential equation model, 微分方程模型

differential-algebraic equation, 微分代数方程

digamma function, 双伽马函数

digital elevation model, 数字高程模型

digital simulation, 数字仿真

digital simulation computer, 数字仿真计算机

digital terrain elevation data, 数字地形高程数据

direct method, 直接法

disaggregate, 解聚

disaggregation, 解聚性

discrete distribution, 离散分布

discrete event model, 离散事件模型

discrete event simulation, 离散事件仿真

discrete event system specification（DEVS）, 离散事件系统规约

discrete Markov process, 离散马尔可夫过程

discrete model, 离散模型

discrete simulation, 离散仿真

discrete simulation language, 离散仿真语言

discrete system, 离散系统

discrete time, 离散时间

discrete time model, 离散时间模型

discrete time simulation, 离散时间仿真

discrete uniform distribution, 离散均匀分布

discrete-change model, 离散变化模型

discrete-change simulation, 离散变化仿真

discrete-change variable, 离散变化变量

discrete-control variable, 离散控制变量

discrete-event system, 离散事件系统

discrete-space continuous-time model, 离散空间连续时间模型

discrete-space discrete-time model, 离散空间离散时间模型

discrete-space model, 离散空间模型

discrete-state model, 离散状态模型

discrete-state system, 离散状态系统

discrete-system simulation, 离散系统仿真

discrete-time controller, 离散时间控制器

discrete-time linear system, 离散时间线性系统

discrete-time method, 离散时间法

discrete-time state-space model, 离散时间状态空间模型

discrete-time statistic, 离散时间统计

discrete-time system, 离散时间系统

discrete-time system theory, 离散时间系统理论

discrete-time variable, 离散时间变量

distributed computing, 分布式计算

distributed DEVS simulation, 分布式离散事件系统仿真

distributed execution, 分布式执行

distributed interactive simulation, 分布式交互仿真

distributed interactive simulation compliant,

分布式交互仿真相容

distributed interactive simulation network manager, 分布式交互仿真网络管理器

distributed interactive simulation protocol data unit, 分布式交互仿真协议数据单元

distributed simulation, 分布式仿真

distributed simulation architecture, 分布式仿真体系结构

distributed simulation environment, 分布式仿真环境

distributed simulation framework, 分布式仿真框架

distributed simulation protocol, 分布式仿真协议

distributed simulation technology, 分布式仿真技术

distributed simulator, 分布式仿真器

distributed system, 分布式系统

distributed system design, 分布式系统设计

distributed training, 分布式训练

distributed virtual environment, 分布式虚拟环境

distributed Web-based simulation, 基于网络的分布式仿真

distributed-parameter model, 分布参数模型

distributed-parameter system simulation, 分布参数系统仿真

distributed-system architecture specification, 分布式系统体系结构规范

distributed-system simulation language, 分布式系统仿真语言

distribution function, 分布函数

double-exponential distribution, 二重指数分布

double-precision arithmetic, 双精度运算

doubly linked list, 双向链表

dynamic adaptation, 动态适应

dynamic behavior, 动态行为

dynamic check, 动态检查

dynamic composability, 动态组合性

dynamic composition, 动态组合

dynamic constraint, 动态约束

dynamic documentation, 动态文件

dynamic environment, 动态环境

dynamic error, 动态误差

dynamic error analysis, 动态误差分析

dynamic game, 动态博弈

dynamic hypergame, 动态多维博弈

dynamic interaction, 动态交互

dynamic interoperability, 动态互操作性

dynamic interoperability level, 动态互操作性级别

dynamic mode update mechanism, 动态模式更新机制

dynamic model, 动态模型

dynamic model composability, 动态模型可组合性

dynamic model discovery, 动态模型发现

dynamic model documentation, 动态模型文档

dynamic model location, 动态模型位置

dynamic model structure, 动态模型结构

dynamic model update, 动态模型更新

dynamic modeling, 动态建模

dynamic modeling formalism, 动态建模形式

dynamic natural environment, 动态自然环境

dynamic nature environment modeling, 动态自然环境建模

dynamic ontology sharing, 动态本体共享

dynamic simulation composition, 动态仿真组合

dynamic simulation linking, 动态仿真链接

dynamic simulation model, 动态仿真模型

dynamic simulation service, 动态仿真服务

dynamic simulation updating, 动态仿真更新

dynamic structure（cellular）automaton, 动态结构（元胞）自动机

dynamic system, 动力系统

dynamic system behavior, 动态系统行为

dynamic system simulation, 动态系统仿真

dynamic updating, 动态更新

# Ee

earth coordinate system, 地心坐标系

earth fixed coordinate system, 地球固定坐标系

econometric model, 计量经济学模型

economics simulation, 经济学仿真

effectiveness evaluation simulation of weapon system, 武器系统效能评估仿真

effect-based modeling, 基于效果建模

electrical station simulator, 电站仿真器

electromagnetic environment data, 电磁环境数据

electronic combat threat environment simulator, 电子战威胁环境仿真器

embedded simulation, 嵌入式仿真

emergence, 涌现

emerging system, 涌现系统

empirical distribution, 经验分布

empirical knowledge, 经验知识

emulation, 模仿

emulator, 模仿器

encapsulation, 封装

endogenous variable, 内生变量

endomodel, 内部模型

endomorph, 内生

endomorphic, 内生的

endomorphic model, 内生模型

endomorphic simulation, 内生仿真

enterprise dynamics, 企业动力学

entity, 实体

entity coordinate, 实体坐标

entity perspective, 实体视野

entity relationship diagram, 实体关系图

environment data model, 环境数据模型

environment physical model, 环境物理模型

environment simulator, 环境仿真器

environmental effect model, 环境效应模型

environmental entity, 环境实体

environmental feature, 环境特征

environmental model, 环境模型

environmental representation, 环境相关的表征

environmental simulation, 环境仿真

equilibrium, 平衡点

equilibrium condition, 平衡条件

Erlang distribution, 埃尔朗分布

error checking, 错误检查

error detection model, 故障诊断模型

error model, 误差模型

estimating parameter, 估计参数

estimation error, 估计误差

estimator, 估计器

Euler integral, 欧拉积分

Eulerian model, 欧拉模型

event, 事件

event delivery, 事件发送

event list, 事件表

event notice, 事件通知

event scheduling, 事件调度

event-based discrete simulation, 基于事件的离散仿真

event-driven programming, 事件驱动编程

event-driven simulation, 事件驱动仿真

event-oriented model, 面向事件模型

event-oriented simulation, 面向事件仿真

event-scheduling approach, 事件调度法

event-scheduling simulation, 事件调度法仿真

event-sequenced simulation, 事件顺序仿真

evolution strategy, 进化策略

evolutionary algorithm, 进化算法

evolutionary computation, 进化计算

evolutionary game, 演化博弈

evolutionary method, 进化方法

evolutionary model, 演化模型

evolutionary multimodel, 演化多模型

evolutionary simulation algorithm, 进化仿真算法

evolutionary validation, 进化验证

exact-approximation method, 精确近似法

exclusive-or operation, 异或运算

executable cognitive model, 可执行认知模型

executable model, 可执行模型

execution model, 执行模型

execution visualization, 执行可视化

exercise, 演练

exercise manager, 演练管理器

exogenous variable, 外生变量

expected value, 期望值

expected value model, 期望值模型

experience-aimed simulation, 体验式仿真

experiment-aimed simulation, 实验式仿真

experimental design, 试验设计

expert system, 专家系统

explicit Adams-Bashforth method, 显式亚当斯-贝士弗斯法

explicit algorithm, 显式算法

explicit integration algorithm, 显式积分算法

explicit single-step method, 显式单步法

exploratory model, 探索性模型

exploratory modeling, 探索性建模

exploratory multimodel, 探索性多模型

exploratory multisimulation, 探索性多仿真

exploratory multisimulation methodology, 探索性多仿真方法论

exploratory simulation, 探索性仿真

exponential autoregressive process, 指数自回归过程

extensibility, 可扩展性

extensible federation, 可扩展的联邦

extensible framework, 可扩展的框架结构

extensible M&S framework, 可扩展的建模与仿真架构

extensible simulation, 可扩展的仿真

extensible simulation infrastructure, 可扩展的仿真基础设施

external model, 外部模型

external schema, 外部模式

external variable, 外部变量

extrapolation method, 外推法

extreme-value distribution, 极值分布

extrinsic model, 非本征模型

# Ff

face validation, 外观验证

face validity, 外观有效性

factor screening, 因子筛选

factorial design, 因子设计

fair fight, 公平战斗

fast simulation, 快速仿真

fast simulation modeling, 快速仿真建模

faster than real-time system, 超实时系统

fault simulation, 故障仿真

fault tolerance, 容错

faulty component, 故障组件

feasible state, 可行状态

federate, 联邦成员

federate model, 联邦成员模型

federate time, 联邦成员时间

federation, 联邦

federation development and execution process, 联邦开发与执行过程规范

federation execution, 联邦执行

federation execution data, 联邦执行数据

federation integration and test, 联邦集成与测试

federation management, 联邦管理

federation management and control environment, 联邦管理控制环境

federation manager, 联邦管理器

federation object model, 联邦对象模型

federation objective, 联邦目标

federation required execution detail, 联邦要求的执行细节

federation time, 联邦时间

federation time axis, 联邦时间轴

feedback shift register random-number generator, 反馈移位寄存器随机数发生器

Fibonacci generator, 斐波那契发生器

fidelity, 逼真度

field, 场

field instrumentation, 现场仪器

file management, 文件管理

final condition, 终止条件

final state, 终态

finite difference method, 有限差分法

finite state machine, 有限状态机

finite-difference model, 有限差分模型

finite-element method, 有限元法

finite-element model, 有限元模型

fire control simulator, 火控仿真器

first-come first-served, 先到先服务

first-in first-out, 先进先出

first-order explicit algorithm, 一阶显式算法

fitness, 拟合度

fixed time step, 固定时间步长

Fixed-increment time advance, 固定步长时间推进

fixed-sample-size procedure, 固定样本量法

flight control simulation, 飞行控制仿真

flight control software simulation, 飞行控制软件仿真

flight simulator, 飞行仿真器

force-deflection, 偏转力

formal model, 形式化模型

formalism, 形式体系

forward Euler algorithm, 向前欧拉算法

forward interpolation algorithm, 向前插值算法

fractional factorial design, 部分析因设计

frame, 帧

frame overrun, 帧溢出

frame rate, 帧频

frame ratio, 帧比

frame time, 帧时间

framework of model's family, 模型体系框架

frequency-domain method, 频域方法

front-end profile, 前端配置

full scale testing, 全尺寸测试

fully-dynamic, 全动态的

functional description of the mission space, 任务空间的功能描述

functional model, 功能模型

functional modeling, 功能建模

functional process, 功能划分过程

functional process improvement, 功能划分过程改进

functional simulation, 功能仿真

functional test, 功能测试

functional verification, 功能校验

functionality, 功能性

fuzzy model, 模糊模型

fuzzy rule, 模糊规则

fuzzy simulation, 模糊仿真

fuzzy system, 模糊系统

fuzzy system modeling, 模糊系统建模

fuzzy system simulation, 模糊系统仿真

## Gg

game, 博弈

game, 游戏

game theory, 博弈论

game theory, 游戏理论

gaming simulation, 游戏模拟

Gamma distribution, 伽马分布

Gamma function, 伽马函数

Gamma process, 伽马过程

gateway, 网关

generalized feedback shift register random-number generator, 广义反馈移位寄存器的随机数发生器

general-purpose simulation package, 通用仿真软件包

generic domain, 类属域

generic element, 类属元素

generic model, 类属模型

genetic algorithm simulation, 遗传算法仿真

geographic environment data, 地理环境数据

geometric distribution, 几何分布

geometric modeling, 几何建模

glass box model, 透明盒模型

global event ordering, 全局事件排序

global information grid, 全球信息网格

global model, 全局模型

global relative accuracy, 全局相对精度

global time, 全局时间

global variable, 全局变量

goal-directed activity, 目标导向的活动

goal-directed multimodel, 目标导向的多模型

goal-directed system model, 目标导向的系统模型

goodness-of-fit test, 拟合优良度检验

gradient estimation, 梯度估计

granularity, 粒度

graph model, 图解模型

graphical model, 图形模型

graphical specification, 图形规约

graphics display, 图形显示

graphics pipeline, 图形管线

Greenwich Mean Time, 格林尼治标准时间

grid, 网格

grid and cluster computing, 网格与集群计算

ground truth, 地面实况

group-screening design, 组群筛选设计

guise, 伪装

Gumbel distribution, 冈贝尔分布

## Hh

half-length of confidence interval, 半长的置信区间

haptics, 触觉

hard real time, 强实时

hardware-in-the-loop simulation, 硬件在回路仿真

hardware-in-the-loop Simulation Integration, 硬件在回路的仿真集成

heterogeneous condition, 异构环境

heterogeneous network, 异构网络

heterogeneous simulation, 异构仿真

heterogeneous simulation network, 异构仿真网络

heuristic, 启发式

heuristic algorithm, 启发式方法

heuristic method, 启发式方法

heuristic simulation, 启发式仿真

hidden Markov model, 隐式马尔可夫链模型

hidden variable, 隐性变量

hierarchical model, 层次模型

hierarchical simulation, 层次化仿真

hierarchy, 层次结构

high level architecture, 高层体系结构

high level architecture compliance, 高层体系结构相容性

high level architecture time axis, 高层体系结构时间轴

higher order model, 高级别模型

higher-level model, 较高层模型

high-granularity model, 细粒度模型

high-level abstraction, 高层抽象

high-level language, 高级语言

high-level model, 高层模型

high-order Runge-Kutta algorithm, 高阶龙格-库塔算法

high-performance simulation technology, 高性能仿真技术

high-resolution model, 高分辨率模型

high-resolution modeling, 高分辨率建模

high-resolution simulation, 高分辨率仿真

histogram, 直方图

homogeneous network, 同构网络

homogeneous simulator network, 同构仿真器网络

homomorphic model, 同态模型

host simulation computer, 主仿真计算机

host simulation system, 主仿真系统

human behavior, 人类行为

human behavior representation, 人类行为表达

human body computer model, 人体计算机模型

human factor, 人因

human trajectory, 人体运动轨迹

human-centered simulation, 以人为中心的仿真

human-in-the-loop, 人在回路

human-in-the-loop simulation, 人在回路仿真

hybrid automaton, 混合自动机

hybrid computer, 混合计算机

hybrid continuous-system simulation language, 混合连续系统仿真语言

hybrid game simulation, 混合对策仿真

hybrid model, 混合模型

hybrid simulation, 混合仿真

hybrid simulation language, 混合仿真语言

hybrid simulation software, 混合仿真软件

hybrid simulation study, 混合仿真研究

hybrid source simulation language, 混合源仿真语言

hybrid system model, 混合系统模型

hypo-real-time simulation, 亚实时仿真

hypothesis testing, 假设检验

## Ii

iconic model, 图标模型

identity simulation, 身份模拟

image matching simulator, 图像匹配装置模拟器

immersion, 沉浸感

implicit integration algorithm, 隐式积分算法

importance sampling, 重要性抽样

improved model, 改进的模型

inaccurate model, 不准确模型

in-basket simulation, 公文处理法仿真

incremental simulation, 增量仿真

independent and identically distributed, 独立同分布

independent random variable, 独立随机变量

independent replication, 独立重复仿真

运行

independent sample, 独立样本

independent time advancement, 独立时间推进

independent variable, 自变量

independent verification and validation, 独立校核与验证

indicator function, 指示函数

indirect estimation, 间接估计

individual-based model, 基于个体的模型

individual-based modeling, 基于个体的建模

individual-based simulation, 基于个体的仿真

inductive modeling, 归纳式建模

infinite-state system, 无限状态系统

informal model, 非正式模型

information assurance（security）, 信息安全

information enterprise, 信息企业

information model, 信息模型

information system, 信息系统

infrared guidance simulation, 红外制导仿真

infrared imaging guidance simulation system, 红外成像制导仿真系统

infrared seeker simulation, 红外导引头仿真

initial condition, 初始条件

initial state, 初始状态

initial transient, 初始瞬态

input/output model, 输入/输出模型

instance, 实例

instantiation, 实例化

instructional simulation, 示教仿真

instrument indication simulation, 仪表指示型仿真

integral algorithm, 积分算法

integral error, 积分误差

integral method, 积分方法

integral step size, 积分步长

integral variable, 积分变量

integrated modeling and simulation environment, 集成建模与仿真环境

integrated product and process development, 集成化产品与过程开发

integrated simulation, 集成仿真

integrated test simulator, 综合测试仿真器

integration accuracy, 积分精度

integration cost, 集成费用

integrative modeling, 集成建模

integrative modeling methodology, 集成建模方法学

integrative multimodeling, 集成多重建模

intelligence system, 智能系统

intelligent agent, 智能代理

intelligent model, 智能模型

intelligent simulation, 智能仿真

intelligent system, 智能系统

intelligent system simulation, 智能系统仿真

interaction, 交互

interaction effect, 交互效应

interaction plot, 交互作用图

interaction Protocol, 交互协议

interactive debugger, 交互式调试器

interactive graphics, 交互图形学

interactive model, 交互模型

interactive parameter, 交互参数

interactive simulation, 交互仿真

interactive speed, 交互速度

interactive visualization, 交互可视化

interarrival time, 到达间隔时间

intermediate model, 中间模型

internal model, 内部模型

internal variable, 内部变量

interoperability, 互操作性

interoperability layer, 互操作层

interoperability level, 互操作水平

interoperability of model, 模型的互操作性

interoperable federation, 互操作联邦

interoperable model, 互操作模型

interoperable simulation, 互操作仿真

interoperable simulation environment, 互操作仿真环境

interpolation, 插值

interpolation with preprocess, 预处理插值法

interpretive simulation language, 解释性仿真语言

interrelated model, 关联的模型

interval simulation, 区间仿真

interval-oriented simulation, 面向时间间隔的仿真

introspective model, 内省模型

introspective simulation, 内省仿真

introspective simulation model, 内省仿真模型

introspective system, 内省系统

inverse CDF, 累积分布函数的反函数

inverse transform, 反变换

isomorphic model, 同构模型

iterative modeling, 迭代建模

# Jj

jackknife estimator, 刀切法估计

job-shop model, 作业车间模型

jockeying, 换队

Johnson SB distribution, 约翰逊 SB 分布

Johnson SU distribution, 约翰逊 SU 分布

joint distribution function, 联合分布函数

joint modeling and simulation, 联合建模与仿真

joint probability density function, 联合概率密度函数

joint probability mass function, 联合概率质量函数

# Kk

Kalman filter, 卡尔曼滤波器

Kalman filtering, 卡尔曼滤波

kinematic constraint, 运动约束

knowledge base, 知识库

knowledge-based simulation, 基于知识的仿真

knowledge-based system, 基于知识的系统

Kolmogorov-Smirnov test, 柯尔莫戈洛夫-斯米尔诺夫检验

Kruskal-Wallis test, 克拉斯卡-瓦立斯

检验

# Ll

lag variable, 延迟变量

Laplace distribution, 拉普拉斯分布

large loop simulation, 大回路仿真

large scale model, 大系统模型

large-scale simulation, 大规模仿真

last-come first-served, 后到先服务

last-in first-out, 后进先出

latent model, 隐性模型

latent variable, 隐性变量

Lattice test, 拉丁检验

launch control simulation, 发射控制仿真

launch-controller simulator, 发控台仿真器

lazy simulation, 惰性仿真

lead variable, 前置变量

lean simulation, 简略仿真

least favorable configuration, 最不利配置

least-squares estimator, 最小二乘估值器

legacy model, 遗留系统模型

legacy simulation, 遗留系统仿真

legacy simulation system, 遗留仿真系统

level of abstraction, 抽象层次

level of accuracy, 准确度级别

level of aggregation, 聚合水平

level of detail, 细节等级

level of M&S validatability, 建模与仿真的可验证性水平

level of model specification, 模型规范层

level of perception, 感知水平

level of resolution, 分辨率等级

level of system specification, 系统规范的层次

level of validity, 有效性等级

Lexis ratio, 莱克塞斯比率

life cycle, 生命周期

life cycle cost model, 全生命周期成本模型

life cycle model, 生命周期模型

life-cycle of simulation, 仿真生命周期

likelihood function, 似然函数

line of sight, 视线

linear congruential random-number generator, 线性同余式随机数生成器

linear feedback shift register random-number generator, 线性反馈移位寄存器随机数生成器

linear interpolation, 线性插值

linear model, 线性模型

linear programming, 线性规划

linear system, 线性系统

linear system simulation, 线性系统仿真

linear time-invariant continuous-time system, 线性时不变连续系统

line-of-sight simulation, 视线仿真

linked storage allocation, 链式存储分配

list of available space, 可用空间表

live entity, 实况实体

live fire test and evaluation, 实况火力试验与评估

live simulation, 实况仿真

live, virtual, and constructive simulation,

实况、虚拟与构造仿真

load balancing, 负载均衡

local time, 本地时间

location parameter, 位置参数

logic simulation, 逻辑仿真

logical data model, 逻辑数据模型

logical process, 逻辑进程

logical time, 逻辑时间

logical time axis, 逻辑时间轴

logical verification, 逻辑校核

logistic distribution, 逻辑斯谛分布

log-logistic distribution, 对数逻辑斯谛分布

lognormal distribution, 对数正态分布

look ahead, 前瞻量

loop-breaking DEVS model, 拆环离散事件系统模型

loosely coupled, 松耦合的

loosely coupled federated simulation, 松耦合的联邦化仿真

loosely-coupled model, 松耦合模型

lower bound, 下界

lower bound on the time stamp, 时戳下界

low-resolution model, 低分辨率模型

lumped DEVS model, 集总离散事件系统模型

lumped model, 集总模型

lumped-parameter model, 集总参数模型

## Mm

M&S accreditation, 建模与仿真确认

M&S adjunct tool, 建模与仿真辅助工具

M&S application, 建模与仿真应用

M&S application sponsor, 建模与仿真应用赞助商

M&S architecture, 建模与仿真架构

M&S attribute, 建模与仿真属性

M&S body of knowledge, 建模与仿真知识体系

M&S category, 建模与仿真类别

M&S course, 建模与仿真课程

M&S curriculum, 建模与仿真课程

M&S development tool, 建模与仿真开发工具

M&S executive agent, 建模与仿真执行代理

M&S facility, 建模与仿真设施

M&S federation, 建模与仿真联邦

M&S fidelity, 建模与仿真逼真度

M&S framework, 建模与仿真框架

M&S group, 建模与仿真组

M&S history, 建模与仿真史

M&S information source, 建模与仿真信息源

M&S infrastructure, 建模与仿真基础设施

M&S interoperability, 建模与仿真互操作性

M&S life cycle, 建模与仿真生命周期

M&S life cycle management, 建模与仿真生命周期管理

M&S market, 建模与仿真市场

M&S master plan, 建模与仿真主计划

M&S ontology, 建模与仿真本体

M&S organization, 建模与仿真组织

M&S paradigm, 建模与仿真范式

M&S planning, 建模与仿真规划

M&S principle, 建模与仿真原理

M&S process, 建模与仿真过程

M&S program manager, 建模与仿真程序管理器

M&S proponent, 建模与仿真提议者

M&S repository, 建模与仿真库

M&S resolution, 建模与仿真分辨率

M&S reuse, 建模与仿真重用

M&S scalability, 建模与仿真可扩展性

M&S service, 建模与仿真服务

M&S shareware, 建模与仿真共享件

M&S software design, 建模与仿真软件设计

M&S sponsor, 建模与仿真出资者

M&S theory, 建模与仿真理论

M&S tool, 建模与仿真工具

M&S user, 建模与仿真用户

M&S working group, 建模与仿真工作小组

machine downtime, 机器停机时间

machine intelligible model, 机器可理解模型

machine-centered simulation, 机器仿真

machine-breakdown model, 机器故障模型

machine simulation, 机器仿真

macro model, 宏观模型

macroscopic model, 宏观模型

main effect, 主效应

majorant function, 强函数

management game, 管理对策

management object model, 管理对象模型

man-machine simulation, 人机仿真

marginal execution time, 边际执行时间

Markov chain, 马尔可夫链

Markov Chain Model, 马尔可夫链模型

Markov model, 马尔可夫模型

Markov process, 马尔可夫过程

Markov simulation, 马尔可夫仿真

mass function, 质量函数

mass storage, 大容量存储器

material handling system, 物料搬运系统

mathematical dynamic model, 数学动态模型

mathematical model, 数学模型

mathematical modeling, 数学建模

mathematical simulation, 数学仿真

mathematical simulation for target-shooting, 数学模拟打靶

maximum-likelihood estimator, 极大似然估计器

mean, 均值

measure of force effectiveness, 兵力效能度量

measure of outcome, 结果指标

measure of suitability, 适用性度量

measure of system effectiveness, 系统效能指标

median, 中位数

mediated reality, 间接现实

memory model, 内存模型

memory state model, 内存状态模型

memoryless model, 无记忆模型

memoryless property, 无记忆性

memoryless quantization, 无记忆的量化

Mersenne twister, 马特赛特旋转演算法

message delivery, 消息传递

metadata, 元数据

metaheuristic algorithm, 元启发式算法

meta-knowledge, 元知识

metamodel, 元模型

metamorphic model, 变结构模型

metamorphic multi-model, 多态多模型

micro model, 微观模型

micro simulation, 微观仿真

microanalytic simulation, 微观分析仿真

middle-square method, 平方中值法

military conceptual model, 军事概念模型

military model, 军事模型

military simulation, 军事仿真

minimal model, 最小模型

minorizing function, 最小值函数

missile simulator, 导弹仿真器

mission space, 任务空间

mixed formalism model, 混合形式化模型

mixed formalism simulation language, 混合形式化仿真语言

mixed reality, 混合现实

mixed simulation, 混合仿真

mixed-granularity model, 多粒度模型

mixed-mode integration, 混合式集成

mixed-resolution model, 混合分辨率模型

mixed-signal simulation, 混合信号仿真

mixed-state model, 多态模型

mixed-time model, 混合时间模型

mock-up, 物理原型

model, 模型

model abstracting technique, 模型抽象技术

model abstraction, 模型抽象

model acceptability, 模型可接受性

model acceptability standard, 模型可接受标准

model accreditation, 模型确认

model accuracy, 模型精度

model activation, 模型激活

model adaptivity（adaptability）, 模型适应性

model adequacy, 模型胜任性

model affinity, 模型亲和性

model aggregation, 模型聚合

model analysis, 模型分析

model applicability, 模型适用性

model appropriateness, 模型恰当性

model assessment, 模型评估

model attribute, 模型属性

model base, 模型库

model base management, 模型库管理

model base manager, 模型库管理器

model behavior, 模型行为

model behavior fitting, 模型行为拟合

model behavior ontology, 模型行为本体

model benchmarking（benchmark）, 模型基准

model brokering, 模型代理

model building, 模型构建

model calibration, 模型校准

model certification, 模型认证

model characterization, 模型表征

model checking, 模型检验

model checking algorithm, 模型检验算法

model checking tool, 模型检验工具

model class, 模型类

model classification, 模型分类

model coarseness, 模型粗糙度

model comparison, 模型比较

model compiler, 模型编译器

model complexity assessment, 模型复杂性评估

model component pragmatism, 模型组件实用化

model component semantics, 模型组件语义

model component syntax, 模型组件语法

model component template, 模型组件模板

model composability, 模型可组合性

model composer, 模型合成器

model composition, 模型组合

model composition instance, 模型组合实例

model composition rule, 模型组合规则

model comprehensibility, 模型可理解性

model compression, 模型压缩

model configuration, 模型配置

model consistency, 模型一致性

model constant, 模型常数

model correctness analysis, 模型正确性分析

model coupling, 模型耦合

model credibility, 模型可信度

model data, 模型数据

model database, 模型数据库

model deactivation, 模型失活

model decomposition, 模型分解

model description, 模型描述

model description language, 模型描述语言

model design, 模型设计

model developer, 模型开发者

model development, 模型开发

model development environment, 模型开发环境

model discovery, 模型发现

model documentation, 模型文档

model documenting, 模型文档编制

model dynamics, 模型动力学

model elaboration, 模型精化

model element, 模型元素

model entity, 模型实体

model environment, 模型环境

model epistemology, 模型认识论

model equivalence, 模型等价

model error, 模型误差

model error statistic, 模型误差统计

model evolution, 模型演变

model execution, 模型执行

model family, 模型族

model federation, 模型联邦

model fidelity, 模型逼真度

model file, 模型文件

model fitting, 模型拟合

model formalism, 模型形式体系

model front end, 模型前端

model generation, 模型生成

model generator, 模型生成器

model granularity, 模型粒度

model graph, 模型图

model homomorphism, 模型同态

model identification, 模型辨识

model implementation, 模型实现

model input/output, 模型输入\输出

model instance, 模型实例

model integrity, 模型完整性

model integrity requirement, 模型完整性需求

model interaction, 模型交互

model interface analysis, 模型接口分析

model interface testing, 模型接口测试

model interoperability, 模型互操作性

model interoperability standard, 模型互操作标准

model isomorphism, 模型同构

model location, 模型定位

model maintenance, 模型维护

model management infrastructure, 模型管理基础设施

model management tool, 模型管理工具

model manager, 模型管理器

model manipulation, 模型操纵

model mapping, 模型映射

model market place, 模型的市场

model matching, 模型匹配

model modifiability, 模型可修改性

model modularity, 模型模块化

model morphism, 模型同型

model navigation, 模型导航

model of self, 自身模型

model of user, 用户模型

model ontology, 模型本体

model operator, 模型算子

model parameter, 模型参数

model pedigree, 模型型谱

model plausibility, 模型的合理性

model portability, 模型的可移植性

model postulate, 模型假设

model processing, 模型处理

model processing environment, 模型处理环境

model pruning, 模型裁剪

model qualification, 模型鉴定

model quality, 模型质量

model quality assurance, 模型质量保证

model realism, 模型真实性

model relation, 模型关系

model relevance, 模型关联性

model reliability, 模型可靠性

model replacement, 模型置换

model representation, 模型表示

model requirement, 模型需求

model resolution, 模型分辨率

model resource, 模型资源

model retrieval, 模型检索

model reusability, 模型可重用性

model reusable, 模型可重用

model reuse, 模型重用

model robustness, 模型鲁棒性

model scaling, 模型缩放

model security, 模型安全性

model semantics, 模型语义

model sensitivity, 模型灵敏度

model simplification, 模型简化

model size, 模型规模

model specification, 模型规范

model specification environment, 模型规范环境

model specification language, 模型规范语言

model stability, 模型稳定性

model structure, 模型结构

model validation, 模型验证

model validity, 模型有效性

model verification, 模型校验

model wrapping, 模型封装

model-based activity, 基于模型的活动

model-based analysis, 基于模型的分析

model-based development, 基于模型的开发

model-based DEVS methodology, 基于模型的离散事件系统规范方法学

model-based experiment, 基于模型的实验

model-based methodology, 基于模型的方法学

model-based prediction, 基于模型的预测

model-based reasoning, 基于模型的推理

model-based simulation monitor, 基于模型的仿真监控

model-based software, 基于模型的软件

model-based system, 基于模型的系统

model-based technique, 基于模型的技术

model-based testing, 基于模型的测试

model-based tool, 基于模型的工具

model-based tracking, 基于模型的跟踪

model-based validation, 基于模型的验证

model-based verification, 基于模型的校核

model-centered, 以模型为中心

model-directed process, 模型导向过程

model-directed system, 模型导向系统

model-driven, 模型驱动

model-driven architecture, 模型驱动的体系架构

model-driven architecture tool, 模型驱动的体系架构工具

model-driven development, 模型驱动开发

model-driven development language, 模型驱动的开发语言

model-driven development methodology, 模型驱动的开发方法学

model-driven development of user interface, 模型驱动的用户接口开发

model-driven development technique, 模型驱动的开发技术

model-driven engineering, 模型驱动的工程

model-driven language, 模型驱动语言

model-driven methodology, 模型驱动方法学

model-driven process, 模型驱动过程

model-driven reasoning, 模型驱动推理

model-driven system, 模型驱动系统

model-driven technique, 模型驱动技术

model-driven user interface, 模型驱动的用户接口

modeling, 建模

modeling and simulation, 建模与仿真

modeling and simulation requirement, 建模与仿真需求

modeling assumption, 建模假设

modeling concept, 建模概念

modeling environment, 建模环境

modeling error, 误差建模

modeling expert, 建模专家

modeling for diagnosis, 诊断建模

modeling formalism, 建模形式化

modeling formalism, 形式化建模

modeling framework, 建模框架

modeling function, 建模功能

modeling interface, 建模接口

modeling issue, 建模问题

modeling language, 建模语言

modeling method, 建模方法

modeling methodology, 建模方法学

modeling ontology, 建模本体

modeling paradigm, 建模范式

modeling phase, 建模阶段

modeling primitive, 建模原语

modeling relationship, 关系建模

modeling semantics, 建模语义学

modeling software, 建模软件

modeling standard, 建模标准

modeling structure, 建模结构

modeling system, 建模系统

modeling system structure, 建模系统结构

modeling technique, 建模技术

modeling term, 建模术语

modeling theory, 建模理论

modeling tool, 建模工具

modeling, simulation and visualization, 建模仿真和可视化

model-test-model, 模型-测试-模型

modifier, 修改编辑器

modular model, 模块化模型

modular modeling, 模块化建模

modular semi-automated force, 模块化半自动化兵力

modular simulation, 模块化仿真

modular system modeling, 模块化系统建模

monolithic model, 整体式模型

Monte Carlo method, 蒙特卡罗方法

Monte Carlo simulation, 蒙特卡罗仿真

motion estimation, 运动估计

motion sensation simulation, 运动感觉仿真

moving average, 滑动平均

multi-agent simulation, 多智能体仿真

multiagent system, 多智能体系统

multi-aspect model, 多层面模型

multiaspect modeling, 多层面建模

multiaspect multimodel, 多层面多模型

multiaspect system, 多层面系统

multicast, 组播

multi-channel simulation, 多通道仿真

multi-discipline modeling, 多学科建模

multi-discipline modeling language, 多学科建模语言

multifaceted model, 多层面模型

multifaceted modeling formalism, 多层面建模形式化

multi-formalism model, 多种形式模型

multi-framing, 多帧法

multi-layer system, 多层次系统

multilevel model, 多级模型

multilevel modeling, 多级建模

multilevel security, 多级安全

multilevel simulation, 多级仿真

multi-loop simulation, 多回路仿真

multimedia modeling, 多媒体建模

multimedia modeling language, 多媒体建模语言

multimedia simulation, 多媒体仿真

multimodal, 多模态

multimodel framework, 多模型框架

multiple comparisons with the best, 与

最佳组的多重比较法

multiple measure of performance, 多性能指标

multiple recursive random-number generator, 多重递归随机数发生器

multiple-comparisons problem, 多重比较问题

multi-processor simulation, 多处理器仿真

multirate integration, 多帧速积分

multirate simulation, 多速率仿真

multiresolution federate, 多分辨率联邦成员

multi-resolution M&S, 多分辨率建模与仿真

multiresolution model, 多分辨率模型

multiresolution modeling, 多分辨率建模

multiresolution multiperspective modeling, 多分辨率多角度建模

multiresolution simulation, 多分辨率仿真

multisensory I/O, 多传感器输入/输出

multistage modeling mechanism, 多级建模机制

multistage multimodel, 多级多模型

multistage simulation, 多级仿真

multi-step integration algorithm, 多步积分算法

multi-step method, 多步法

multivariate distribution and random vector, 多元分布和随机向量

mutational model, 突变模型

mutational multimodel, 突变多模型

**Nn**

narrative model, 叙述式模型

natural model, 自然模型

natural variable, 自然变量

negative binomial distribution, 负二项分布

negatively correlated random variable, 负相关随机变量

nervous system, 神经系统

nested model, 嵌套模型

nested simulation, 嵌套仿真

net-centric simulation, 网络中心仿真

network latency, 网络延迟

network node, 网络节点

network simulation, 网络仿真

neural network, 神经网络

neural network metamodel, 神经网络元模型

neural network-based（network）model, 神经网络模型

Newton-Gregory polynomial, 牛顿-格雷戈里多项式

Newton's iteration, 牛顿迭代法

Newton's method, 牛顿迭代法

next-event time advance, 下一事件时间推进

node, 节点

non-anticipatory model, 非预测模型

non-anticipatory system, 非预期系统

non-deterministic model, 非确定性模型

non-homogeneous Poisson process, 非齐次泊松过程

non-linear mapping, 非线性映射

non-linear model, 非线性模型

non-linear stability, 非线性稳定性

non-linear system, 非线性系统

non-line-of-sight simulation, 非视线仿真

non-mutational multimodel, 非突变多模型

non-numerical simulation, 非数值仿真

non-parametric method, 非参数化方法

non-real-time simulation, 非实时仿真

non-rigid finite element model, 非刚性有限元模型

non-simulatable model, 不可仿真的模型

non-standard cell, 非标准单元

non-standard data element, 非标准的数据元素

non-standard simulation equipment, 仿真非标设备

non-stationary, 非平稳

non-stationary Poisson process, 非平稳泊松过程

non-terminating simulation, 非终态仿真

normal distribution, 正态分布

normal-to-anything random vector, 正态到任意随机向量

normative model, 规范模型

notional data, 概念数据

numerical analysis, 数值分析

numerical computation, 数值计算

numerical experiment, 数值实验

numerical instability, 数值不稳定性

numerical integration, 数值积分

numerical integration algorithm, 数值积分法

numerical method, 数值方法

numerical model, 数值模型

numerical simulation, 数值仿真

numerical solution, 数值解

numerical stability, 数值稳定性

numerical variable, 数值变量

numerically-stable region, 数值稳定域

numerically-unstable region, 数值不稳定域

## Oo

object, 对象

object attribute, 对象属性

object class, 对象类

object model, 对象模型

object model framework, 对象模型框架

object model template, 对象模型模板

object modeling, 对象建模

object ownership, 对象所有权

object-based simulation, 基于对象仿真

object-oriented, 面向对象

object-oriented language, 面向对象语言

object-oriented model, 面向对象模型

object-oriented modeling, 面向对象建模

object-oriented programming, 面向对象编程

object-oriented simulation, 面向对象仿真

observation frame, 观测坐标系

observation space, 观测空间

observed value, 观测值

observed variable, 观测变量

occlusion, 遮挡

ocean environment data, 海洋环境数据

off-line storage device, 离线存储设备

one-factor-at-a-time approach, 单因子轮换实验法

online model documentation, 在线模型文件

online simulation, 在线仿真

online simulation language, 在线仿真语言

online simulation update, 在线仿真更新

ontology, 本体

open architecture, 开放式体系结构

open loop simulation, 开环仿真

open system, 开放式系统

operational environment, 操作环境

operational test and evaluation, 作战试验与评估

operations other than war game, 非战争博弈的操作

optimistic event simulation, 乐观事件仿真

optimistic synchronization, 乐观同步

optimization, 优化

order statistic, 顺序统计

ordinary differential equation, 常微分方程

original data, 原始数据

outcome-oriented simulation, 面向结果的仿真

output data, 输出数据

output data analysis, 输出数据分析

output validation, 输出验证

output variable, 输出变量

overflow, 溢出

overlapping batch mean, 重叠批平均

owned attribute, 拥有的属性

ownership management, 所有权管理

# Pp

packet loss ratio, 丢包率

paired-t confidence interval, 配对的（双）$t$ 置信区间

parallel computing, 并行计算

parallel discrete-event simulation, 并行离散事件仿真

parallel processing, 并行处理

parallel processor, 并行处理器

parallel simulation, 并行仿真

parallel simulation engine, 并行仿真引擎

parallel simulator, 并行仿真器

parallel visualization, 并行可视化

parameter acceptability, 参数可接受性

parameter sensitivity, 参数灵敏度

parameter sensitivity analysis, 参数灵敏度分析

parameterization of distribution, 分布的参数化

parametric model, 参数模型

Pareto distribution, 帕雷托分布

partial differential equation, 偏微分方程

partial differential equation modeling, 偏微分方程建模

partial evaluation, 部分赋值

partial model, 局部模型

participative modeling, 参与式建模

participative simulation, 参与式仿真

passive stigmergy, 被动外激励

passive system, 无源系统

PDEVS model, 并行离散事件系统规约模型

peak force, 峰值力

peak-load analysis, 高峰负荷分析

Pearson type V distribution, 皮尔逊类型 V 分布

Pearson type VI distribution, 皮尔逊类型 VI 分布

perceived goal, 感知目标

perceived internal fact, 感知内部情况

perceived model, 感知模型

perceived payoff function, 感知的支付函数

perceived reality, 感知现实

perceived situation, 感知状态

perfect model, 准确模型

performance measure, 性能指标

performance model, 性能模型

period, 周期

perishable inventory, 易腐库存

pervasive simulation, 普适仿真

Petri net, 佩特里网

Petri net model, 佩特里网模型

Petri net simulation, 佩特里网仿真

physical attribute, 物理属性

physical data model, 物理数据模型

physical environment, 物理环境

physical experiment, 物理实验

physical fidelity, 物理逼真度

physical immersion, 物理沉浸

physical interface, 物理接口

physical model, 物理模型

physical modeling, 物理建模

physical realization, 物理实现

physical simulation, 物理仿真

physical system, 物理系统

physical system simulation, 物理系统仿真

physical time, 物理时间

physics-based modeling, 物理建模

physiological model, 生理模型

pilot run, 试运行

pilot scene simulation, 飞行场景仿真

pixel, 像素

Plackett-Burman design, 普莱克特-布尔曼实验设计

platform, 平台

platform-independent model, 平台无关模型

platform-independent modeling, 平台无关建模

platform-specific model, 特定平台模型

platform-specific modeling, 特定平台建模

point estimator, 点估计

point object, 点对象

Poisson distribution, 泊松分布

Poisson process, 泊松过程

political-military gaming, 政治军事对抗模拟

polymorphism, 多态性

polynomial approximation, 多项式逼近

polynomial model, 多项式模型

portable simulation, 便携式仿真

port-based modeling paradigm, 基于端口的建模范例

positively correlated random variable, 正相关随机变量

post simulation analysis, 后仿真分析

posteriori decision, 后验决策

posteriori knowledge, 后验知识

post-mortem human subject, 后验人体

P-P plot, 概率-概率图

pragmatic interoperability, 语用互操作性

predator-prey model, 捕食-食饵模型

predecessor link, 前链

predictive model, 预测模型

predictive model validity, 预测模型有效性

predictive modeling, 预测建模

predictive simulation, 预测仿真

preprocessing step, 预处理步

prescriptive model, 指导性模型

pre-simulation phase, 预仿真阶段

Primitive element, 素元

priori knowledge, 先验知识

priority queue discipline, 优先队列规则

probabilistic model, 概率模型

probability density function, 概率密度函数

probability distribution function, 概率分布函数

probability mass function, 概率质量函数

probability plot, 概率图

problem of the initial transient, 初始瞬态问题

problem solving, 问题求解

problem solving paradigm, 问题求解范例

process approach, 过程方法

process improvement modeling, 过程改进建模

process interaction method, 进程交互法

process interaction model, 进程交互模型

process maturity model, 进程成熟度模型

process model, 进程模型

process modeling, 进程建模

process simulation, 过程仿真

process-based discrete event simulation, 基于进程的离散事件仿真

processing node, 处理结点

process-oriented model, 面向进程的模型

process-oriented simulation, 面向进程的仿真

program acceptability, 程序合格

protocol, 协议

protocol converter, 协议转换器

protocol data unit, 协议数据单元

protocol data unit standard, 协议数据单元标准

protocol entity, 协议实体

prototype, 原型

prototype simulation language, 原型仿真语言

prototype-based model, 基于原型的模型

prototypical model, 原型模型

proxy simulation, 代理仿真

pseudo code, 伪代码

pseudo random number generator, 伪随机数发生器

pseudo-derivative, 伪微分

psychological model, 心理模型

public domain simulation, 公有领域仿真

publish and subscribe, 发布和订购

# Qq

Q-Q plot, 分位数-分位数图

quadratic congruential random-number generator, 二次同余随机数发生器

qualitative, 定性的

qualitative assessment, 定性评估

qualitative causal model, 定性因果模型

qualitative data, 定性数据

qualitative model, 定性模型

qualitative modeling, 定性建模

qualitative simulation, 定性仿真

qualitative simulation system, 定性仿真系统

qualitative value, 定性值

qualitative variable, 定性变量

quality assurance, 质量保证

quantile, 分位数

quantile summary, 分位数求和

quantitative data, 定量数据

quantitative diagraph model, 定量有向图模型

quantitative measurement, 定量测量

quantitative model, 定量模型

quantitative modeling, 定量建模

quantitative simulation, 定量仿真

quantitative variable, 定量变量

quantization, 量化

quantization with hysteresis, 滞后量化

quantized DEVS simulator, 量化离散事件系统仿真器

quantized simulator, 量化仿真器

quantized state system, 量化状态系统

quantized system, 量化系统

quasi-analytic simulation, 拟解析仿真

quasi-analytic simulation technique, 拟解析仿真技术

quasi-linear partial differential equation, 拟线性偏微分方程

quasi-Monte Carlo simulation, 拟蒙特卡罗仿真

quaternion method, 四元数法

queue, 队列

queue discipline, 排队规则

queueing model, 排队模型

queueing network model, 排队网络模型

queueing system, 排队系统

queueing theory, 排队论

# Rr

radar image simulator, 雷达图像仿真器

random, 随机

random error, 随机误差

random event, 随机事件

random number, 随机数

random number generator, 随机数发生器

random number seed, 随机数种子

random sample, 随机抽样

random variable, 随机变量

random variate, 随机变数

random vector, 随机向量

randomization, 随机化

random-number stream, 随机数流

range of a distribution, 分布区间

ranking and selection, 排序与选择

rate table, 角速率转台

rational model, 理性模型

ratio-of-uniforms method, 均匀比法

Rayleigh distribution, 瑞利分布

reactive modeling, 反应式建模

real battlefield, 真实战场

real system, 真实系统

real-time clock, 实时时钟

real-time continuous simulation, 实时连续仿真

real-time domain, 实时域

real-time execution, 实时执行

real-time optical fiber network system,

实时光纤网络系统

real-time service, 实时服务

real-time simulation, 实时仿真

real-time system, 实时系统

real-world, 真实世界

real-world time, 真实世界时间

rear link, 后链

reasonable model, 合理模型

reasoning simulation, 推理仿真

reconfigurable simulator, 可重配置的
　仿真器

recursive model, 递归模型

reduced model, 简化模型

reduced order method, 降阶法

reducible model, 可简化的模型

reference framework, 参考框架

reference version, 参考版本

reflected attribute, 反射属性

reflected object, 反射对象

refresh rate, 刷新速率

regenerative method, 再生法

registration, 配准

regression metamodel, 回归元模型

regression model, 回归模型

regression sampling, 回归抽样

regression testing, 回归检验

relational model, 关系模型

relative error, 相对误差

relative timestamp, 相对时戳

relaxation algorithm, 松弛算法

reliable approximation, 可靠逼近

reliable model, 可靠的模型

reliable service, 可靠的服务

reliable simulation, 可靠的仿真

reliable simulation model, 可靠的仿真

模型

remote entity approximation, 远程实体
　近似

repeatability, 可重复性

replication/deletion approach, 重复运
　行/删除法

replication, 重复运行

replicative model validity, 复制模型有
　效性

representational model, 代表性的模型

requirement analysis, 需求分析

requirement specification, 需求规格说明

requirement validation, 需求验证

re-sampling methods, 重抽样方法

resolution, 分辨率

resolution error, 分辨误差

resource model, 资源模型

resource repository, 资源库

response characteristic, 响应特性

response curve, 响应曲线

response diagram, 响应图

response function, 响应函数

response space, 响应空间

response surface, 响应曲面

response surface method, 响应曲面法

results validation, 结果验证

retraction, 回缩

reusability, 可重用性

reuse, 重用

rigid game, 标准博弈

risk model, 风险模型

risk simulation, 风险仿真

robust model, 鲁棒模型

robust simulation runtime library, 鲁棒
　仿真运行库

robustness of variate-generation algorithm, 变量生成算法的鲁棒性

role playing simulation, 角色扮演仿真

round-robin queue discipline, 轮转排队规则

router, 路由器

rule defuzzification, 规则去模糊化

rule fuzzification, 规则模糊化

rule markup language, 规则标记语言

rule model, 规则模型

rule-based model, 基于规则的模型

Runge-Kutta method, 龙格-库塔法

runtime, 运行时

runtime activity, 运行时活动

runtime coupling, 运行时耦合

runtime environment, 运行环境

runtime executive, 运行时执行程序

runtime extensibility, 运行时可扩展性

runtime federate, 运行时联邦成员

runtime federate composition, 运行时联邦成员组合

runtime federate discovery, 运行时联邦成员发现

runtime federate instantiation, 运行联邦成员实例化

runtime federate interoperation, 运行联邦成员互操作

runtime infrastructure, 运行支撑环境

runtime model qualification, 运行时模型校验

runtime model switching, 运行时模型切换

runtime model update, 运行时模型更新

runtime output, 运行时输出

runtime simulation reconfiguration, 运行时仿真重构

runtime simulation update, 运行时仿真更新

## Ss

sample mean, 样本均值

sample point, 样本点

sample space, 样本空间

sample variance, 样本方差

sample（sampling）and hold, 采样与保持

sample（sampling）rate, 采样速率

sampled-data system, 数据采样系统

sampling distribution, 抽样分布

sampling error, 抽样误差

scalability, 可伸缩性

scale model, 比例模型

scaled wallclock time, 比例墙钟时间

scan conversion algorithm, 扫描转换算法

scenario, 想定

scenario development, 想定开发

scenario generator, 想定生成器

scenario model, 想定模型

scenario toolkit and generation environment, 想定工具集和生成环境

scenario-based virtual environment, 基于想定的虚拟环境

scenario-specific data, 想定专用数据

scene graph, 场景图

scene matching guidance simulation, 景象匹配制导仿真

scene simulation, 场景仿真

scene simulation system, 场景仿真系统

schema, 模式

scope, 作用范围

screen-and-select procedure, 筛选法

scripting language, 脚本语言

seamless, 无缝性

security layer, 安全层

security-critical system, 安全关键系统

seeker simulation, 导引头仿真

selector, 选择器

self-organizing simulation, 自组织仿真

self-organizing system, 自组织系统

self-organizing system simulation, 自组织系统仿真

semantic data model, 语义数据模型

semantic interoperability, 语义互操作性

semantic memory model, 语义记忆模型

semantic model, 语义模型

semantic modeling, 语义建模

semantic-pragmatic model, 语义语用模型

semantics, 语义学

semi-analytic algorithm, 半解析算法

semi-automated force, 半自动化兵力

semi-implicit algorithm, 半隐式算法

semi-Markov model, 半马尔可夫模型

semi-Markov process, 半马尔可夫过程

sensitivity, 灵敏度

sensitivity analysis, 灵敏度分析

sensitivity model, 灵敏度模型

sensory input, 感知输入

sensory interface, 感知接口

sequence diagram, 顺序图

sequential algorithm, 时序算法或顺序算法

sequential bifurcation, 连续分支方法

sequential multimodel, 顺序多模型

sequential processing, 顺序处理

sequential sampling, 序贯抽样法

sequential simulation, 顺序仿真

sequential simulation language, 顺序仿真语言

sequential simulator, 顺序仿真器

sequential state, 顺序状态

sequential storage allocation, 顺序存储分配

serial simulation, 串行仿真

serial test for random-number generator, 随机数发生器的连续检验

service mechanism, 服务机制

service rate, 服务速率

service time, 服务时间

shape modeling, 形状建模

shape parameter, 形状参数

shape simulation, 形状仿真

shifted distribution, 偏移分布

shorter duration, 较短持续期

shortest-job-first queue discipline, 最短作业优先排队原则

short-term predictability, 短期可预测性

shuffling generator, 洗牌式发生器

sidereal time, 恒星时

similarity degree, 相似度

simple output, 单输出

simplex algorithm, 单纯形算法

simplification methodology, 简化方法学

simplifying assumption, 简化假设

simuland, 仿真对象

simulated annealing method, 模拟退火法

simulated behavior, 仿真的行为

simulated cabin, 仿真舱

simulated division, 仿真除法

simulated evolution, 模拟进化

simulated input, 仿真输入

simulated mission space, 仿真的任务空间

simulated model, 仿真模型

simulated retrocausality, 仿真的回溯因果

simulated view, 仿真视图

simulated warfare, 仿真的作战

simulated world, 仿真的世界

simulation, 仿真

simulation accuracy, 仿真精度

simulation algorithm, 仿真算法

simulation analysis, 仿真分析

simulation and testing system, 仿真测试系统

simulation animation, 仿真动画

simulation annealing process, 模拟退火过程

simulation application, 仿真应用

simulation application federate, 仿真应用联邦成员

simulation architecture, 仿真体系结构

simulation asset, 仿真资产

simulation asset management, 仿真资产管理

simulation association, 仿真协会

simulation branching, 仿真分支法

simulation business, 仿真业务

simulation cable, 仿真电缆

simulation capability, 仿真能力

simulation clock, 仿真钟

simulation code, 仿真代码

simulation coercion, 仿真强制多态

simulation complexity, 仿真复杂度

simulation component, 仿真组件

simulation component interface, 仿真组件接口

simulation composability, 仿真可组合性

simulation composition, 仿真组合

simulation computer, 仿真计算机

simulation conceptual model, 仿真概念模型

simulation confederation, 仿真联盟

simulation configuration, 仿真配置

simulation control, 仿真控制

simulation controller, 仿真控制器

simulation coordination, 仿真协调

simulation correctness, 仿真正确性

simulation credibility, 仿真可信度

simulation data, 仿真数据

simulation data analysis method, 仿真数据分析方法

simulation database, 仿真数据库

simulation design, 仿真设计

simulation design methodology, 仿真设计方法学

simulation developer, 仿真开发者

simulation development, 仿真开发

simulation development environment, 仿真开发环境

simulation development life cycle, 仿真开发生命周期

simulation development program, 仿真开发程序

simulation documentation, 仿真文档

simulation domain, 仿真领域

simulation domain requirement, 仿真领域需求

simulation engine, 仿真引擎

simulation entity, 仿真实体

simulation environment, 仿真环境

simulation epistemology, 仿真认识论

simulation equipment, 仿真设备

simulation error, 仿真误差

simulation error assessment, 仿真误差评估

simulation execution, 仿真执行

simulation execution environment, 仿真执行环境

simulation exercise, 仿真演练

simulation experiment, 仿真实验

simulation federation, 仿真联邦

simulation fidelity, 仿真保真度

simulation fitness, 仿真拟合度

simulation for decision making, 决策仿真

simulation for inertial platform, 惯性平台仿真

simulation for missile-borne computer, 弹载计算机仿真

simulation game, 仿真游戏

simulation game application, 仿真游戏应用

simulation game process, 仿真游戏过程

simulation game project, 仿真游戏项目

simulation game software, 仿真游戏软件

simulation game tool, 仿真游戏工具

simulation granularity, 仿真粒度

simulation grid, 仿真网格

simulation grid architecture, 仿真网格体系结构

simulation implementation, 仿真实现

simulation in entertainment, 娱乐中的仿真

simulation in entertainment game, 娱乐游戏中的仿真

simulation infrastructure, 仿真基础设施

simulation interaction, 仿真交互

simulation interface, 仿真界面

simulation interface system, 界面仿真系统

simulation interoperability, 仿真互操作

simulation interoperability standard, 仿真互操作标准

Simulation Interoperability Standards Organization, 仿真互操作标准化组织

simulation investment, 仿真投资

simulation language, 仿真语言

simulation language processor, 仿真语言处理器

simulation latency, 仿真延迟

simulation layer, 仿真层

simulation linkage, 仿真联动

simulation maintenance program, 仿真维护计划

simulation management, 仿真管理

simulation management capability, 仿真管理能力

simulation manager, 仿真管理者

simulation market, 仿真市场

simulation metamodel, 仿真元模型

simulation metamodeling, 仿真元建模

simulation method, 仿真法

simulation methodology, 仿真方法学

simulation middleware, 仿真中间件

simulation mode, 仿真模式

simulation mode control, 仿真模式控制

simulation model assessment, 仿真模型评估

simulation modeling, 仿真建模

simulation monitoring, 仿真监控

simulation object, 仿真对象

simulation object model, 仿真对象模型

simulation ontology, 仿真本体

simulation operator, 仿真操作者

simulation optimization, 仿真优化

simulation optimization methodology, 仿真优化方法学

simulation optimization problem, 仿真优化问题

simulation organization, 仿真组织

simulation output data analysis federate, 仿真输出数据分析联邦成员

simulation pacing, 仿真步速

simulation package, 仿真包

simulation participant, 仿真参与者

simulation phase, 仿真阶段

simulation platform, 仿真平台

simulation policy group, 仿真政策组

simulation problem, 仿真问题

simulation process, 仿真流程

simulation processor, 仿真处理器

simulation program, 仿真程序

simulation program generator, 仿真程序生成器

simulation program management, 仿真计划管理

simulation programming, 仿真编程

simulation programming language, 仿真编程语言

simulation project, 仿真项目

simulation project management, 仿真项目管理

simulation protocol, 仿真协议

simulation proxy, 仿真代理

simulation quality assurance, 仿真质量保证

simulation reconfiguration, 仿真重配置

simulation reference markup language, 仿真参考标记语言

simulation relation, 仿真关系

simulation reliability, 仿真可靠性

simulation repository, 仿真库

simulation resolution, 仿真分辨率

simulation resource, 仿真资源

simulation resource library, 仿真资源库

simulation response, 仿真响应

simulation response function, 仿真响应函数

simulation response surface, 仿真响应面

simulation result, 仿真结果

simulation reusability, 仿真可重用性

simulation reuse, 仿真模型重用

simulation robustness, 仿真的稳健性

simulation run, 仿真运行

simulation run control, 仿真运行控制

simulation run length, 仿真运行长度

simulation run monitoring, 仿真运行监控

simulation runtime library, 仿真运行库

simulation sequence, 仿真顺序

simulation server, 仿真服务器

simulation service, 仿真服务

simulation society, 仿真学会

simulation software, 仿真软件

simulation software assessment, 仿真软件评估

simulation software development, 仿真软件开发

simulation software platform, 仿真软件平台

simulation specification, 仿真规范

simulation specification environment,

仿真规范环境

simulation specification language, 仿真规范语言

simulation specification repository, 仿真规范库

simulation stability, 仿真稳定性

simulation stakeholder, 仿真参与者

simulation standard, 仿真标准

simulation status, 仿真状态

simulation strategy, 仿真策略

simulation structure, 仿真结构

simulation study, 仿真研究

simulation study monitoring, 仿真监控

simulation support entity, 仿真支持实体

simulation support tool, 仿真支持工具

simulation supported game, 仿真支持的游戏

simulation supported war game, 仿真支持的兵棋

simulation system, 仿真系统

simulation system engineering, 仿真系统工程

simulation system integration, 仿真系统集成

simulation system testing, 仿真系统测试

simulation technology, 仿真技术

simulation term, 仿真术语

simulation terminology, 仿真术语

simulation test, 仿真测试

simulation test console, 仿真试验控制台

simulation time, 仿真时间

simulation tool, 仿真工具

simulation update, 仿真更新

simulation update time, 仿真更新时间

simulation user, 仿真用户

simulation utility, 仿真工具

simulation visualization federate, 仿真可视化联邦成员

simulation-based acquisition, 基于仿真的采办

simulation-based augmented reality, 基于仿真的增强现实

simulation-based control, 基于仿真的控制

simulation-based control graph, 基于仿真的控制图

simulation-based data mining, 基于仿真的数据挖掘

simulation-based design, 基于仿真的设计

simulation-based design approach, 基于仿真的设计方法

simulation-based diagnosis, 基于仿真的诊断

simulation-based distributed training, 基于仿真的分布式训练

simulation-based education, 基于仿真的教育

simulation-based enterprise, 基于仿真的企业

simulation-based learning, 基于仿真的学习

simulation-based learning system, 基于仿真的学习系统

simulation-based management, 基于仿真的管理

simulation-based operational support, 基于仿真的运行支持

simulation-based optimization, 基于仿真的优化

simulation-based prediction, 基于仿真的预测

simulation-based problem solving, 基于仿真的问题求解

simulation-based problem solving environment, 基于仿真的问题求解环境

simulation-based proof-of-concept, 基于仿真的概念验证

simulation-based prototype, 基于仿真的原型

simulation-based prototyping, 基于仿真的原型开发

simulation-based research, 基于仿真的研究

simulation-based serious game, 基于仿真的严肃游戏

simulation-based system, 基于仿真的系统

simulation-based tool, 基于仿真的工具

simulation-based training, 基于仿真的训练

simulation-based training system, 基于仿真的训练系统

simulation-based understanding, 基于仿真的理解

simulation-driven education, 仿真驱动的教育

simulation-driven optimization, 仿真驱动的优化

simulation-driven training, 仿真驱动的训练

simulation-model response, 仿真模型响应

simulator, 仿真器

simulator middleware, 仿真器中间件

simultaneous control, 同时控制

simultaneous simulation, 同时仿真

single aspect multimodel, 单一多模型

single channel simulation, 单通道仿真

single loop simulation, 单回路仿真

single-aspect model, 单方面模型

single-aspect system, 单方面系统

single-factor fold-over design, 单因子重叠设计

single-step algorithm, 单步法

single-step integration method, 单步积分法

single-valued function, 单值函数

singly linked list, 单链表

situation model, 态势模型

situational awareness, 态势感知

six degrees of freedom, 六自由度

six degrees of freedom model, 六自由度模型

skeletal model, 骨架模型

skewness, 偏度

slow time, 慢步

slower than real-time system, 欠实时系统

small loop simulation, 小回路仿真

smart system, 智慧系统

smoothing, 平滑法

smoothing parameter, 平滑参数

smoothness simulation, 平滑仿真

social network modeling, 社会网络建模

soft real time, 软实时

software model, 软件模型

software modeling language, 软件建模语言

software simulator, 软件仿真器

software-in-the-loop simulation, 软件
　在环仿真

solver, 求解器

sound display, 声显示

space environment data, 太空环境数据

spatial data modeling, 空间数据建模

spatial derivative, 空间可微

spatial model, 空间模型

spatial resolution, 空间分辨率

special purpose simulation language, 专
　用仿真语言

specialty model, 专业模型

specification language, 规范语言

spectral test, 谱检验

spectrum-analysis method, 谱分析法

speech markup language, 语音置标语言

spreadsheet simulation, 电子表格仿真

stability, 稳定性

stability condition, 稳定性条件

stability region, 稳定域

stable error, 稳态误差

stable integration algorithm, 稳定积分
　算法

stable solution, 稳定解

stable state, 稳定状态

stable system, 稳定系统

stand-alone simulation, 单机仿真

standard, 标准

standard error, 标准差

standardization, 标准化

standardized time series, 标准时间序列

standardized-time-series method, 标准
　时间序列方法

startup problem, 启动问题

state, 状态

state chart diagram, 状态图

state equation, 状态方程

state event, 状态事件

state feedback, 状态反馈

state flow, 状态流

state machine, 状态机

state model, 状态模型

state space, 状态空间

state transition, 状态转移

state transition system, 状态转移系统

state variable, 状态变量

state vector, 状态向量

state-based system model, 基于状态的
　系统模型

state-transition model, 状态转移模型

state-variable identification, 状态变量
　识别

static analysis, 静态分析

static check, 静态检查

static model, 静态模型

static simulation, 静态仿真

static simulation model, 静态仿真模型

static VV&T technique, 静态校核、验
　证和测试技术

static-structure model, 静态结构模型

statistical counter, 统计计数器

statistical model, 统计模型

statistical modeling, 统计建模

statistical process control, 统计过程控制

statistical sampling, 统计抽样

statistical test, 统计检验

statistical validation, 统计验证

statistical validity, 统计有效性

statistical variable, 统计变量

statistically significant, 统计显著

statistics, 统计/统计学

steady state, 稳态

steady-state cycle parameter, 稳态周期参数

steady-state distribution, 稳态分布

steady-state parameter, 稳态参数

steady-state period, 稳态期

steady-state simulation, 稳态仿真

stealth viewer, 隐身浏览器

steepest descent, 最速下降

steering load simulation system, 转向负载模拟系统

step size, 步长

step-size control, 步长控制

step-size control algorithm, 步长控制算法

stiff differential equation, 刚性微分方程

stiff discontinuous model, 刚性非连续模型

stiff dynamic system, 刚性动态系统

stiff model, 刚性模型

stiff system, 刚性系统

stiff system integration algorithm, 刚性系统积分算法

stiffly-stable algorithm, 刚性稳定算法

stiffly-stable implicit algorithm, 刚性稳定的隐式算法

stiffly-stable step-size control, 刚性稳定的步长控制

stiffness curve, 病态曲线

stimulate, 激励

stimulation, 激励系统

stochastic, 随机的

stochastic differential equation, 随机微分方程

stochastic differential equation model, 随机微分方程模型

stochastic modeling, 随机建模

stochastic Petri net, 随机佩特里网

stochastic process, 随机过程

stochastic simulation, 随机仿真

stochastic simulation model, 随机仿真模型

stochastic simulation optimization, 随机仿真优化

stochastic system, 随机系统

stochastic transition, 随机迁移

stochastic transition matrix, 随机迁移矩阵

stochastic variability, 随机可变性

stopping rule, 停止准则

stratified sampling, 分层抽样

strictly stationary, 严格平稳的

strong law of large number, 强大数定律

structural behavior, 结构性行为

structural model, 结构性模型

structural model comparison, 结构性模型的比较

structural model validity, 结构性模型的有效性

structural simulation, 结构性仿真

structural simulation language, 结构性仿真语言

structural validation, 结构性验证

structurally singular model, 结构性奇异模型

structurally singular system, 结构性奇异系统

structurally valid model, 结构性有效模型

structure identification, 结构辨识

structure modeling, 结构建模

structure simulation, 结构仿真

structured modeling, 结构化建模

structured system, 结构化系统

structured walk-through, 结构化走查

Student's *t* distribution, 学生 *t* 分布

Student's *t* test, 学生 *t* 检验

Sturges's rule, 斯特奇斯规则

sub-coupling, 子耦合

subevent, 子事件

subframe, 子帧

subject-matter expert, 领域专家

submodel, 子模型

submodel activation, 子模型激活

submodel deactivation, 子模型失活

submodel testing, 子模型测试

submodel validity, 子模型有效性

substantive interoperability, 实质性互操作性

substitution model, 替代模型

successor model, 后继模型

summary statistic, 求和统计

super-real-time simulation, 超实时仿真

surface model, 表面模型

surface modeling, 表面建模

surplus variable, 剩余变量

symbiotic behavior, 共生行为

symbiotic simulation, 共生仿真

symbolic algorithm, 符号算法

symbolic execution, 符号执行

symbolic model, 符号模型

symbolic model processing, 符号模型处理

symbolic simulation, 符号仿真

symmetric simulation, 对称仿真

symmetrical distribution, 对称分布

symmetrical function, 对称函数

synchronization, 同步

synchronization of random number, 随机数同步

synchronized modeling, 同步建模

synchronous model, 同步模型

syntactic composability, 句法的可组合性

syntactic validation, 句法验证

syntactic variability, 句法易变性

syntactical error, 语义错误

syntactical interoperability level, 句法互操作水平

syntax of modeling language, 建模语言语法

synthesize appearance, 外观合成

synthesized model, 综合的模型

synthetic natural environment, 综合自然环境

synthetic battlefield, 合成的战场

synthetic battlefield environment, 合成战场环境

synthetic environment, 合成环境

synthetic environment data representation and interchange specification, 综合环境数据表示与交换规范

synthetic environment-based acquisition, 综合环境下的采办

synthetic force, 合成兵力

synthetic natural environment modeling, 综合自然环境建模

synthetic-automated force, 自动化合成兵力

system architecture, 系统结构

system behavior, 系统行为

system boundary, 系统边界

system classification, 系统分类

system complexity, 系统复杂性

system dynamic model, 系统动力学模型

system dynamics, 系统动力学

system engineering life cycle, 系统工程生命周期

system identification, 系统辨识

system identification modeling, 系统辨识建模

system integration, 系统集成

system interaction, 系统交互

system life cycle, 系统生命周期

system model, 系统模型

system modeling, 系统建模

system modeling language, 系统建模语言

system response, 系统响应

system simulation, 系统仿真

system simulation technique, 系统仿真技术

system state, 系统状态

system theory-based simulation, 基于系统理论的仿真

system type, 系统类型

system variable, 系统变量

system view, 系统视图

systematic error, 系统性误差

system-of-systems, 体系

system-of-systems model, 体系模型

# Tt

table frequency characteristic testing, 转台频率特性测试

table model, 表格模型

tabu search, 禁忌搜索

tabular model, 列表模型

tactical simulation, 战术仿真

tactile feedback, 触觉反馈

tactile input/output, 触觉输入/输出

tactile interface, 触觉接口

tactile signal, 触觉信号

tandem queue, 串联队列

target, 目标/靶标

Tausworthe random-number generator, 陶斯沃特随机数发生器

telemetry receiving simulator, 遥测接收仿真器

television guidance simulation, 电视制导仿真

television seeker simulation, 电视导引头仿真

temporal behavior, 瞬态行为

temporal model, 瞬态模型

temporal variable, 瞬态变量

temporally related event, 瞬时相关事件

terminating simulation, 终止型仿真

test and evaluation, 测试与评估

test and evaluation master plan, 测试与评估的主计划

test and fire control simulation system, 测试与发射控制仿真系统

Test and Training Enabling Architecture, 试验与训练使能体系结构

test model, 测试模型

testbed, 试验台

testing data, 试验数据

testing technique, 测试技术

theoretical confirmation, 理论证明

theoretical model, 理论模型

theoretical validity, 理论有效性

thinning, 稀疏

three axes attitude simulation turntable, 三轴仿真转台

three-dimensional model, 三维模型

three-dimensional skeletal system model, 三维骨骼系统模型

tightly-coupled model, 紧耦合模型

time advance, 时间推进

time advance function, 时间推进函数

time advance grant, 时间推进许可

time advance mechanism, 时间推进机制

time advance request, 时间推进请求

time average, 时间平均

time base, 时基

time constant, 时间常数

time constraint, 时间约束

time delay, 时间延迟

time event, 时间事件

time flow, 时间流

time flow mechanism, 时间流机制

time management, 时间管理

time plot, 时间曲线图

time resolution, 时间分辨率

time scale, 时标

time series, 时间序列

time stamp, 时戳

time stamp order, 时戳顺序

time step, 时间步长

time step model, 时间步模型

time tie, 时间结

time variable, 时间变量

timed Petri net, 时间佩特里网

time-dependent constraint, 时间依赖约束

time-invariant system, 时不变系统

time-invariant system model, 时不变模型

time-series model, 时间序列模型

time-slice simulation, 时间片仿真

time-space consistency, 时空一致性

time-step-transition simulation, 时间步进仿真

time-varying model, 时变模型

time-warp mechanism, 时间卷绕机制

tolerance interval, 容差区间

top-down construction, 自顶向下构建

topological modeling, 拓扑建模

touch sensory, 触感

trace-driven model, 轨迹驱动模型

trace-driven simulation, 轨迹驱动仿真

tracker, 跟踪器

tracking performance, 跟踪性能

tractable model, 易处理的模型

tractable simulation, 易处理仿真

training simulation equipment, 训练仿真装备

training simulation for warfighting command, 作战指挥训练仿真

training simulation for warfighting operation, 作战行动训练仿真

training simulation system, 训练仿真系统

trajectory, 轨迹

trajectory simulation, 轨迹仿真

transformed density rejection method, 变换密度拒绝法

transient distribution, 瞬态分布

transmission delay, 传输延迟

transmission rate, 传输速率

trapezium distribution, 梯形分布

tree-based modeling, 基于树的建模

trial and error, 试错法

triangular distribution, 三角分布

Trojan simulator, 木马仿真器

truncated distribution, 截断分布

truncation error, 截断误差

Turing test, 图灵测试

tutorial simulation, 示范仿真

twisted generalized feedback shift register random-number generator, 扭曲的广义反馈位移寄存器随机数生成器

two-sample-$t$ confidence interval, 两样本 $t$ 检验置信区间

two-stage sampling, 两阶段抽样法

# Uu

unbiased error, 无偏误差

unbiased estimator, 无偏估计量

unbundling, 非绑定

uncertainty, 不确定性

uncertainty modeling, 不确定性建模

unconstrained simulation, 非约束仿真

uncorrelated random variable, 不相关随机变量

uncoupled simulation, 解耦仿真

unicast, 单播

unified modeling language, 统一建模语言

uniform distribution, 均匀分布

uniform random number, 均匀随机数

unit test simulator, 单元测试仿真器

universal time, 世界时间

unstable solution, 不稳定解

unstable state, 非稳状态

untimed formalism, 不带时标的形式化

updatable continuous model, 可更新的连续模型

updatable discrete model, 可更新的离散模型

updatable event model, 可更新的事件模型

updatable memoryless model, 可更新的无记忆模型

updatable model, 可更新的模型

updatable process model, 可更新的过程模型

update, 更新

update rate, 更新速率

upper bound, 上界

user domain, 用户域

user interface, 用户接口

user interface analysis, 用户接口分析

user interface design, 用户接口设计

user interface testing, 用户接口测试

utilization, 利用率

utilization factor, 利用系数

# Vv

validatability, 可验证性

validation, 验证

validation method, 验证方法

validation plan, 验证计划

validation technique, 验证技术

validity, 有效性

validity period, 有效期

validity range, 有效范围

vane actuator simulation, 舵机仿真

variable fidelity simulation, 可变置信度仿真

variable-step integration algorithm, 变步长积分算法

variance, 方差

variance parameter, 方差参数

variance reduction, 方差缩减

variance-reduction technique, 方差缩减技术

vector, 向量

vector-autoregressive-to-anything process, 向量自回归模型

vehicle steering simulator, 车辆驾驶模拟器

velocity corridor, 速度路径

verifiability, 可校核性

verification, 校核

verification agent, 校核代理

verification algorithm, 校核算法

verification plan, 校核计划

verification, validation and accreditation, 校核、验证与确认

verification, validation and certification, 校核、验证与认定

verification, validation and testing, 校核、验证与测试

verified model, 已校核的模型

video game, 视频游戏

virtual, 虚拟的

virtual battle space, 虚拟战斗空间

virtual battlefield environment, 虚拟战场环境

virtual environment, 虚拟环境

virtual experiment, 虚拟实验

virtual human markup language, 虚拟人标记语言

virtual prototype, 虚拟样机

virtual reality, 虚拟现实

virtual reality modeling language, 虚拟现实建模语言

virtual simulation, 虚拟仿真

virtual simulator, 虚拟仿真器

virtual time, 虚拟时间

virtual world, 虚拟世界

vision simulation, 视觉仿真

visual interactive simulation, 可视化交互仿真

visual model, 可视化模型

visual modeling, 可视化建模

visual modeling language, 可视化建模语言

visual modeling technique, 可视化建模技术

visual resolution, 视觉分辨率

visual simulation, 可视仿真

visual system, 可视系统

visualization, 可视化

visualization simulation, 可视化仿真

visualization technique, 可视化技术

VV&A documentation, 校核、验证与确认文档

# Ww

waiting time in system, 系统中的等待时间

wallclock time, 墙钟时间

war fighting model, 作战模型

war fighting simulation, 作战仿真

war game, 兵棋, 战争游戏

war gaming, 兵棋推演

war simulation, 作战仿真

warfare simulation, 作战仿真

warfare simulation for analysis, 分析型作战仿真

warmup period, 预热时段

wavelet-based spectral method, 小波谱法

weapon effect simulator, 武器效果仿真器

weapon firing simulator, 武器射击仿真器

wearable augmented reality, 可穿戴的增强现实

weather environment data, 气象环境数据

Web-based simulation, 基于网络的仿真

Web-enabled simulation, 网络使能的仿真

Weibull distribution, 威布尔分布

Welch confidence interval, 韦尔奇置信区间

white box model, 白箱模型

white box testing, 白箱测试

world coordinate system, 世界坐标系

World Geodetic System 1984, 地心坐标系 WGS-84

world model, 世界模型

worldview, 世界视图

# Yy

yoked simulation, 共轭仿真

# Zz

zero sum simulation, 零和仿真

# 英文缩写词

ABM, agent-based model 基于智能体的模型

ABM, agent-based modeling 基于智能体的建模

ABS, agent-based simulation 基于智能体的仿真

ADS, advanced distributed simulation 先进分布式仿真

AFOR, automated force 自动化兵力

AI, artificial intelligence 人工智能

AIS, automated information system 自动化信息系统

ALSP, aggregate level simulation protocol 聚合级仿真协议

AM, agent model 智能体模型

AML, animation markup language 动画标记语言

AOA, analysis of alternative 备选方案分析

AOM, aspect-oriented modeling 面向方面的建模

API, application program interface 应用程序接口

AR, autoregressive 自回归

ARMA, autoregressive moving average 自回归滑动平均

ARTA, autoregressive-to-anything 自回归到任意

AS, activity scanning 活动扫描（法）

BSE, battle space entity 战斗空间实体

CA, cellular automaton 元胞自动机

CAD, computer aided design 计算机辅助设计

CAM, computer aided manufacturing 计算机辅助制造

CAM, computer aided modeling, computer assisted modeling 计算机辅助建模

CDF, cumulative distribution function 累积分布函数

CG, computer graphics 计算机图形学

CMMS, conceptual model of the mission space 任务空间概念模型

COMSEC, communications security 通信安全

CRN, common random number 公共随机数

CSG, constructive solid geometry 构造实体几何

CV, control variate 控制变量法

DAE, differential-algebraic equation 微分代数方程

DAG, directed acyclic graph 有向无环图

DDM, data distribution management 数据分发管理

DEDS, discrete event dynamic system 离散事件动态系统

DES, discrete event simulation 离散事

件仿真

DEVS, discrete event system specification 离散事件系统规约

DF, data flow 数据流

DIS, distributed interactive simulation 分布式交互仿真

DOD, United States Department of Defense 美国国防部

DS, data standard 数据标准

DSA, dynamic structure （cellular） automaton 动态结构（元胞）自动机

DSS, dynamic simulation service 动态仿真服务

DSU, dynamic simulation updating 动态仿真更新

DTED, digital terrain elevation data 数字地形高程数据

DU, dynamic updating, dynamic update 动态更新

EA, evolutionary algorithm 进化算法

EC, evolutionary computation 进化计算

ED, enterprise dynamics 企业动力学

ES, event scheduling 事件调度

ES, evolution strategy 进化策略

ES, expert system 专家系统

FCFS, first-come first-served 先到先服务

FED, federation execution data 联邦执行数据

FEDEP, federation development and execution process 联邦开发与执行过程规范

FIFO, first-in first-out 先进先出

FOM, federation object model 联邦对象模型

FRED, federation required execution detail 联邦要求的执行细节

FS, feasible state 可行状态

FSM, finite state machine 有限状态机

GA, genetic algorithm 遗传算法

GMT, Greenwich Mean Time 格林尼治标准时间

HLA, high level architecture 高层体系结构

HMM, hidden Markov model 隐式马尔可夫链模型

HOM, higher order model 高阶模型

IA, information assurance（security）信息安全

IEEE, Institute of Electrical and Electronics Engineers 电气和电子工程师协会

IPPD, integrated product and process development 集成化产品与过程开发

IS, information system 信息系统

JIE, joint information environment 联合信息环境

JMASS, joint modeling and simulation system 联合建模与仿真系统

KBS, knowledge-based simulation 基于知识的仿真

KBS, knowledge-based system 基于知识的系统

LBTS, lower bound on the time stamp 时戳下界

LCFS, last-come first-served 后到先服务

LDM, logical data model 逻辑数据模型

LFC, least favorable configuration 最不利配置

LFT&E, live fire test and evaluation 实况火力试验与评估

LIFO, last-in first-out 后进先出

LOD, level of detail 细节等级

LVC, live, virtual and constructive simulation 实况仿真、虚拟仿真与构造仿真

M&S, modeling and simulation 建模与仿真

M&S BOK, M&S body of knowledge 建模与仿真知识体系

MAS, multiagent system 多智能体系统

MC, model checking 模型检验

MCB, multiple comparisons with the best 与最佳组的多重比较法

MDA, model-driven architecture 模型驱动的体系架构

MDD, model-driven development 模型驱动开发

MDE, model-driven engineering 模型驱动工程

MDM, model-driven mechanism 模型驱动机制

MDRE, model-driven reverse engineering 模型驱动逆向工程

MDS, model-driven system 模型驱动系统

MDSD, model-driven software development 模型驱动软件开发

MML, multimedia modeling language 多媒体建模语言

MOOTW, military operations other than war 非战争军事行动

MOSE, measure of system effectiveness 系统效能指标

MS&V, modeling, simulation and visualization 建模仿真和可视化

MSF, M&S federation 建模与仿真联邦

MSMP, M&S master plan 建模与仿真主计划

NATO, North Atlantic Treaty Organization 北大西洋公约组织

NDE, non-standard data element 非标准的数据元素

NORTA, normal-to-anything random vector 正态到任意随机向量

OAA, open application architecture 开放应用体系结构

ODE, ordinary differential equation 常微分方程

OFAT, one-factor-at-a-time approach 单因子轮换实验法

OMG, Object Management Group 对象管理组

OMT, object model template 对象模型模板

OpenGL, open graphics library 开放图形库

OSI, open system interconnection 开放式系统互联

OT&E, operational test and evaluation 作战试验与评估

PDE, partial differential equation 偏微分方程

PDES, parallel discrete-event simulation 并行离散事件仿真

PDEVS, parallel discrete-event variable system specification 并行离散事件系统规约

PIM, platform-independent model 平台无关模型

PMF, probability mass function 概率质量函数

PMHS, post-mortem human subject 后

验人体

PN, Petri net 佩特里网

PT5, Pearson type V distribution 皮尔逊类型 V 分布

PT6, Pearson type VI distribution 皮尔逊类型 VI 分布

QA, quality assurance 质量保证

REA, remote entity approximation 远程实体近似

RS, random sample 随机抽样

RTI, runtime infrastructure 运行支撑环境

RuleML, rule markup language 规则标记语言

RV, random variate 随机变数

SBA, simulation-based acquisition 基于仿真的采办

SBD, simulation-based design 基于仿真的设计

SD, system dynamics 系统动力学

SEBA, synthetic environment-based acquisition 综合环境下的采办

SEDRIS, synthetic environment data representation and interchange specification 综合环境数据表示与交换规范

SISO, Simulation Interoperability Standards Organization 仿真互操作标准化组织

SL, simulation language 仿真语言

SM, sensitivity model 灵敏度模型

SOA, service-oriented architecture 面向服务的体系结构

T&E, test and evaluation 测试与评估

TEMP, test and evaluation master plan 测试与评估的主计划

TENA, test and training enabling architecture 试验与训练使能体系结构

TIV, time-invariant system 时不变系统

TSO, time stamp order 时戳顺序

UML, unified modeling language, uniform modeling language 统一建模语言

VBS, virtual battle space 虚拟战斗空间

VHML, virtual human markup language 虚拟人标记语言

VRML, virtual reality modeling language 虚拟现实建模语言

VV&A, verification, validation and accreditation 校核、验证与确认

VV&C, verification, validation and certification 校核、验证与认定

VV&T, verification, validation and testing 校核、验证与测试

XML, extensible markup language 可扩展标记语言

# 参 考 文 献

白英彩. 英汉计算机技术大辞典. 上海: 上海交通大学出版社, 2001

百度百科. http://baike.baidu.com

百度文库. http://wenku.baidu.com

鲍克. 英汉电子学精解辞典. 济南: 山东科学技术出版社, 1985

曾五一. 统计学（中国版）. 北京: 北京大学出版社, 2006

车文博. 心理咨询大百科全书. 杭州: 浙江科学技术出版社, 2001

冯允成, 邹志红, 周泓. 离散系统仿真. 北京: 机械工业出版社, 1998

戈登. 系统仿真. 杨金标译. 北京: 冶金工业出版社, 1982

郭大钧. 大学数学手册. 济南: 山东科学技术出版社, 1985

李伯虎, Ören T, 赵沁平, 等. 汉英—英汉建模与仿真术语集. 北京: 科学出版社, 2012

林在高, 宋文强. 英汉计算机百科辞典. 北京: 电子工业出版社, 1999

陆大金. 随机过程及其应用. 北京: 清华大学出版社, 1986

马里奥 F 特里奥拉. 初级统计学. 8 版. 刘新立译. 北京: 清华大学出版社, 2004

汝信. 社会科学新辞典. 重庆: 重庆出版社, 1988

数学辞海编委会. 数学辞海. 太原: 山西教育出版社, 2002

数学辞海编委会. 数学辞海. 北京: 中国科学技术出版社, 2002

维基百科. http://en.wikipedia.org

肖田元, 范文慧. 系统仿真导论. 2 版. 北京: 清华大学出版社, 2010

薛家政, 贺光辉. 新编英汉计算机与信息技术术语精解. 北京: 国防工业出版社, 1997

郑家亨. 统计大辞典. 北京: 中国统计出版社, 1995

中华人民共和国国家军用标准. 北京: 总装备部军标出版发行部, 2010

Anderson D R, Sweeney D J, Williams T A. Statistics for Business and Economics. 11th ed. South-Western Pub, 2011

Banks J. Handbook of Simulation: Principles, Methodology, Advances, Applications, and Practice. Hoboken: Wiley, 1998

Heusmann. DOD Modeling and Simulation Glossary, DOD Modeling and Simulation （M&S） Management, 1997

Kelton W D, Sadowski R P, Sturrock D T. Simulation with Arena. 3rd ed. New York: McGraw-Hill, 2003

Law A M, Kelton W D. 仿真建模与分析. 4 版. 肖田元等译. 北京: 清华大学出版社, 2012